U0248129

《当代上海》丛书

当代上海
生态建设研究

Dangdai Shanghai Shengtai Jianshe Yanjiu

金大陆 梁志平 林超超 著

当代中国出版社
Contemporary China Publishing House

图书在版编目(CIP)数据

当代上海生态建设研究 / 金大陆，梁志平，林超超
著 . -- 北京：当代中国出版社，2024.1
ISBN 978-7-5154-1216-0

Ⅰ.①当… Ⅱ.①金… ②梁… ③林… Ⅲ.①生态环
境建设－研究－上海 Ⅳ.① X321.251

中国版本图书馆 CIP 数据核字（2022）第 139369 号

出 版 人 王 茵
责任编辑 姜楷杰
责任校对 贾云华 康 莹
印刷监制 刘艳平
封面设计 鲁 娟
出版发行 当代中国出版社
地 址 北京市地安门西大街旌勇里 8 号
网 址 http://www.ddzg.net
邮政编码 100009
编 辑 部 （010）66572264
市 场 部 （010）66572281 66572157
印 刷 中国电影出版社印刷厂
开 本 710 毫米 ×1000 毫米 1/16
印 张 20 印张 2 插页 293 千字
版 次 2024 年 1 月第 1 版
印 次 2024 年 1 月第 1 次印刷
定 价 98.00 元

总　序

　　2012 年 5 月 6 日至 9 日，根据时任全国政协副主席，中国社会科学院党组书记、院长陈奎元的要求，时任中国社会科学院党组副书记、常务副院长王伟光组织学部委员赴上海考察。其间，学部委员们围绕贯彻落实科学发展观、转变经济发展方式、推动文化创意产业发展、提高自主创新能力等重大理论和现实问题，对上海的航运、金融、制造业和文化产业等进行了深入调研，深深感受到上海历史文化的深厚积淀和改革开放率先发展的巨大活力。

　　正是在这次考察期间，为了进一步加强中国社会科学院与上海市人民政府的战略合作，致力于改进和创新哲学社会科学研究方法、研究手段，充分发挥当代史研究以史为鉴、资政育人的作用，努力为上海创新驱动、转型发展提供有益借鉴，双方达成了共同开展当代上海研究的意向。在中国社会科学院和上海市领导的关心、支持下，在时任当代中国研究所党组书记、所长李捷和时任上海市委宣传部副部长李琪、上海社会科学院党委书记潘世伟等的具体推动下，2012 年 10 月 20 日，中国社会科学院当代中国研究所与上海社会科学院历史研究所合作建立的当代中国研究所国情调研（上海）基地正式挂牌成立。当代中国研究所国情调研（上海）基地成立后，双方本着优势互补的原则，通过凝聚京沪两地高端研究人才，积极开展国情调研、对策研究和经验总结，用理论与实际、历史与现实有机结合的科研成果，为党和国家的工作大局服务，为上海的创新驱动、转型发展贡献力量，并推动双方的研究体制机制创新。

当代中国正在经历着快速而深刻的变革，需要我们对中国独特的发展道路及时加以分析和总结。上海在中国的特殊地位使其在中国当代史的研究中有着非常重要而独特的意义。因此，研究当代中国历史不能不研究上海历史和当代上海。为此，基地成立后不久，即提出合作开展"纵观上海"和"当代上海"两大系列课题研究，并得到了上海市委宣传部理论处和上海市哲学社会科学规划办公室的大力支持，列入了规划办的特别委托项目。此后，项目又继续得到了上海市委宣传部副部长燕爽和上海社会科学院领导的关心与指导。两大系列共计16个课题，全方位展示上海的历史和现当代上海在政治、经济、社会、文化、生态、都会、社区、民生、党建等方面的发展演进。

2018年是改革开放40周年。论及开放的历史，很少有其他国内城市能与上海相提并论。自1843年开埠以来，随着外来人口的不断涌入，上海逐渐从一个小渔村发展成为一个独特的国际化大都会，在经济、金融等方面独领风骚，也吸引了各派政治力量的竞相角逐。在晚清以来的各种政治思潮和政治活动中，上海都扮演过重要的角色。南京国民政府建立之后，上海更成为另一个政治中心。

上海还是中国共产党的诞生地、早期中共中央的所在地。大量的人口、产业、资金、技术、信息和文化的集聚，在推动上海快速发展的同时，也把中国带进了世界现代化的舞台。可以说，没有一个城市像上海这样在一个国家的现代化进程中扮演过如此重要的角色，也没有一个城市像上海这样在中西文明的交汇融合过程中发挥过如此关键的作用。

改革开放以来，上海的开放传统又一次重焕生机。经济、贸易、航运、金融全面发展，城市的面貌日新月异，人们的精神状态也有了巨大的变化。特别是上世纪90年代以后，上海抓住了浦东开发开放这一历史机遇，以更加积极的姿态走向世界，大胆突破各种束缚，在现代工业、城市建设、高新科技等领域取得突飞猛进的发展，开放促进改革和发展的理念深入人心。2018年11月5日，习近平在首届中国国际进口博览会开幕式上的主旨演讲中指出："上海背靠长江水，面向太平洋，长期领中国开放风气之先。上海之所以发展得这么好，同其开放品格、开放优势、开放作为紧密相连。

我曾经在上海工作过，切身感受到开放之于上海、上海开放之于中国的重要性。开放、创新、包容已成为上海最鲜明的品格。这种品格是新时代中国发展进步的生动写照。"这是对上海的高度评价，也是对上海的殷切期望，更突显了总结上海发展历史和发展经验的重要时代意义。

跨区域、跨行业、跨专业的协同创新，是实施哲学社会科学创新工程、全面推进哲学社会科学各领域创新的重要组织形式。中国社会科学院当代中国研究所与上海社会科学院历史研究所合作建立的当代中国研究所国情调研（上海）基地，在发挥各自优势、推动协同创新方面作出了积极尝试。衷心希望当代中国研究所国情调研（上海）基地"纵观上海"和"当代上海"两大系列课题的成果，能进一步深化对中华人民共和国史的研究，特别是深化对上海革命、建设和改革历史的研究，从而总结和提炼出上海城市发展的一些规律性问题，在新的起点上充分展示作为排头兵、先行者的创造性，全面增强城市核心功能，加快建设国际经济、金融、贸易、航运和科技创新中心，为努力建设卓越的全球城市和具有世界影响力的社会主义现代化国际大都市提供有益的历史借鉴，向庆祝改革开放 40 周年、中华人民共和国成立 70 周年、中国共产党建党 100 周年献礼！

中国社会科学院当代中国研究所
上海社会科学院历史研究所

代前言　当代上海城市环境史的问题构架

　　检阅新中国史视野下的上海生态建设，有三个大关节，也即上海城市环境史研究的问题构架，应该得到梳理和阐明。其一，为什么上海城市的环境恶化发生在 20 世纪 60 年代上半期？其二，为什么事实上中国（含上海）的环境治理与世界同步，却"有治理，难作为"？其三，为什么是改革开放的大势和推进，才使上海的环境换得了"新天地"？

一

　　上海城市的环境污染，滥觞于近代以降的工商业勃兴。甲午战争后，从"外人兴业"的资本熙来攘往，到"华界紧随"的筑路建厂，产业崛起，人口汇聚，工业污浊混合生活污秽随意排放，1928 年不得已将在恒丰路桥苏州河取水的闸北水厂搬迁至北郊的军工路，改从黄浦江下游取水，此为上海地区出现环境污染的标志。据 1933 年的调查，上海的工业总产值已占全国的 51%，资本总值占全国的 40%。再据 1947 年的统计：上海的工厂数（7728 家），占全国 12 个主要城市工厂总数（14078 家，30 人以下小型工厂不计）的 54.9%，工业对环境已呈隐性的挤兑状态。

　　新中国成立以来的国民经济恢复时期（1950—1952 年），革命的胜利产生了巨大的动力，上海的工业总产值比 1949 年增长 94.2%，平均每年递增 24.8%，其中钢材增长 17 倍，水泥增长 16.1%，棉纱增长 9.2%。继而，"一五"时期（1953—1957 年），上海工业基本建设投资占全市投资总额的 40.8%，其中以钢铁、机电、造船、化学和建材五大类为主的重工业投资占 73%。就此，上海的工业结构，按历史上形成的纺、轻、重顺序，向重、轻、纺并举的方向发展。第二个五年计划（1958—1962 年）启动，以中央确立的"以重工业为中心"方针为指导，上海的重工业建设滑向了高速增长的轨道。

终于，上海城市的环境恶化在 20 世纪 60 年代上半期爆发。

1961 年 8 月，上海市肥料公司抄送市委的报告显示：1958 年以前的生产垃圾数量为"几百吨一天，增加为现在的二万吨一天"，有些厂区堆积的废渣，"几乎把车间包围了起来"，更多则将废弃物倾倒在马路边，中山西路一带"原系五车道，现仅能两车行驶"。当月，市人民委员会组建"处理生产垃圾工作组"，在全市开展大规模的清理生产垃圾行动，并作为应对性的举措，于 1963 年 8 月 6 日成立了上海市环境卫生局。1963 年夏，上海黄浦江首次出现了持续 22 天的黑臭，破坏了黄浦江自身循环的承载域限，并持续至 20 世纪 90 年代，标志着上海城市水系遭到全流域污染，以致市区段"江中鱼虾绝迹"。1964 年 10 月，上海桃浦化学工业区发生五人硫化氢气体中毒、一人致死的工伤事故。市环境卫生局在事故报告中承认：从全市来看，工厂企业在生产过程中排出的有毒害的废气，"对城市环境卫生和人民生活、身体健康安全的危害影响还是相当严重"。

固然，这是上海城市工业化经年累月的积弊。但从隐性的风险到显性的灾害，"三废"（废渣、废水、废气）在这个"历史之点"上"突破"而出，恰是工业"大跃进"给予业已脆弱的上海环境的"最后一击"。

以上海的钢铁工业为例。在"超英赶美"口号的驱动下，1958 年，上海钢铁工业新建、扩建 39 个项目，钢产量指标从原定的 64 万吨，大跨步三级跳达 120 万吨（计划 2 月完成 76 万吨、6 月完成 100 万吨），并规定必须确保完成。这个指标比 1957 年的 51.8 万吨，增长 1.3 倍，总产值增长 55%。1959 年，上海在冶金行业跃进誓师大会上，提出誓夺年产 160 万吨钢的指标。时隔 10 天，在全市钢铁高产优质竞赛大会上，又宣布指标改为 200 万吨。1960 年，上海计划钢产量更是高达 250 万吨。结果，工、农、商、学、兵齐上马，成千上万的小土炉炼出一堆堆"粢饭团"（劣质土钢土铁），严重挫伤了群众积极性。据统计：三年中，主干企业的上钢一、三、五厂竟亏损 8.87 亿元。上海冶金局的亏损几乎抵消了 1953 年至 1958

年全部利润的总和。与此同时，上海三年基建投资达 34.29 亿元，不仅兴建了闵行发电厂、重型机器厂、吴泾热电厂等大型企业，更在上海近郊辟建了吴淞、高桥、吴泾等 10 个工业区，在远郊辟建了桃浦、嘉定和松江等 7 个卫星工业区，却全然没有考虑环境的隐患和保护的举措。

相关部门在总结工业"大跃进"的失误时认为，主要原因是急于求成、违背客观经济规律，造成国民经济比例严重失调，生产资料严重浪费，人民生活水平下降等，并未考虑到环境的困局和教训。1960 年，上海在"增产节约运动"中，提出"综合利用资源"，尚未警惕"工业污染"。直至三年后黄浦江黑臭爆发，上海才在第三届党代会上提出了"三废"问题。

这或许是当时没有环境意识的认知和概念，或许是环境灾难有个延迟暴露的过程，殊不知，"大跃进"过后的上海，每年排放废气 25 亿至 30 亿立方米，废水 3.6 亿吨，移置废渣 400 万吨，且种类杂多，性质复杂，分布广泛。上海由消费性城市变成生产性城市，"三废"污染成为城市的病患。

二

1972 年 6 月 5 日，首届联合国人类环境会议在瑞典首都斯德哥尔摩举行。此为 110 多个国家和地区共同探讨保护全球环境战略的第一次国际会议，会议通过了《人类环境宣言》，提出"为了这一代和将来世世代代保护和改善环境"的口号。此次会议开创了人类社会环境保护事业的新纪元。至此，世界环境保护运动形成第一次高潮。

中国代表团也参加了这次会议。赴会前，国务院总理周恩来作出指示：通过这次会议，了解世界环境状况和各国环境问题对经济、社会发展的重大影响，并以此作为镜子，认识中国的环境问题。6 月 10 日，中国代表团进行大会发言：中国政府和人民积极支持与赞赏这个会议，为维护和改善人类环境共同努力。同时，声称：中国"政府按照'全面规划、合理布局、综合利用、化害为利、依靠群众、大家动手、保护环境、造福人民'的方针，正在有计划地开始进行预防和消除工业废气、废液、废渣污染环境的工作"。

　　1972 年是当代中国环境史上极其重要的年份（可称"纪年标志"），围绕参加联合国人类环境会议的前前后后，国家层面的环境保护工作正式提上了日程。年初，根据国家计划会议精神，上海向全市人民发出了"向'三废'开战"的号召；4 月，国家计委在上海召开了全国"烟囱除尘"现场交流会；8 月，上海市委召开"三废"问题座谈会，向各工交局下达任务，提出要在短期内改变上海的环境面貌。1973 年，国家计委在北京召开全国环境保护会议，上海被"列入全国搞好环境保护的 14 个重点城市之一"。这是 20 世纪 70 年代初中国面对环境问题的基本史实。然而，更为重要的是：尽管中国的环境治理在经验、技术等方面处于托始的阶段，终究在同一时空点的节拍上，踏上了人类治理环境的舞台，成为"国际俱乐部"的成员，为趋向于现代化的工业生产和经济发展设置了一块正确导向的路标。

　　在此，《人类环境宣言》的 7 点看法和 26 项原则值得关注，其中提出："在发展中的国家中，环境问题大半是由于发展不足造成的"；"在工业化国家里，环境一般同工业和技术发展有关"，所以，必须"照顾到发展中国家的实际情况和特殊性"，考虑其"经济因素和生态进程"，并加强国际合作，供给"国际技术和财政援助"，促进"有关环境问题的科学研究及其发展"，等等。正是在这个基点上，中国作为发展中国家，其内在的"重生产、轻治理"的对冲难以调和。

　　检阅"四五"计划（1971—1975 年）期间，上海的工业总产值（含工业净产值、利税总额等）从 336.52 亿元增长到 420.37 亿元，平均每年增长 7.48%。同时，上海的生产性建设投资上升到 90.09%，工业投资占投资总额的比重为 65.2%，其中重工业占 83% 以上。同时，国家下达给上海的 33 种工业产品指标，大多完成或超额完成。而工业耗能则从 1971 年 1049.9 万吨标准煤，一路飙升至 1976 年的 1454.7 万吨标准煤，以致"强势"的工业排放吞噬了"弱势"的治理。再加上"土法上马"、零敲碎打的"作坊式"作业；市区工厂将毒害产品向郊区的社队企业转移，造成"合围性"的泛滥污染，违逆了现代环境治理的科学技术和规律。对此，曲格平教授坦陈：第一代环保人的锥心之痛——非后悔不作为，而是难作为！

三

　　改革开放后，特别是整个 20 世纪 80 年代，我国政治、社会和经济快速发展。作为特大型城市的上海，环境问题如城市绿化仍处于边改善、边减损的状态中，这是因为在发展工业经济过程中，相关部门往往在城市绿地上打主意，甚至擅自占用绿地或改变绿地的性质。水污染、大气污染亦处于边治理、边排放的状态，这是因为历史的欠债和当时的工业生产背负着巨大的压力，导致各项指标不断恶化。黄浦江不忍卒读的记录反映了这一时期的环境情况：1978 年，黄浦江黑臭 106 天；1988 年高达 229 天！

　　进入 90 年代，"可持续发展"理念应运而生。此源于 1992 年联合国环境与发展大会通过的《21 世纪议程》文件，也是各国政府保护环境计划的行动蓝图。中国政府在大会上作出履行该文件的庄严承诺，并制定了《中国 21 世纪人口、环境与发展》白皮书，作为中国可持续发展在立法、经济政策、管理体系、费用与资金机制等领域的总体战略依据，以及在水、土等资源合理利用与保护生物多样性、控制大气污染、固体废物无害化管理等方面的行动方案。为此，上海加大了环保方面的投资：1993 年达到 32.13 亿元（其中基础设施为 19.9 亿元），占地区生产总值的 2.1%（比 1991 年的 7.6 亿元增加了 3 倍多）。此后，上海的环保投资基本占地区生产总值的 2% 以上。至 2000 年，环保投资额达到 141.91 亿元。可见，上海正在积极探索可持续发展道路，实施循环经济方略，努力走出经济效益低、资源短缺、环境恶化的怪圈。上海苏州河经过大规模的综合整治，由昔日的黑臭河道变成了景观河道可谓明证。

　　如果说 20 世纪八九十年代，上海的环境治理经历了一段低落后的崛起，那么，进入 21 世纪，上海紧紧抓住举办世博会的契机，以实践"城市，让生活更美好"的理念，获得了大发展的机遇。2002 年，上海成功申博，便从世界 20 个国家的数百个规划设计中，确定了贯通黄浦江两岸 45 公里滨江岸线的选址方案。殊不知，上海工业的百多年发展，黄浦江两岸码头密布、工厂林立，市区段除外滩以外，几乎没有公共岸线。这一方案不仅成就了世博会亲近上海母亲河的选址，更是立足于生态文明高度，通过拆除污染源，保护性地搬迁、改建、移建大批工矿企业，为城市的大规模更新赢得了空间。时下，黄浦江畔及新开发的后滩公园，已形成绿树成荫、花团锦簇、百鸟飞翔，人与自然和谐一体的生态岸线。这种大思路、大手笔，不仅需要技术和资金的支撑，更是先进理念的成功实践。

围绕 2010 年开幕的世博会，上海努力探索符合特大型城市特点的可持续发展道路，并建立了多层次的国际环保合作机制。九年间，全市累计环保投入达到 2250 亿元以上，促进了城市经济社会环境的协调发展，环境治理获得了新动力——黄浦江水环境质量稳中趋好；电厂脱硫全覆盖，空气质量优良率连续多年稳定在 85% 以上；绿化覆盖率从 20% 上升到 38%，人均公共绿地从 3.62 平方米提高到 12.5 平方米；工业危险废物无害化处置率达 100%——这是改革开放的大势，赋予了上海举办世博会的时运；这是上海的追求卓越、开明睿智、大气谦和，终于迈上了环境友好型城市的平台。

三个时段的问题构架，三个时段的阐释解答。当代上海的生态环境研究，应是当代上海城市史的重要构成。

金大陆

目　录

下篇　1977—2020年

上篇

1949—1976 年

第一章　上海生活垃圾收运体系的建立

　　1949 年 5 月，中国共产党接管上海以后，新成立的上海市人民政府面临的挑战除了政权建设、经济发展等重大问题外，还及时把解决与人民群众的生活环境质量息息相关的生活垃圾问题提上工作日程。由于多年的战争，上海的城市环境卫生水平急剧下降，大街小巷垃圾遍地，传染病流行。同年 6 月，上海市军事管制委员会接管了国民党上海市政府卫生局环境卫生处，指导清洁总队和清洁所的环卫工作。接管后的市卫生局一方面开展突击清洁运动，于 1949 年 6 月至 8 月间，先后三次突击清除了接管前市区积存的上万吨垃圾以及台风过境后路面上堆积的垃圾；另一方面抓紧组织建设，完善职能分工。整顿后的清洁总队负责市区的马路清扫和垃圾清运，清洁所负责市区粪便的清除、运输和厕所管理。此后，逐渐建立起的生活垃圾收运体系（包括清除、运输、处理等作业标准），极大地改善了上海的环境卫生面貌。

第一节　垃圾清除

　　近代以来，随着上海中心城区人口的集聚，城市环境卫生问题日益凸显。1854 年上海工部局[①]成立之后，开始了对公共租界的垃圾处理。到 19

---

① 该机构系清末列强在中国设置于租界的行政管理机构。

世纪 70 年代初，生活垃圾基本能做到每天清扫一次，每天清运的垃圾平均为 40 余吨。卫生稽查员掌管了约 100 名苦力，使用 6 辆马车和若干小车，进行垃圾清扫和清运。清洁工先用篮子和小车将垃圾从街道和弄堂里运出，集中在大路边，等待马车运走。外滩、福州路、汉口路等大路每天可以清扫两次。到 19 世纪 80 年代，部分道路每天清除垃圾 3—4 次。1897年，公共租界首次设置垃圾箱，从而改变了以往居民将生活垃圾堆放在路边的做法。1924 年后，工部局卫生处把处理生活垃圾的工作交给工务处。自 1929 年起，工务处开始研究建立垃圾焚化炉，1932 年底槟榔路（今安远路）与茂海路（今海门路）垃圾焚化炉正式运作，前者使用德国法兰克福制造的垃圾焚化炉，日平均焚烧垃圾 163 吨，后者使用美国纽约制造的焚化炉，日平均焚烧垃圾 123 吨。1936 年后，因为经济原因和烟尘异味污染严重，两处焚化炉先后停用。此后，垃圾处理大致采用两种方式，即填筑低洼地或由承包商用船运往他处。[①]

　　法租界的垃圾处理由公共工程处工务科清道股与卫生部门配合进行。在一些大的里弄也设有固定的垃圾箱，箱内垃圾由看弄人清出堆放在路边。畜力载重车和卡车将堆放在各处的垃圾运往垃圾码头，畜力载重车每天往返 2—3 次，卡车每天往返 4 次。1929 年以前，法租界弄堂内的垃圾没有明确的清运规定，许多清运人员只在弄堂里巡行，为某些业主将垃圾运出弄外，由业主支付一定酬劳。1929 年，法租界加强了对清运人员的管理，改变了以往私下清除弄内垃圾的状况。1930 年，公董局发布通告，要求每家每户在屋内设置有盖的垃圾桶，每日清晨在垃圾车经过时将垃圾桶放置路旁，统一清运。垃圾运出法租界的事务由承包商负责。

　　相比之下，华界内垃圾的清除工作起步较晚，且因地域广阔，一些地方没有或缺少垃圾箱，居民们随处倾倒垃圾的现象十分普遍。这种状况一直持续到 1949 年。中华人民共和国成立初期，一部分地区设有活动垃圾箱（底部装有轮子），由看弄人于夜间 9—11 时将箱内垃圾倾倒在路边，翌日清晨 4 时前用垃圾车运除；还有一部分地区允许居民直接将垃圾倒在路旁，

---

①《上海租界志》编纂委员会编：《上海租界志》，上海社会科学院出版社 2001 年版，第 505 页。

但要求在晚间定时倾倒，由
清洁工人定时清除，以保证
白天道路上无垃圾堆积。然
而，常有居民不遵守这一规
定，习惯随地倾倒污水和垃
坂，不按时倒洗便桶，影响
到公共卫生和附近居民的日
常生活。[①]1953年，上海市
卫生局采取了一系列改进措
施，如在缺少垃圾箱的地区
添置垃圾容器，垃圾箱以木
质为主，其式样有一用、二
用（连痰盂）、三用（可放
盆花）及挂式四种；对不便
于垃圾车进出的里弄进行弄

垃圾箱连痰盂

资料来源：《上海环境卫生志》编纂委员会编：
《上海环境卫生志》，上海社会科学院出版社1996
年版，第315页。

口改造；同时，在居民委员会的支持与配合下，动员居民将垃圾倒入容器
内。至1955年，全市基本结束了将垃圾倾倒在路边再予以清除的办法。

清洁总队和清洁所的组织构成主要采取班组制，在清洁总队和清洁所下
设若干跨区的清洁管理站，站以下按区设段（1956年后按区设站，取消段
的建制），在清洁工人中建班设组。[②]垃圾清除的作业方式，起初采取个人包
干制，即每一位清洁工人用各自的垃圾车及工具承包某一地段的垃圾清除。
在实际工作中，由于每名工人包干的地段道路条件、垃圾数量不同，致使他
们的工作时间和工作量差异很大，遇到某名工人病假或事假，有的地段垃圾
就无人清除。清粪工人也是如此，有的地段清除量只要二三车，有的多达

---

①《弄口堆满垃圾，粪味令人作呕》《垃圾脏水乱抛乱倒，马路会变成垃圾桶》，《文汇报》1951
年4月21日，第5版。

②《上海市的生活垃圾、粪便处理工作——解放后（1949—1963年）十四年总结》（1963年11
月15日），档案编号：B256-2-186，上海市档案馆藏。

新中国成立初期，上海清洁工人清运垃圾

资料来源：《上海环境卫生志》编纂委员会编：《上海环境卫生志》，上海社会科学院出版社 1996 年版，第 118 页。

七八车，要连续工作五六个小时才能完成。[1]1953 年，市卫生局对市区安置的 2 万余只垃圾箱的地点及其垃圾量进行了统计，把原来单干的工人按 4—6 人建立一个集体工作小组，以小组划分工作范围，按地区包干。[2]集体工作法平衡了每个小组间的工作量，在一定程度上避免了劳逸不均，提高了劳动效率，也解决了个人包干制因某一个工人缺勤导致整个地段无人清洁的问题。但遇到垃圾多任务重时，也不免要减少清扫次数，将清扫工抽去做清运工，尤其是夏季垃圾量增多时还需增添一定数量的临时工。[3]

在几年的实践中，市卫生局通过试扫、定级、核实工作量，逐步建立

---

[1]《紧密地团结集体的创造——本市清洁工人改进了粪便清除工作》，《文汇报》1953 年 1 月 6 日，第 2 版。

[2]《上海环境卫生志》编纂委员会编：《上海环境卫生志》，上海社会科学院出版社 1996 年版，第 111 页。

[3]《上海市文教委计划财务处关于本市垃圾清除问题的调查报告》（1954 年 11 月 5 日），档案编号：B34-2-220，上海市档案馆藏。

起垃圾清除工作的明确标准，确立了定道路类型、定清扫长度、定清扫次数、定清道工人的"四定"责任制。路面类型大致分为较易于清扫的柏油路、水泥路和相对不易清扫的弹石路、煤屑路、泥土路。市卫生局在路面因素的基础上，再根据路段的交通状况计算出每个路段清洁工人的工作量。1954 年规定：每位清洁工人在一级柏油路段、水泥路段日扫 6 次，长度 350—400 米；在二级路段日扫 4 次，长度 450—500 米；在三级路段日扫 2 次，长度 700—800 米。在一级弹石路段、煤屑路段、泥土路段日 6 次，长度 350—400 米；在二级路段日扫 4 次，长度 500—600 米；在三级路段日扫 2 次，长度 800—900 米。道路清扫的标准要求达到"三清"（沟底清、沟眼清、路面清）、"二洁"（废物箱洁、痰盂洁）。城市的主要干道做到路面整日清洁，沟底无灰沙、菜皮、纸屑、污水堆积，并且增加了路面洒水的业务，以抑制尘土飞扬和病菌传播，也起到了改变微小气候，维护路面和空气清洁的作用。到 20 世纪 60 年代初期，城市主要干道每天洒水 2—4 次，一般道路 1—2 次。[①]

在粪便清除方面，上海民宅、铺户的马桶粪便最初由农民进城免费清除。1867 年，公共租界率先实行粪便招商清除，由承包商同市政环卫部门签订协议，按协议规定的区域、时间，自雇粪夫，清除粪便。法租界和华界亦相继仿效。1945 年，上海市政府卫生局接管了王永康[②]主办的永大公司，将其 2004 辆粪车等清除粪便设施、设备收归国有。市卫生局开始试办官商合股清洁所，负责市区粪便清除。到 1946 年，清洁所改为市卫生局主办。每日清晨粪夫手推粪车，走巷串弄，清倒马桶。由于这些粪车很少维修，经常发生滴漏，且使用完毕后沿街停置，臭气颇大。公共厕所坑粪和抽水马桶化粪池的粪便清除，一般在夜间进行。公共租界采用分流制沟管系统，最终处理在郊外三个污水处理厂。法租界采用化粪池处理系统，抽水马桶连通化粪池，粪便经腐化分解后，液体部分流入雨水管排放河流，固体部分由工人清除。[③]

---

①《上海市的生活垃圾、粪便处理工作——解放后（1949—1963 年）十四年总结》（1963 年 11 月 15 日），档案编号：B256-2-186，上海市档案馆藏，第 17 页。

② 王永康，汪伪时期上海粪便业大亨。抗战胜利后，国民政府以汉奸罪将其逮捕，其财产全部充公。

③《上海市三年来防疫工作概况》（1952 年），档案编号：B242-1-382，上海市档案馆藏。

1949 年后，市卫生局对清洁所和清粪工人队伍进行重新编班整顿，划分清除地段。实行集体工作法后，居民区粪便的清除时间大大缩短，减少了清粪工人半夜三更就要开始逐户倾倒粪便、扰人清梦的苦恼。居民倒桶费按 1950 年1 月的规定，每月每只马桶为2000 元①，需代携代洗者加倍，同年 7 月改为每月每只 3500元，此后一直未变，直至 1960年，市区部分地区居民直接向里弄综合厕所自行倒桶，免收倒桶费。②市卫生局还针对粪车

清粪工人收倒粪便

资料来源：《上海环境卫生志》编纂委员会编：《上海环境卫生志》，上海社会科学院出版社 1996年版，第 149 页。

老旧等现状，设置了修理厂进行检查、维修和保养，基本消除粪车渗漏的情况；并在市区添设粪车停车场，督促工人在工作完毕后洗刷清洁，推入停车场内整齐排列。③同时，通过扩大组织粪车向居民收倒粪便的范围，增建公厕、化粪池和蓄尿池，大大减少了随地便溺、倾倒马桶和粪便下河的情况，缩小了粪便污染面。大部分公共厕所已能基本做到"四无"（无蚊、无蝇、无痰迹、无老垢）、"一少"（少臭）、"二化"（美化、绿化）。④20 世纪 70年代以后，市区开始推广倒粪站。居民可在倒粪站规定开放时间内自携马桶前往倾倒，既方便了居民，又为清洁工人用机动粪车清除居民马桶粪创造了条件。

---

① 旧币。1955 年发行新币，新旧币比为 1∶10000。

②《上海环境卫生志》编纂委员会编：《上海环境卫生志》，上海社会科学院出版社 1996 年版，第 168—169 页。

③《上海市三年来防疫工作概况》（1952 年），档案编号：B242-1-382，上海市档案馆藏。

④《上海市的生活垃圾、粪便处理工作——解放后（1949—1963 年）十四年总结》（1963 年 11月 15 日），档案编号：B256-2-186，上海市档案馆藏。

第二节　垃圾运输

垃圾清除后，出路主要有三个：一是经陆路分散到近郊填没污水塘、洼地；二是由水路集中到黄浦江上游三林塘垃圾滩堆积；三是供农民做肥料使用。①垃圾陆上运输的工具主要有机动车、马车和使用人力的羊角车、塌车、小木车五种。1951 年时，有两成左右的垃圾使用机动车运输，少数使用马车运输，绝大多数使用的是人力车运输。清运工人将里弄和垃圾箱里清出的垃圾，用人力车送往就近的垃圾码头，或通过中转站用机动车送往垃圾滩地。②垃圾运输机械化在 20 世纪 70 年代以前发展缓慢，70 年代初仍有约 70% 的垃圾用人力车运输。

由农船承担居民生活垃圾的水上运输由来已久。20 世纪初，公共租界清除的垃圾超过 45% 由农民用船运回农村做肥料。上海周边的江苏、浙江两省农民素有到上海装运垃圾做肥料的习惯。垃圾肥料不但可以用于水稻的基肥、追肥，用于棉田、麦田也能增产。用垃圾肥田很大程度上解决了市区垃圾的出路问题，但另一方面，装运垃圾的船只简陋，农民又不熟悉苏州河、黄浦江水性，极易发生事故。上海本市原有依靠运输粪便为生的农民，外地农船来沪积肥，双方也时有冲突。③在运输过程中，农民还常把拣出的一些砖瓦、铁片等不能肥田的垃圾丢入河中，使河道受到污染。特别是土地改革后，农民分得了土地，开始大批摇船进入市区购买垃圾肥料，仅 1950 年 4 月至 1951 年 3 月，农船装运垃圾就达 15 万吨，占垃圾水上运输量的近三分之一，这使得农船自发运输垃圾的负面问题更加突出。④

为了加强对农船进入市区装运垃圾的管理，1951 年，上海市清洁总队

---

① 《上海市文教委计划财务处关于本市垃圾清除问题的调查报告》（1954 年 11 月 5 日），档案编号：B34-2-220，上海市档案馆藏。

② 《上海市的生活垃圾、粪便处理工作——解放后（1949—1963 年）十四年总结》（1963 年 11 月 15 日），档案编号：B256-2-186，上海市档案馆藏。

③ 《上海市人民委员会关于加强粪便、垃圾和其他杂肥管理工作的通知》（1957 年 6 月 28 日），档案编号：A54-2-199，上海市档案馆藏。

④ 《上海环境卫生志》编纂委员会编：《上海环境卫生志》，上海社会科学院出版社 1996 年版，第 119 页。

新中国成立初期，上海某码头聚集的运输垃圾的农船

资料来源：《上海生活垃圾管理变迁史——生活垃圾运输的变迁》，《上海观察》2021年1月19日。

与100艘农船签订了长期运输垃圾的合同；1953年，与嘉定县订立了每天装运80—120吨垃圾的合同；到1954年，规定除了第三季度外（第三季度是农民使用肥料的淡季，进市区装运垃圾的船舶很少），凡进市区装运垃圾，均需所在县供销合作社事先与清洁总队签订合同，以便分配。1956年，江苏省苏州专区承包了浙江路、温州路、福建路、恒丰路四个垃圾码头的垃圾运输任务。农船进市区装运垃圾时，将竹篱笆插在船舱两边，以防垃圾掉落河中。1957年，还规定农民不得进入里弄挑运垃圾。同时，为便利农民，新开河垃圾码头的专业垃圾船装好垃圾后，驶到苏州河边的垃圾码头，有时还驶到虞姬墩等处，过驳给停在附近的农船，每吨收取两角。1957年，农船装运垃圾量已占上海市区垃圾清除量的65%。[1]

---

[1]《上海环境卫生志》编纂委员会编：《上海环境卫生志》，上海社会科学院出版社1996年版，第119页。

　　城市居民生活垃圾的水上运输除了由农船承担，还有一部分由承包商承担。1949 年后，包商承运停止，改为由政府成立专业运输队伍。1949 年8 月 1 日，上海市卫生局组建了第一支垃圾水上专业运输队伍——垃圾驳运队。垃圾驳运队成立后，租用包商原有的驳船（船主只拥有财产权，无人事权，船工为全民所有制工人），将全部垃圾驳船分为 9 个小队，每个小队由 6 条垃圾驳船组成，统一调配至各垃圾码头使用。针对原有关桥、新开河、虹口港、山东路、福建路、浙江北路、温州路、淮安路 8 个垃圾码头分布不均，人口集中居住区码头缺少的情况，市政府于 1950 年拨款 5.5亿元，在杨浦、南市（今属黄浦区）、闸北（今属静安区）3 个区分别新建了兰州路、南码头和梅园路垃圾码头，并对一些因垃圾淤积、船舶不易靠拢的码头进行了疏浚。1950 年 10 月，市政府又拨出 6500 万元专款用于修理黄浦江、苏州河沿岸的 11 个垃圾码头。[①]

　　为提高运力，驳运队不断改进驳船的动力和工作方法。1951 年，驳运队将木质较好的垃圾驳船装上柴油机，改为机动驳船。1952 年，驳运队试行拖轮半途接应法，即在垃圾驳船装好垃圾后，先用人力摇一段路程，再用拖轮拖带，减少拖轮的空驶距离。1953 年，驳运队又改进了新的拖带法，从原来一条拖轮拖带 9 艘驳船增加到 12 艘；同时为减少垃圾在运输过程中落入黄浦江、苏州河，每艘垃圾驳船都配有竹篱笆和帆布，垃圾装载后，将竹篱笆插在垃圾舱的两侧，上覆帆布，形成封闭状态，既能防止垃圾落入河中，又能减少垃圾异味，整洁船容。[②]

　　由于市区使用抽水马桶的住户不过两成，大量的粪便不能通过污水管道和化粪池输送和处理。居民使用的旧式马桶只能由清粪工人每日用粪车挨家挨户地收倒，送至粪码头，再由水路运往农村销售。1949 年时，一车粪的价格约为 1750 元。粪贩按照这个价格买下粪，再用船只载到外埠和近郊销售。以江湾地区为例，运输成本约为每车 1700 元，总成本就是 3450

---

① 《上海环境卫生志》编纂委员会编：《上海环境卫生志》，上海社会科学院出版社 1996 年版，第 122 页。

② 《上海环境卫生志》编纂委员会编：《上海环境卫生志》，上海社会科学院出版社 1996 年版，第 122—123 页。

元。粪贩通常会往粪便中渗入三分之一的水，再以每车 4500 元的价格卖给菜农，从中谋取差价，因此菜农实际购买粪便的价格要远高出成本。[①] 为了妥善安排市区的粪便出路，同时减少粪便销售的中间环节，1949 年 10 月，市卫生局清洁所同上海郊区部分农民协会直接订立销粪合同，以八五折的优惠价格将粪便出售给农民协会。农民协会按合同规定的认购粪便数量，自派船只或委托运粪船在指定粪码头将粪便运到农村。这种直接从市区购买、委托运粪船代运之粪便，时称"农民粪"。"农民粪"一出即受到农民

新中国成立初期活跃在上海指定码头的运粪船

资料来源：《上海环境卫生志》编纂委员会编：《上海环境卫生志》，上海社会科学院出版社 1996 年版，第 294 页。

[①] 罗阳：《粪与郊区农运》，《文汇报》1949 年 12 月 6 日，第 2 版。

的欢迎，1949 年时"农民粪"还只占市区水运粪便总量的 1.36%，到 1953
年已高达 61.47%。1954 年 4 月，市清洁所将粪便销售业务划交上海市合
作社联合社，由后者向运粪船发放粪肥代运证，凭证代运，按里程计费。
是年，上海市区运粪船结束了自由运输经营，全面实行委托代运，"农民粪"
可占到市区粪便销量的九成以上。[①]

　　1956 年上海市肥料公司成立后，市区个体运粪船被组织成 17 个肥料
船（运粪船）运输社，承运市区粪便。此时，市区粪便已被列入国家计划
统配物资，上海市区的粪便每年都按一定比例分配给江苏、浙江和上海各
郊县。肥料公司根据江苏、浙江和上海各郊县报送的托运计划、装粪地点
与农村卸货地址，选择最近路线的运输社按时按量运送。各运输社调度部
门负责根据船只吨位大小、船只航行设备及潮汛、河道状况，采取大船送
大港，小船送小港；大潮汛送远路，小潮汛送近途；篷桅船送江苏、浙江；
摇橹船送市郊的办法进行调度。如运往江、浙农村的粪肥，一般由运粪船
运至江、浙两省以县为单位设立的一个或几个粪肥转运站（亦称过驳点），
由乡（公社）、村（生产大队）派小船前来过驳；运往上海市远郊棉粮作物
地区的，一般由运粪船运至固定的乡（公社）或村（生产大队）的粪肥转
运站，由农民自驾小船，过驳运往田头；运往近郊蔬菜作物和部分棉粮地
区的，一般由肥料运输社派出较小运粪船运送到田头，由农民用粪桶从船
上直接挑入大田，进行施肥，或卸入田边坑池，贮藏待施。[②]

第三节　垃圾处理

　　垃圾清除后堆放在空地、河边或填埋沟、浜、洼地，是最常见也是最
容易的一种处理方式。1949 年以后，堆放或填埋在相当长的时间内仍作为

①《上海环境卫生志》编纂委员会编：《上海环境卫生志》，上海社会科学院出版社 1996 年版，
第 157—158 页。
②《上海环境卫生志》编纂委员会编：《上海环境卫生志》，上海社会科学院出版社 1996 年版，
第 158—159 页。

上海市区垃圾的主要处理方式。用生活垃圾填平污水浜或低洼地，一般视所填地点与居民住宅的远近，采取 3 种防蝇防臭方法：在住户稀少地段，将垃圾倒满后，覆以 15 厘米泥土，并将边沿做成斜坡，坡外留有水沟，这种方法能达到 80% 的防蝇防臭效果；在半郊区或住户较多的地段，在上一种方法的基础上，再用石碾将覆盖之泥土压紧，以提高防蝇防臭的效果；在居民稠密地段，改用 1:4 的棉絮浆（1 份废棉絮与 4 份泥土调成稀浆）覆盖，此种方法效果最好。如用工厂产生的电石灰覆盖填埋在污水浜或低洼地之垃圾，防蝇防臭效果更佳，但短期内不宜种植花草树木或农作物。用垃圾填埋沟浜或低洼地，还被作为爱国卫生运动中消灭蚊蝇的一项群众工作。[①]

　　垃圾堆放场地多为临时征用，一般选在近郊的低洼地、沟浜或租用若干土地，堆放至一定高度后，再另觅他处。垃圾堆放场地使用时间最长的是三林塘垃圾滩，堆放到这里的垃圾以生活垃圾居多。1951 年开始，新堆放的生活垃圾都采用稻草或废棉絮与泥土调成的泥浆覆盖，臭味和蚊蝇密度大为减少；并在垃圾滩上植树绿化，以改善环境卫生。1951 年，苏联专家参观三林塘垃圾滩时，对这里较好的环境卫生情况大为赞赏。[②]但随着城市垃圾量的剧增，每年运往三林塘的垃圾达百万吨之多，三林塘滩地愈填愈满，为垃圾寻找更好的出路迫在眉睫。

　　事实上，居民生活垃圾含有较多的有机质（见表 1–1），其中富含的氮、磷、钾等元素对农作物生长有很大的裨益。在化肥不能满足农民需求时，生活垃圾是农民肥田的主要肥料之一。据 1957 年的调查，以江苏省太仓县城西区新民乡永丰社为例，该社的水稻田肥料有 70% 由垃圾解决。垃圾肥料成本低廉，每亩田使用 3.5 吨垃圾混合 80 担河泥及少量农家肥料，即可相当于 100 斤豆饼、10 担黄粪、10 斤肥田粉的肥效。前者的成本在 8 元左右，而后者需要 18 元以上。农业社利用垃圾肥料的支出成本中，除付

---

① 《上海环境卫生志》编纂委员会编：《上海环境卫生志》，上海社会科学院出版社 1996 年版，第 126 页。

② 《上海环境卫生志》编纂委员会编：《上海环境卫生志》，上海社会科学院出版社 1996 年版，第 126 页。

给清洁所的运费、船只折旧费外，其余绝大部分是付给社员的工分，增加了社员的收入，因此社员都很乐意来沪积肥。[①]

表1-1　1951年上海市各季度垃圾成分情况一览　　（单位：%）

成　分	1—3月	4—6月	7—9月	10—12月	季度平均
有机质	30.20	37.16	42.00	29.13	34.62
煤球灰	63.00	52.67	35.00	46.00	49.17
三合土	3.27	4.03	3.67	2.93	3.48
燃　料	2.80	3.23	4.13	3.93	3.52
废金属	0.67	0.93	1.03	1.00	0.91
其　他	0.06	1.98	14.17	17.01	8.31

资料来源：《上海市肥料厂利用城市垃圾制造肥料问题的研究报告》（1957年11月14日），档案编号：A70-2-15，上海市档案馆藏，第18页。

　　农民使用垃圾做农肥前，需要经过一定的处理。江、浙两省农业社按照码头排定的日期派船来沪装运垃圾回去后，一般要经过堆肥发酵，然后筛去木石、金属等杂质，再作为肥料使用。这种处理方法虽然较为简易，但大量垃圾在长距离运输和分散处理中，既需要耗费运输成本（每吨垃圾的运费为2—3元），也增加了病菌传染的可能性。这些未经过加工处理的垃圾，其中能够肥田的有效成分大约占70%，其余30%的成分实际上是无用的。[②]

　　相较之下，由肥料厂加工制成颗粒肥料，对环境卫生的危害较小。1955年，随着农业生产的发展，商品肥料日益供不应求，农民纷纷进入市区装运垃圾，这给市区的环境卫生造成很大影响。于是，将生活垃圾经过加工制成颗粒肥料的设想被提出。1956年2月，上海市肥料厂开始制造颗粒肥料。肥料厂将垃圾堆放发酵后，经过一次粗筛和一次细筛，再混合一定比例的过磷酸钙和硫酸铵，制成颗粒状的肥料。垃圾在发酵过程中产生高温，将有害病菌杀死，起到了无害化处理的作用。但是由于当时技术水平有限，这种加工方法也有缺点：一是在碱性作用下和干燥过程中会

---

①《上海市人民委员会关于进一步利用城市垃圾的意见》（1957年4月18日），档案编号：B242-1-1022，上海市档案馆藏。

②《上海市肥料厂利用城市垃圾制造肥料问题的研究报告》（1957年11月14日），档案编号：A70-2-15，上海市档案馆藏。

造成垃圾中 20% 左右的氮的流失；二是颗粒肥料中掺入了过磷酸钙，而江苏、浙江两省的土壤一般不缺磷，掺入的过磷酸钙只起到了一些保氮的作用，实际上是一种浪费；三是加工费用不小，肥料厂的加工费约占到成本的 30% 以上，增加了农民的负担。[1]农业部认为生产颗粒肥料工艺简单，基本上用手工操作，农业社可以自制自用，不必在城市建厂生产颗粒肥料。1959 年以后，肥料厂均停止了颗粒肥料的生产。

一直以来，农民都更愿意直接装运垃圾回去做肥料。1958 年，农民使用城市垃圾做肥料达到 74 万余吨，占垃圾清除量的 58%。20 世纪 60 年代初，上海市各郊县已将市区垃圾作为主要肥料之一，使用范围从棉粮田扩大到蔬菜田。垃圾使用在小麦田，对小麦有抗旱防涝的作用；使用在棉花田，据青浦县朱桥公社黎明生产队试验，可增产 18%；使用在蔬菜田，据宝山县彭浦公社试验，同样效果明显，特别是茄、瓜、豆类和生长期长的作物。对市郊一些湿时稠泞、干时硬结、耕作不便的黏性土壤，垃圾还能起到显著的疏松改良作用。[2]

上海市区清除的粪便也多做农业肥料之用。1950 年，为协调粪便分配，上海市卫生局、市联社、市海员工会、市民船商业同业公会、江苏省供销合作社驻上海办事处等机构组成粪肥调配委员会。1954 年 4 月，上海市联社建立粪肥供应站，负责包销全市清洁所清除的城市粪便。上海市区粪便的分配比例为：日供应江苏省 1136.3 吨，占 33.9%；浙江省 132 吨，占 4.0%；上海郊区 1540 吨，占 44.9%；另有 572 吨，占 17.2%，由运粪船户自由运输经营（俗称"自由粪"）。[3]同年 9 月底，"自由粪"也全部纳入"农民粪"轨道。至此，上海市区粪便全部按计划供应农村。

1954 年 10 月，全国供销合作总社华东办事处在上海召开江、浙、沪

[1]《上海市肥料厂利用城市垃圾制造肥料问题的研究报告》（1957 年 11 月 14 日），档案编号：A70-2-15，上海市档案馆藏。

[2]《上海环境卫生志》编纂委员会编：《上海环境卫生志》，上海社会科学院出版社 1996 年版，第 132 页。

[3]《上海环境卫生志》编纂委员会编：《上海环境卫生志》，上海社会科学院出版社 1996 年版，第 160 页。

郊肥料分配会议，会议决定上海粪便的供应方针是：先近后远，先蔬菜后棉粮。此后，上海粪肥分配基数又多次进行调整（见表1-2）。

表1-2　1954—1958年上海市区粪肥分配比例　　　（单位：%）

年　份	上海郊区	江苏省	浙江省
1954	44.9	33.9	4.0
1955	53.1	41.9	5.0
1956	47.0	40.0	13.0
1957	36.9	48.7	14.4
1958	61.5	28.2	10.3

资料来源：《上海市肥料公司关于上海市城市历年来人粪尿、垃圾分配情况及今后分配的意见》（1959年2月24日），档案编号：A70-2-56，上海市档案馆藏，第3—4页。

　　1955—1957年，为照顾江、浙两省的需要，上海郊区的粪肥分配量逐年减少，而蔬菜复种面积又逐年扩大，相形之下给生产带来了诸多困难。如东郊区和北郊区因缺少肥料，大量蔬菜白地下种，有些不敢下种，有些下种之后不再追肥，影响了蔬菜的产量和质量。西郊区24万余亩耕地，缺肥达到半数以上。[①]1958年，由于行政区划调整，江苏省10个县划归上海市，因而粪便分配比例有了较大变动。此后，这一分配比例延续了较长时间。此外，上海市区粪便还小额供应种植花卉、果树、药材、香料等单位的施肥需要，以及水产局淡水鱼养殖场的饲料需要。20世纪80年代以后，农村实行家庭联产承包责任制，与此同时，化肥供应持续增长，上海市郊和江浙农村持续对上海市区粪便的需求随之减少。1985年3月，上海市区粪便的计划供应终止。

[①]《上海市人民委员会办公室关于本市挖掘肥源、加强杂肥管理和肥料分配等工作情况》（1957年12月27日），档案编号：B242-1-1022，上海市档案馆藏。

第二章　爱国卫生运动的缘起与常规化

2022 年，爱国卫生运动迎来了它的 70 周年纪念日。与新中国历史上的其他群众性运动不同，这项运动之所以能够拥有如此旺盛的生命力，是因为它与人民群众的生命健康息息相关。随着医疗技术的进步，人类已经能够控制诸如天花之类的传染病的流行，但非典型肺炎、禽流感、新冠肺炎等疾病的暴发和肆虐，仍不断昭示着防疫的重要性。1952 年开始广泛开展的爱国卫生运动，是一次应急性的国家防疫运动，但它的出现也非偶然，在此之前已有类似的卫生清洁运动在全国范围开展，此后，爱国卫生运动又因被要求常规化运作而延续了下来。1949 年以后，上海市人民政府在进行制度化的环卫建设的同时，也常用群众运动的方式维护城乡的环境卫生。

第一节　以防疫为主导的卫生清洁运动

中华人民共和国成立伊始，多年的战争导致上海的城市环境卫生水平大幅下降。大多数居民的房屋拥挤嘈杂，很多人家聚居一室，起居、做饭、用餐，甚至便溺都在一间屋子里。里弄内垃圾箱数量很少，一部分业已损坏，不能使用，居民乱倒垃圾的现象十分普遍，大街小巷垃圾遍地，河浜的沿岸也充斥着大量的垃圾、污泥和粪便。这些情况都极易加速病毒传播、传染病流行。

1949 年 6 月，上海市军管会发出严格控制传染病流行、改善上海卫生面貌的指示，并召开了首次防疫工作会议，号召在全市范围内开展以防治霍乱为中心的卫生运动。在 1928—1948 年的 20 年间，上海市曾举办过近20 次卫生运动，但规模都不及此次。此次卫生运动共组织了 358 个预防注射队，接种霍乱疫苗 375 万人次，同时动员 3600 余人、动用军车于一周内清除积宿垃圾 3.5 万吨，掩埋尸体 3000 余具，又在棚户区及孳生蚊蝇的重点地区喷射药物，扑灭蚊蝇。1949 年 11 月，上海市卫生局继续掩埋、火化露尸 3.3 万余具。[①]

　　半年的突击清洁工作取得了显著的成绩，也引起了上海市政府的重视。在上海市第二届第一次各界人民代表会议上，潘汉年副市长作市政报告指出，已将清洁卫生运动列为市政府 7 项中心工作之一，决定成立上海市第一届扩大清洁运动委员会（简称"清运委"）。清运委由市政府秘书处、民政局、卫生局、教育局、总工会、青年团、民主妇联等 14 个单位组成，潘汉年担任主任委员。每个行政区均设立区清洁卫生委员会，由区接管委员会、卫生事务所、公安分局、清洁中队、清洁所、工务局工段、地方热心人士等组成。全市共设 30 个区清洁卫生委员会（简称"清委会"）。清委会以下，以各区接管委员会的办事处为核心，设立分支会，由卫生小组长全体大会选举委员组成。全市设 119 个分会、677 个支会。分支会以下设卫生小组，共计 20208 个，小组规模 15—30 户不等。卫生小组以下设卫生检查值日员，由小组内住户轮流担任。其职责是检查小组内各户是否清洁卫生，是否乱倒垃圾、废水，是否打扫门前，里弄内是否有行人随地大小便等。[②]

　　清洁卫生运动从 1949 年 9 月即着手筹备，10 月间，上海市卫生局草拟了运动实施方案，其后几经修订，最终酌定 1950 年 1 月 8 日起至 2 月11 日，为清洁运动起止时间。其中，第一周为宣传调查周，第二周为大扫

---

　　①《上海卫生志》编纂委员会编：《上海卫生志》，上海社会科学院出版社 1998 年版，第 217 页。
　　②《上海市第一届扩大清洁运动工作总结》（1950 年 7 月），档案编号：B242-1-227，上海市档案馆藏。

20 世纪 50 年代初期的清洁卫生运动

资料来源：《上海环境卫生志》编纂委员会编：《上海环境卫生志》，上海社会科学院出版社 1996 年版，第 266 页。

除周，第三周为清洁竞赛周，第四周为督导检查周，第五周总结工作。运动的目标：（1）促起市民对于清洁卫生的注意，养成爱好清洁卫生的习惯；（2）改善并经常保持居民居住环境的清洁；（3）对公共场所、棚户区及卫生状况特别恶劣的地区，作重点要求。

1月8日，是宣传周的第一天，上海全市的交通工具包括电车、汽车、三轮车上，各大商店的玻璃窗上，各处广告栏和公共场所户内外，都贴着彩色的清洁卫生运动标语、图画和传单，重要的马路口高悬着过街巨幅布质标语。上海各大报纸均以头条新闻报道清洁卫生运动的意义和有关单位的准备情况，号召市民发挥集体力量配合政府的行动。各区也采用各种形式进行宣传，组织动员市民积极参加清洁运动，包括举办各类集会、文娱节目、游行、订立卫生公约等，规模甚大。蓬莱区（今属黄浦区）召开了1195 次居民会议，出席人数达 15 万以上。嵩山（今属黄浦区）、闸北两区召开的居民会议次数各约 2000 次，出席人数各达 8 万以上。许多区的游行都不止一次，新城区（今属静安区）的大游行还有文娱节目助兴。杨树浦区（今属杨浦区）的大游行参加人数近 3 万，占该区人口的四分之一，文娱节目有 80 余种。这一期间清洁卫生运动成为上海市民最关心的大事，就连中小学校都在练习《清洁卫生歌》。①

　　在接下来的大扫除周里，全市有超过 18 万人参加运动，实际时间被延长至两周。闸北区海昌路的垃圾堆积如山，在这次运动中，800 多名居民和清洁工人仅 6 天便清除垃圾 857 吨。大统路太阳庙路有一个 300 余平方米的污水池塘，蚊蝇孳生，周围布满垃圾、污物，塘内沉有陈年棺材 20 余具，也由附近居民齐力填平并将积柩掩埋。沙虹路是提篮桥区（今属虹口区）虹镇一条很重要的道路，也是该区棚户集中的地带之一，因地势低，没有下水道，常年垃圾遍地，污泥堆积。由于附近没有公厕和垃圾箱，贫困的居民为节省倒桶费，就将粪便倾倒在周围的污水塘中。更为糟糕的是，沙虹路北面停有积柩多达 800 余具，无人过问，经风吹雨打，臭气四溢。针对以上情况，"整理沙虹路环境卫生临时工作委员会"应运而生，组织动员居民打扫路面，清运污泥，并在随后的几个月里，铺填了煤屑路，开掘沟渠，增设公厕和垃圾箱，清除积柩。离沙虹路不远的天宝路因终年积水，被戏称为"天宝河"，附近居民仿照沙虹路的做法，把"天宝河"还原为天宝路。②据统计，清洁卫生运动期间全市共清除垃圾 6621.5 吨、泥土废料 1545.9 吨、污泥 4019.8 吨，整理路面 97 处 39924 平方米、沟渠 3605 处 22951 米，修理和添设公厕 79 座、垃圾箱 1041 只、小便池 675 处。③

　　为提高市民参与清洁卫生运动的热情，原计划自 1950 年 1 月底转入清洁竞赛，但因上海市的各行政区条件不同、卫生状况悬殊，区与区比赛的标准难定，最终决定由各区自行进行竞赛。然而，突如其来的"二六"大轰炸④，打乱了所有的布局，竞赛工作随即中断，督导检查也未能如期完成。此外，郊区卫生整治是此次清洁卫生运动的薄弱环节，一方面，运动在宣

---

① 《上海市第一届扩大清洁运动工作总结》（1950 年 7 月），档案编号：B242-1-227，上海市档案馆藏。

② 《上海市卫生局关于第一届扩大清洁运动特刊》（1950 年 10 月 23 日），档案编号：B242-1-227，上海市档案馆藏；《整理沙虹路环境卫生工作的介绍》（1950 年 7 月），档案编号：B242-1-227，上海市档案馆藏。

③ 《上海环境卫生志》编纂委员会编：《上海环境卫生志》，上海社会科学院出版社 1996 年版，第 267 页。

④ 1950 年 2 月 6 日，逃至台湾的国民党空军出动轰炸机 14 架、战斗机 3 架，对上海实施轰炸，炸毁房屋 1180 间，炸死炸伤市民 1400 多人。

传上没有考虑到郊区生活环境的特殊性；另一方面，大部分郊区也因忙于
征粮、校正户口等工作并未对运动予以重视。[①]

　　清洁卫生运动未能按原计划进行，随着夏季的到来，上海市再次开展
了以预防霍乱等急性传染病为中心的防疫运动，全市 4600 余名医务人员组
成 400 余支预防接种队，接种了 328 万人次。1951 年，又接种了 359 万人
次，有效地防止了霍乱的发生。与此同时，在 1950 年冬至 1951 年春开展
的以预防天花为中心的春季防疫运动中，由 6000 余名医务人员和 1000 余
名医学生组成的种痘队，共接种 1068 万人次。至 1951 年 7 月，已基本上
在全市范围内消灭了天花。[②]

第二节　爱国卫生运动的兴起

　　严格意义上的爱国卫生运动源于 1952 年 2 月 18 日，解放军总参谋部
向中央汇报，美军在朝鲜前方大量空投苍蝇、跳蚤、蜘蛛等昆虫，据专家
估计，昆虫体内带有霍乱、伤寒、鼠疫、回归热等病菌的可能性为大，如
化验证实，须火速进行防疫灭疫。翌日，毛泽东主席批示由周恩来总理处
理此事。[③]3 月 19 日，周恩来以中央防疫委员会主任的名义发出《关于反细
菌战的指示》，指示规定朝鲜为疫区，东北为紧急防疫区，华北、华东、中
南沿海为防疫监视区，其他地区为防疫准备区；上海所在的防疫监视区应
加强与紧急防疫区间交通要口的检疫工作，目前防疫宣传应与反对美军细
菌战结合进行。[④]这场防疫运动带来了积极的影响，促进了城乡环境卫生的
改善。

　　1952 年 4 月以后，华北、华东和中南各地纷纷加强环境卫生整治。华

---

①《上海市第一届扩大清洁运动工作总结》（1950 年 7 月），档案编号：B242-1-227，上海市档案馆藏。

②《上海卫生工作丛书》编委会编：《上海卫生（1949—1983）》，上海科学技术出版社 1986 年版，第 43—44 页。

③《毛泽东年谱（1949—1976）》第 1 卷，中央文献出版社 2013 年版，第 499 页。

④《周恩来年谱（1949—1976）》上卷，中央文献出版社 1997 年版，第 217 页。

上海里弄居民参加爱国卫生运动

资料来源：《华东画报》1952 年 7 月，上海图书馆提供。

北的河北省秦皇岛市和宁河、安次等县的 590 个村子共改善厕所 3 万余间，清除多年积存的垃圾 100 余万吨，填平臭水沟和臭水坑 2.6 万余立方米，堵塞鼠洞 3.7 万余处，给水井和粪坑都上了盖子。唐山市八区的农民白日忙于农活，就在夜里打着灯笼、火把打扫屋子和街道，清除垃圾、粪便。华东的福州市参加大扫除和捕鼠行动的市民达到全市成年人口的 95%以上，共计为 9000 余个粪坑加盖、消毒；合肥市动员市民疏通的明沟暗渠达到 3.5 万余米。中南的武汉、广州、开封、郑州、南昌、沙市等大中城市在 4 月至 6 月的 3 个月里，动员市民进行了清除垃圾、疏通沟渠、扑灭蚊蝇、整扫厕所和饮水消毒等工作。长沙和汉口两地清除的垃圾，都在 1 万吨以上。长沙市内淤塞数十年的便河，过去全是污水，沿河蚊蝇乱飞，经整治成为市民休憩的场所。湖南省的平江和浏阳两县，在 10 天内动员了数十万人，清除垃圾 40 余万吨。①

　　之后，中央决定将这场防疫运动通称为爱国卫生运动。1952 年 5 月 28 日，上海市爱国卫生委员会（1953 年 1 月改称爱国卫生运动委员会，简称"爱卫会"）成立，陈毅市长任主任。全市 30 个区及水上区相继成立爱卫会。区称分会，乡、镇称支会，全市共成立支会 1141 个，基层单位爱卫会 4492 个。②市境内各单位的爱国卫生运动均受当地分会或支会领导，各单位的上级主管负责督促检查，形成"块块领导，条条督促检查"的领导体制。

　　运动是从全面的清洁大扫除开始的，上海市区的 1 万多条里弄陆续进行了大清扫，添设垃圾箱；郊区推行"三盖运动"，即粪坑上盖，水缸上盖，土井上盖。但上海 1952 年的爱国卫生运动实际上并没有造成很大的声势，各级卫生组织的普遍建立是在 1953 年以后。整个 1952 年，各大机关、企业都在开展"三反"、"五反"和民主改革等运动，而无暇他顾。1952 年 12 月上旬召开的第二届全国卫生会议，除了总结爱国卫生运动及近三年来的卫生建设情况，还评选了爱国卫生运动模范。在全国近百个模范地区或单位中，上海市入选的仅有被评为全国乙等模范的徐汇区北平民村和被评为丙等模范的老闸区（今属黄浦区），且模范个人空缺。③

　　1952 年 12 月 30 日，中央人民政府政务院发出《关于 1953 年继续开展爱国卫生运动的指示》，要求将爱国卫生运动常规化。在全国卫生模范城市评选中的失利使得上海市政府对即将开始的新一轮爱国卫生运动提出了很高的要求。在内容上，要求以改善环境卫生与公共卫生为主，包括扑灭有害昆虫及病媒，提倡勤洗衣、勤洗澡、不喝生水、不吃生菜生肉、不随地吐痰便溺等良好的个人卫生习惯，以及普及预防疫病的知识；在形式上，要求做到自上而下的定期检查和群众的自我检查相结合，并通过培养模范单位和模范个人，推广先进经验，开展互相挑战应战和红旗竞赛，不断推动运动前进；同时注意巩固各种群众性的卫生清洁制度，使爱国卫生运动成为经常和持久的

---

① 《华北华东中南各地爱国卫生运动广泛展开》，《人民日报》1952 年 7 月 5 日，第 1 版。
② 《上海卫生志》编纂委员会编：《上海卫生志》，上海社会科学院出版社 1998 年版，第 219 页。
③ 《一九五二年度爱国卫生运动全国卫生模范名单》，《人民日报》1953 年 1 月 4 日，第 3 版。

运动。①

自 1953 年 2 月 1 日起，为期一个月的卫生突击运动开始了，要求做到：
（1）从上而下地整顿和建立各级卫生组织，健全各项群众性的卫生清洁制度，
并保证其贯彻执行。（2）大力开展卫生宣传教育，务期达到市区 80% 的人口
和郊区 50% 的人口受到教育，其中，市区或郊区的工厂企业、机关团体应
有 90% 以上的人口受到较深刻的教育。（3）展开全市清洁大扫除，从个人
到家庭，从室内到室外，从屋顶到地下室，从里弄到街道彻底清扫一次，清
除垃圾废物，扑灭过冬蚊蝇，堵塞鼠洞。不同区域的侧重点稍有不同，在市
区环境卫生方面，以改善工人住宅及棚户区的清洁卫生为重点；在工厂、机
关、学校等单位内部，以厨房、食堂、厕所、洗澡间的清洁卫生为重点，包
括扑灭过冬成蝇；在半郊区及郊区，则以挖蛹及掩埋粪缸为中心环节。②

国营工厂是市爱国卫生运动的重点区域。福新烟厂先是组织工人观看反
对细菌战的影片，集体收听广播，进行宣传鼓动，再划分清洁区域、购买清
洁工具、清除废料和多余的机器，为 1953 年 2 月 12 日的大扫除做好准备。
在大扫除这一天，全厂 1719 人从上午 8 时开始，到下午 4 时止，将全厂各
个角落打扫了一遍。烘烟房蒸饭间过去从来没有动过的地方，这次被彻底
清扫；烟丝部的铁板下扫出了四五两的虫子。全厂擦洗了 30 扇天窗，疏通
了 57 丈阴沟，挖出的污泥称重足有 2940 斤。③上海油脂三厂建厂已 20 余年，
这次清出的垃圾有 16870 斤、碎砖头 7000 斤、蚊蝇蟑螂超过 5000 斤。④

强调"数字成绩"是推动此次运动取得成效的重要引擎，在市郊亦然。
在上海市的 9 个郊区和 14 个半郊区，农民为了贮粪肥田，安置了很多粪
缸。这些粪缸约三分之一的部分被埋于地下，三分之二露出地面，不遮不

　　①《上海市人民政府关于上海市继续开展爱国卫生运动的指示》（1953 年 1 月 27 日），档案编号：B46-2-26，上海市档案馆藏。
　　②《中共上海市委关于继续贯彻开展爱国卫生运动的指示》（1953 年 1 月 23 日），档案编号：A26-2-243，上海市档案馆藏；《上海市爱国卫生运动 1953 年挖蛹及掩埋粪缸工作总结》（1953 年），档案编号：B242-1-535，上海市档案馆藏。
　　③《福新烟厂爱国卫生工作小结》（1953 年 3 月 21 日），档案编号：A37-1-179，上海市档案馆藏。
　　④《上海油脂第三厂支会爱国卫生运动春季突击月工作总结》（1953 年 3 月 4 日），档案编号：A37-1-179，上海市档案馆藏。

盖，成为孳生蚊蝇的大本营。此前的卫生运动也曾将粪缸加盖列为重点工作，指导居民将木板制成圆盖盖住缸口，但由于缸身高出地面太多，木盖全部暴露，经过风吹日晒，弯翘裂缝，依旧起不了防蝇的作用。天气转冷时，大量蛆蛹仍在周围泥土中蛰伏过冬。1953 年 3 月初，市爱卫会动员了 2000 余名清洁工人组成"挖蛹及掩埋粪缸工作队"，编成 43 个中队 410 个小队。在动员大会上，工作队当即作出挖蛹 3700 斤的保证。①

一个挖蛹小队由 5—6 人组成，队员相互配合，将挖出的泥土和蛹一起倒进放了半桶水的水桶，用木棒搅和，使泥土和蛹分离，再用笆篱将蛹捞起倒入煤箩焚烧。老式砖砌粪缸坑厕的蝇蛹多藏在砖缝里和地板下，为了挖到更多的蛹，工作队员甚至把砖捣到了第六层。由于任务繁重，挖蛹工作是在极度紧张的气氛中展开的。从焚蛹的数字上看，3 月 11 日第一次焚蛹 2136 斤，3 月 20 日第二次焚蛹 3974 斤，3 月 30 日第三次焚蛹 7054 斤，4 月 8 日第四次焚蛹 11546 斤，4 月 13 日第五次焚蛹 2269 斤，共计 26979 斤，远远超过 3700 斤的保证数字。②

工作队员将粪缸周围的蝇蛹挖空后，就帮助农民挑粪浇菜，出清缸内积粪，再挖出泥土，深埋粪缸，以便掩埋加盖。在掩埋粪缸之前，工作队员会召集农民代表座谈，说明掩埋粪缸的意义，再由干部做掩埋示范。用料方面主要是就地取材、废物利用，农民家里的破桌子、烂板凳和旧砖剩瓦都被加以利用。

第三节 爱国卫生运动的常规化

1954 年起，遵照中央指示，上海市爱卫会办公室与市卫生防疫站合并办公，以便结合卫生防疫业务，贯彻运动的经常化。经过五年的发展，全

① 《上海市爱国卫生运动 1953 年挖蛹及掩埋粪缸工作总结》（1953 年），档案编号：B242-1-535，上海市档案馆藏。
② 《上海市爱国卫生运动 1953 年挖蛹及掩埋粪缸工作总结》（1953 年），档案编号：B242-1-535，上海市档案馆藏。

市的清洁卫生水平均有了显著的改进。

首先，不少里弄和单位都建立了经常化的清洁制度，组织学习了卫生常识。城市里的饮食摊贩和饭馆厨子，都戴上了洁白的围裙；许多菜市场都置备了供蔬菜消毒用的漂白粉溶液，肉案和鱼摊加上了玻璃罩和纱罩；冷饮店的一切用具和饮用品都经过消毒的手续；许多公共饮水处都设有过锰酸钾消毒水。环境卫生的改善和人民清洁卫生习惯的养成，使得传染病患者大为减少。像迁善里、天后宫、一达丰等里弄，从1953年起就没有发现伤寒、痢疾等肠道传染病，全市各种急性传染病病死率大幅降低（见图2-1）。工厂企业建立了经常性的卫生制度后，因病缺勤人数减少。此外，为了预防肠道传染病，1953年有257家大中型企业培训了8153名炊事人员，翌年又补充培训了2854名，更新了厨房食堂的卫生设备，其他学校、工地、机关亦普遍对炊事人员进行了卫生培训。[①]

其次，改善了半郊区的环境卫生状况。如露天粪缸问题基本上得到改良，1953年迁移改善了粪缸6.7万余只。1954年还在闸北区进行掩埋式粪缸的试点工作，组织各区参观学习、推广施行。该年共掩埋加盖粪缸1.45万余只，对减少蚊蝇孳生、水源污染，以及促进肥料的保存等方面，都起了一定的作用。上海市半郊区污水沟浜甚多，以往居民不仅用以洗涤和倾倒污水，亦有作为饮水源。在爱国卫生运动中，许多污水沟浜被填没，1952年填平1.1万余处，1953年继续填平2900余处，1954年又填没22万多平方米。[②]

再次，由于大力改善蚊蝇孳生地，组织市民挖蛹和有重点地施行药物喷射（1953年1500万平方米，1954年556万平方米），市区蚊蝇显著减少，郊区市镇和半郊区以往多蚊蝇的地带，蚊蝇亦逐年减少。[③]

五年的实践也使得运用群众运动的方式维护城乡的环境卫生，成为国家环境卫生事业的一个重要组成部分。1955年3月，市爱卫会根据中央的指示开展了春季爱国卫生运动，发动群众填补鼠洞、轮扫人行道、填埋污水沟、注意饮食卫生、普遍注射二联预防针等，以达到预防夏秋季肠道传

①《上海市爱国卫生运动三年来工作报告》（1955年），档案编号：B242-1-805，上海市档案馆藏。
②《上海市爱国卫生运动三年来工作报告》（1955年），档案编号：B242-1-805，上海市档案馆藏。
③《上海市爱国卫生运动三年来工作报告》（1955年），档案编号：B242-1-805，上海市档案馆藏。

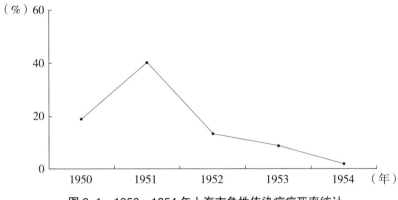

图 2-1 1950—1954 年上海市急性传染病病死率统计

注：病死率 = 死亡人数 / 发病人数。

资料来源：《上海卫生志》编纂委员会编：《上海卫生志》，上海市社会科学院出版社 1998 年版，第 177 页。

染病及食物中毒。[①]1956 年，上海再次按照中央《一九五六年到一九六七年全国农业发展纲要（草案）》的指示，开展以除"四害"（老鼠、苍蝇、蚊子、麻雀——后改为臭虫）、讲卫生、消灭主要疾病为中心的爱国卫生运动，要求做到"家喻户晓，人人动手"。

1958 年，上海市提出"乘风破浪前进，掀起一个更大规模的以除'四害'为中心的爱国卫生运动"。这一年，全市捕鼠 348 万余只、苍蝇 17 万余公斤、蚊子 1 万余公斤、臭虫 434 公斤。两次大规模灭麻雀活动先后共出动 1200 万余人次，灭麻雀 60 余万只，全年共消灭麻雀 325 万余只。市区共动员 118 万人次在 4 个月内填埋治理臭水沟 324 公里，埋设下水管道 77 公里，完成了原计划 5 年完成的工作量。郊区在传染病普查普治工作中，治疗了 10 余万血吸虫病患者、19 万钩虫病患者、14 万丝虫病患者和 1 万多疟疾病患者；同时，对 30 万只粪缸进行迁移、加盖、掩埋，推广沉卵式粪池。声势浩大的突击行动和丰硕成果使得上海市被评选为"全国除害灭病先进地区"，同时有 21 个单位被评为"全国先进单位"，17 人被评

① 《上海市一九五五年春季爱国卫生运动总结》（1955 年），档案编号：B242-1-805，上海市档案馆藏。

为"中央一级除害能手"。①

　　1959 年，卫生部部长李德全在总结十年来卫生工作经验时明确指出："广泛开展群众卫生运动，把医疗卫生机构的工作同群众运动结合起来，是大规模防治疾病增进人民健康的一项根本政策。"②当然，在运动开展过程中，一些单位存在流于形式、消极应付的情况，更为关键的是，要使卫生运动常规化，不但需要资金和物力的支持，同时也需要更多的人员和时间的投入。

---

　　①《上海卫生工作丛书》编委会编：《上海卫生（1949—1983）》，上海社会科学院出版社 1998 年版，第 46 页；《上海卫生志》编纂委员会编：《上海卫生志》，上海社会科学院出版社 1998 年版，第 229 页；《上海市 1958 年除七害、讲卫生、消灭疾病工作总结和 1959 年规划要点》（1958 年 12 月），档案编号：B242-1-1069，上海市档案馆藏。

　　② 李德全：《十年来的卫生工作》，《人民日报》1959 年 10 月 9 日，第 7 版。

第三章 上海工业新区建设与工业污染治理

20世纪40年代末，上海市人民政府甫一成立即采取积极扶持的政策，帮助民族工业尽快恢复生产，致力于将上海从消费性城市改造为生产性城市。50年代中期，为了改善工业布局和保证建设用地，上海市政府决定开辟闵行、吴泾、安亭、嘉定、松江等5个卫星城和若干工业新区。伴随着全市工业的恢复发展和工业新区的建设投产，工业"三废"的排放量剧增，大大超出原有的处理能力，环境问题开始爆发。50年代后期，苏州河部分河段的溶解氧经常为零，终年黑臭，酚、氰化物、砷的最高含量已分别超标300倍、6.8倍和4倍。50年代末至60年代初，苏州河河口与黄浦江交汇处，出现了黄黑分明的界线。曾被称为上海三大干河之一的蕰藻浜，60年代初水质开始下降，下游污染趋于严重。郊区工业"三废"的大量排放还严重影响到周边的农业生产。严峻的环境危机成为新生的上海市人民政府在发展经济之外不得不面对的另一大难题。

第一节 工业新区建设与环境污染

自20世纪50年代中期，上海开始了大规模的工业新区建设。经规划，位于上海南部的闵行作为以机电工业为主的工业基地；同样位于南部的吴泾和市区北面的桃浦、高桥工业区作为化学工业基地；西南部的松江作为以轻工业和机床工业为主的工业基地；西北部的嘉定作为科研基地；地处市区西面的漕河泾以精密仪表工业为主；市区南面的长桥以建筑材料工业为主；北面的彭浦作为大型机械工业基地；西面的安亭成为汽车工业基地；东北角的吴淞、蕰藻浜和市区南部的周家渡是钢铁工业基地。[①]工业新区建设带来大量工业企业建成投产，由此也产生了大量工业"三废"的排放，环境污染问题日益凸显。

在几个工业污染重镇当中，以化学工业为重心的桃浦工业区是极具代表性的一个。桃浦地区位于上海市区的下风向，以往到处是成片的农田，人烟稀少，因此政府决定将污染较大的化学工业迁移到该地。桃浦工业区在初辟时仅有上海橡胶厂、泰山化工厂、华孚金笔厂、上海漂染厂等几家工厂，每天排出的生产废水在500吨以下。1954—1955年，上海市城建局先后修建道路、桥梁，埋设污水管道，将各厂排出的污水，通过沟管集中到祁连山路唧站初步沉淀，再经过石块排水沟流到近200亩的过滤田中过滤，最后放入就近河浜。这种过滤田的处理方法在上海还是首次应用，当时设计的过滤能力为每天800吨，尚能满足彼时的污水净化需求。其后，各厂规模逐年发展，又有新厂不断投建，特别是1958年"大跃进"以来发展更为迅速。至1960年，桃浦工业区共有工厂18家，有药品、糖精、有机染料、无机颜料、金笔、化学纤维、香精、橡胶制品、合成氨、制冷剂、双氧水、合成樟脑以及化工原料中间体等主要产品，全年总产值在2亿元以上。其中，上海染料化工八厂（原润华颜料厂）开发生产的一种活性染料，填补了当时国内染化工业产品的空白；英雄金笔厂（原华孚金笔厂）等著名老厂也都拥有自己的名牌产品，在上海的经济发展中作出了一定贡献。各厂深井出水能力每天约2.5万吨，污染废水每天3000吨左右。虽然其中80%以上为冷却水，可以循环使用或排放河浜，但由于没有清浊分流，冷却水与污染废水混合流出，导致污水量大大增加，远远超出过滤田的处理能力。再加上上海市城建局对处理设备的维修保养工作做得不够，

---

① 中共上海市委党史研究室编：《上海社会主义建设五十年》，上海人民出版社1999年版，第193—194页。

过滤田和沉淀池多已淤塞，使用面积缩小，降低了处理效率。[①]

　　桃浦工业区以化工产业为主，废水性质不同于一般工业废水，不但酸性强、盐分高、色度浓，而且含有各种复杂的有机化合物以及其他有毒物质。这些工业废水经过下水管道后，连管道都会被腐蚀，祁连山路唧站的唧机叶轮、闸门等已多次因腐烂重配。这些工业废水如未经适当的处理即排入河浜，还会污染附近农民的生活和农田灌溉用水。1959年当年，仅长征人民公社因水污染导致农业和养殖业的损失就在20万元左右。[②]李子园生产队自1958年底至1959年上半年就有超过600亩的农田受灾，其中130亩颗粒无收。1959年，凡是浇过附近河水的农田，产量都大为减少，三家湾10亩油菜田只浇了30担水，就萎缩不发；祁连和李子园两个生产队放养的2万多条鱼全部死亡；李子园和红光两个生产队1200多只鸭被毒死。[③]当地一些人民公社为防止污水继续损害农业，在河浜内上下游筑坝，拦阻污水外泄，这样又反过来影响了工厂排水，迫使部分车间停工。[④]废水排放处理不当，不仅直接妨碍了工农业生产的发展，而且严重破坏了该地区的环境卫生。

第二节　早期工业污染治理

　　农民堵坝事件很快引起上海市委和农委的重视。1959年6月，上海市化学工业局邀请有关单位和桃浦工业区内工厂，成立桃浦区污水处理工作小组，一方面对受损农作物进行赔偿，另一方面着手污染治理。工作组先

---

　　①《上海市城市建设局关于桃浦工业区工业废水处理的报告》（1960年10月24日），档案编号：A54-2-1132，上海市档案馆藏。

　　②《上海市化学工业局关于桃浦工业区污水处理的情况和改进意见的报告》（1959年12月9日），档案编号：A72-2-133，上海市档案馆藏。

　　③《中共嘉定县长征人民公社委员会为报请从速处理桃浦工业区化工厂流出有毒物质的报告》（1959年6月1日），档案编号：A72-2-133，上海市档案馆藏。

　　④《上海市城市建设局关于桃浦工业区工业废水处理的报告》（1960年10月24日），档案编号：A54-2-1132，上海市档案馆藏。

后召开了九次现场会议，确立了"利用为主，放掉为辅，变有害为有利"的方针，并在实践中取得初步成效。如泰山化工厂排放的二氧化硫气体基本上可以做到回收处理，氯气回收制成糖精的必要原料——次氯酸钠，甲醇回收制成通讯工业的必要材料——碳酸锰。但由于全区污水管道太少，多数工厂排放的污水无法被回收处理仍直接流入河浜。[①]

1960 年初，上海市城建局从祁连山唧站开始，重新埋管，开辟明渠，经南大路及沪太路接到蕴藻浜边，污水经沉淀处理后放入浜内。但是，这一办法仍不能彻底解决污水排放问题，特别是单纯从处理角度出发，忽视了污水污泥的综合利用，不能使其中的有用物资得到充分回收利用。这一时期，由于工业的发展对原材料的需求不断增长，综合利用被认为是节约和增加原材料的重要手段之一。1960 年 3 月 6 日，《人民日报》发表社论《综合利用是技术革命的一个重要方面》，号召在以往增产节约运动经验的基础上，大力开展综合利用，利用现有的资源，变废为宝，生产出更多、更好、更便宜的生产资料和生活资料；同时强调"不但大型企业可以搞，中小型企业也可以搞；不但用洋设备、洋办法可以搞，用土设备、土办法也可以搞"。

1960 年 4 月，中共上海市委发动了废水污水综合利用群众运动，市工业生产委员会、基本建设委员会和科学技术委员会联合召开了全市综合利用工业废水废气和生活污水的动员大会。会后，关于废水污水的综合利用在全市范围内迅速引起反响。综合利用不但发生在工厂车间，就连里弄居民也动起手来从废水污水中提炼硫酸亚铁、醋酸钠，从淘米水中提炼葡萄糖，从浴水中提炼油脂和肥皂。全市归纳出好几种综合利用废水污水的方法，第一种是简单回收，如新沪钢铁厂将冷却水沉淀，每天可收回 20 吨氧化铁，一半以上用水可实现循环使用；第二种是加工提炼，如毛纺厂从汰毛废水中提炼出羊毛油脂；第三种是循环使用或重复使用，造纸厂将白水过滤，既可回收短纤维，继续用于造纸，又可实现用水的重复使用；第四

---

①《上海市化学工业局关于桃浦工业区污水处理的情况和改进意见的报告》（1959 年 12 月 9 日），档案编号：A72-2-133，上海市档案馆藏。

种是改变工艺，减少或消灭废水，如中国染料三厂改变生产工艺后，可将废水下脚制成肥田粉；第五种是通过化学反应回收物资，如制革厂将泡皮灰水和一种废液起作用，可回收使用；第六种是互通有无，如汽水厂将冷却水提供给造纸厂，可作洗涤纤维之用；第七种是清污分流，将大量冷却水（清水）与污水分开处理。据统计，到1960年6月底，仅纺织、化工、轻工等系统就从废水污水中回收各种物资包括碱类、酸类、木糖浆等，共计7900余吨。又据相关部门对600家工厂调查，冶金、化工、纺织厂可节约用水10%—20%。①

桃浦工业区各厂积极响应综合利用的号召。市城建局一方面针对附近居民的饮用水和农田灌溉问题，铺设了新的自来水管道，为部分居民提供卫生安全的生活用水，并在废水排放未得到很好解决前，指定一些河浜作为废水临时排泄通道，且封闭若干支浜，以减少对附近农田的危害；②另一方面，推广厂内厂外相结合的污水处理办法。如污水仅在厂外集中处理，在排出的过程中，酸性成分仍会腐蚀沟管，酸碱及盐类成分流入河浜还会污染灌溉水源，因此，必须强调厂内厂外分工协作。原生污水应先在厂内按清浊分流，分车间、分工序进行分散的回收利用和处理，达到一定水质要求后，再放入城市管道或河浜，其标准以不损害农业生产为原则。为了使厂内排入城市管道的水质得到进一步改善，桃浦工业区将原有的三公顷过滤田改为氧化塘，并尝试建造用"土法上马"的人工生物处理设备，以期较氧化塘等处理办法节约土地使用面积；同时整修厂外的污水处理设备，恢复其最大效能，并进一步用"土法上马"提高处理效率；最后经水质化验合格后，将废水排入河浜，不合规者不得放泄。③

"土法上马"有其较低成本和建造周期短等优势，但技术上的缺憾，不免使处理效果打折扣，而且也存在着其他隐患。润华染料厂的苯胺废水利

---

① 李泽生：《上海大搞废水污水综合利用》，《文汇报》1960年7月14日，第1版。
②《上海市城市建设局关于解决桃浦工业区工业废水的工作情况》（1960年9月9日），档案编号：A54-2-1132，上海市档案馆藏。
③《上海市城市建设局关于桃浦工业区工业废水处理的报告》（1960年10月24日），档案编号：A54-2-1132，上海市档案馆藏。

用土地渗透过滤，这种办法易对地下水造成污染；生物处理设备仅能解决部分能氧化的有毒物质，对废气的利用回收基本无效，无力解决苯胺废气、硫化氢、二硫化碳等废气的排放问题。据检测，各厂深井酚含量仍超过卫生标准 20—160 倍，周边河道不同程度受到酚、氰、苯胺、二硫化碳等有毒物质的污染，对农田的危害情况也继续存在，农民用河水洗澡、洗衣之后出现皮肤炎症。[①]

泰山化工厂是桃浦工业区规模最大的 3 个厂之一，其发展历程是桃浦工业的一个缩影。泰山化工厂起初在康定路生产糖精，仅有 30 余工人，后陆续有多家化工厂并入，于 1956 年迁至桃浦地区。至 20 世纪 60 年代初，泰山化工厂由一种糖精产品发展为糖精、阿司匹林、水杨酸、对硝基苯乙酮 4 种主要产品，总产值到 1963 年达到 5000 余万元。以 4 种主要产品计算，年产量 1280 吨，原料耗用量 9000 余吨。以往糖精生产的厂房条件较为简陋，生产迅速发展以后，总体规划没有相应跟上，厂区布局凌乱，部分新产品只能在厂房之间搭建临时性建筑物进行生产。钾硼氢产品试制成功后不得不在仓库内进行生产，往往是外面下大雨，仓库里下小雨，对于有金属钠原料使用的生产是极不安全的。1958 年下半年以后，泰山化工厂因工业废水排放导致河浜污染与附近农业生产的冲突不断，与之相应，损害农业生产赔款剧增（见图 3-1）。[②]

1960 年，响应全市废水污水综合利用的号召，泰山化工厂将工业废水利用和处理作为生产工艺中的一部分，开发出的综合利用产品多达数十种，但因当时片面追求高产值，不顾市场供需情况，导致综合利用产品大量积压，收益甚微。1961 年以后，泰山化工厂继续试验了多种综合利用工艺，效果上有得有失，如改变工艺，减少污水，提高回收率等。糖精 102 工段重氮化反应，原用 100% 浓度的硫酸加冰稀释成浓度为 40%—45% 的硫酸，再加亚硝酸钠，最后用 3 倍盐析出。后改用盐酸代替部分硫酸，剩余硫酸用水稀释，

---

① 《上海市城市建设局关于桃浦区八个厂综合利用处理废水废气调查报告》（1961 年 8 月），档案编号：A54-2-1337，上海市档案馆藏。

② 《泰山制药厂三废情况调查报告》（1964 年 11 月 22 日），档案编号：B256-2-174，上海市档案馆藏。1964 年，泰山化工厂改名为泰山制药厂。

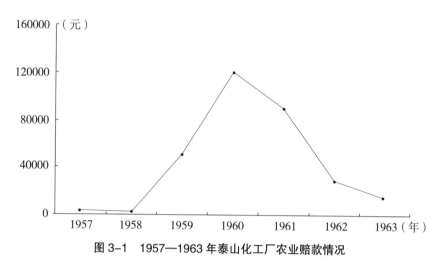

图 3-1 1957—1963 年泰山化工厂农业赔款情况

将冷却用冷冻替代，可不用食盐析出。过去 1 公斤糖精用 3 公斤食盐，耗费 7 角 5 分，现在 1 公斤糖精用 3 公斤盐酸，耗费 3 角，成本降低；用盐酸代替部分硫酸，节约了稀释硫酸的用水量，可减少 30% 的污水量。但是，这种办法需使用冷冻设备，投资不小。再如回收废料，加工利用，增加收益。废酸水氯化后可制成含氮浓度为 0.8%—1% 的硫铵化肥，至 1963 年，泰山化工厂共生产硫铵化肥 2.5 万余吨，每吨价值 10 元。回收的邻氨基苯甲酸可提供给药厂作为催乳片的原料之一，1963 年回收 1.5 吨，价值 7.9 万元。[1]

对污水的清浊分流，泰山化工厂分四条管网系统处理：第一条为工业污水管，包括反应污水、洗涤污水；第二条为酸性污水管，内接纳高浓度、数量大的酸性污水；第三条为生活污水管，最后流入河浜；第四条为雨水管。污水管系统在厂区东面，西面是雨水管系统。污水在三个中和池中处理，第一中和池主要负责糖精车间的污水处理，同时兼行全厂污水中和及撇油处理，有效容量为 80 吨；第二中和池有效容量较小，为 20 吨，主要负责部分氯霉素和阿司匹林车间的中和处理；第三中和池采用耐酸水泥结构，外涂防腐蚀的环氧树脂，管道接头使用辉绿岩，负责强酸污水的中和

①《泰山制药厂三废情况调查报告》（1964 年 11 月 22 日），档案编号：B256-2-174，上海市档案馆藏。

处理，有效容量为 25 吨。[①]

　　从 1963 年起，泰山化工厂内开始有技术人员负责日常检查和督促各车间的工业废水利用和处理，定期进行水质分析，在清水和污水容易发生干扰处设点测定，每日 2 次，发现问题及时处理。例如 1963 年 7 月 26 日，技术员发现雨水管中 pH 值为 1，经追踪后查明原因，是糖精生产中用于装浓度为 10% 稀硫酸的旧木桶发生滴漏，致使输送原料的贮酸管腐蚀，管内浓度为 92% 的浓硫酸渗漏达 5 吨之多。截至 1964 年 5 月，共检查水样 625 次，其中雨水管中 pH 值 4—5 有 10 次，占检查总数的 1.6%；污水管中 pH 值 3—5 有 52 次，占检查总数的 8.3%。考虑到原有雨水管和污水管已腐蚀严重，两个污水总出口被封闭。在污水清浊分流项目竣工前，由厂区污水检查人员加强督促各车间中和污水的工作，工程竣工后，改由各车间抽调专职人员管理污水处理工作，污水经车间中和处理后再汇总至全厂的污水处理池。由此，建立起以车间为主的厂部、车间二级污水管理制度，排污问题得到很大程度的解决。[②]

　　像泰山化工厂这样的工业企业还有千千万万，它们受益于国家的工业化战略目标，不断发展壮大。但是，在创造着社会财富的同时，它们也在挑战着环境的负荷。20 世纪 60 年代初期以综合利用为核心的"三废"治理，是政府在应对环境问题上的积极举措，然而受限于当时的技术条件，并不能从根本上满足迅猛发展的工业排污需求。

第三节　清理生产垃圾行动

　　上海城市工业污染爆发于 20 世纪 60 年代初，它的出现与 50 年代末期的生产"大跃进"直接相关。这段时间工业在快速发展的同时，也产生了

---

①《泰山制药厂三废情况调查报告》（1964 年 11 月 22 日），档案编号：B256-2-174，上海市档案馆藏。

②《泰山制药厂三废情况调查报告》（1964 年 11 月 22 日），档案编号：B256-2-174，上海市档案馆藏。

数千万吨的工业固体废物。大量的废渣从厂区堆积至马路，严重破坏了市
容的整洁和安全，一次全市性的清理生产垃圾行动呼之欲出。

随着工厂企业的不断发展，生产中产生的煤渣、废料、废物等生产垃
圾也不断增多，较之 1958 年以前几百吨一天，1961—1962 年增加到 2 万
吨一天，其中钢渣约 6000 吨，煤渣约 7600 吨，其余为化学工业废渣、建
筑垃圾和其他零星工业废渣。① 如此规模的工业固体废物的增量，势必在空
间上造成生产安全、交通安全和城市景观的后患。尤其在现代企业管理体
制尚未健全的情况下，生产垃圾"因地制宜"地随处堆置便成了常态。20
世纪 60 年代初，重工业企业如上钢一厂、三厂、五厂内积存的钢渣估计已
超过 200 万吨，上钢三厂堆放在黄浦江边上的钢渣高达 32 米（被称为"钢
渣山"），巨大重量已有发生坍坡的可能，甚至有些厂区"堆积的废渣，几
乎把车间包围了起来，如果不及时解决，势将因'渣祸'而被迫停止生产"。
同时，众多的中小型企业因厂内空间逼仄，便将废弃物倾倒在马路边，据
有关部门在 1961 年 9 月的调查，堆积在市区以内马路上及马路两侧的工业
垃圾约有 20 万吨。② 这些工业垃圾不断蚕食路面，如中山西路一带因暂时堆
放几个区的工业垃圾，导致道路褊狭，交通拥挤，原来的五车道，仅能两
车并行；下水道、窨井堵塞，积水泛滥而事故频发，严重影响了附近居民
的生活，由此造成的市民上访量也日渐增多。③

1961 年 8 月，上海市人委④组建上海市处理生产垃圾工作组，各区也
先后建立相应的组织，一个全市范围的清理生产垃圾行动开启。⑤ 清理生

---

① 《上海市肥料公司请协助解决垃圾出路与垃圾转运点用地问题》（1961 年 8 月 19 日），档案
编号：B257-1-2735-12，上海市档案馆藏；《关于生产垃圾的暂行管理办法的请示报告》（1962 年 4
月），档案编号：A54-2-1464-55，上海市档案馆藏；《关于本市工业垃圾基本情况及今后处理意见
的报告》（1961 年 11 月 7 日），档案编号：B76-3-813-52，上海市档案馆藏。

② 《关于本市工业垃圾基本情况及今后处理意见的报告》（1961 年 11 月 7 日），档案编号：
B76-3-813-52，上海市档案馆藏。

③ 《上海市肥料公司请协助解决垃圾出路与垃圾转运点用地问题》（1961 年 8 月 19 日），档案编
号：B257-1-2735-12，上海市档案馆藏；上海市爱国卫生运动委员会办公室：《关于各区突击处理工
业垃圾的情况简报》（1961 年 9 月 29 日），档案编号：B257-1-2735-63，上海市档案馆藏。

④ 1955 年 2 月上海市人民政府改称上海市人民委员会，简称上海市人委。

⑤ 《关于生产垃圾的暂行管理办法的请示报告》（1962 年 4 月），档案编号：A54-2-1464-55，
上海市档案馆藏。

产垃圾行动的关键，是解决垃圾转运点和运输路径。1958 年之前，上海的生产垃圾多是"结合改善城市卫生，填塞洼地及臭水浜之用"，基本上各厂"在其本区自找洼地"，"自行组织劳力、工具进行运除"。① 大搞爱国卫生运动以来，沟浜填平工作进展迅速，原来的工业垃圾填埋方法在有些地区已无法实施。苏州河以北各区，仍有机会"与公社挂钩填低洼地和提高工厂、仓库、部队等单位场地"，以就近解决生产垃圾的出路；苏州河以南各区，"都是集中送往市解决的垃圾汰地"，"除了长宁、卢湾、南市等区采取水陆联运外，其余的采用卡车及劳动车等转运方式，有的区还设立了中转站以发挥车辆潜力"。② 市有关职能部门合计以至"郊区 5—10 公里距离内指定地点，能容纳垃圾数量需填面积及高度，此项出路以能适应卡车运输"等条件，谋划生产垃圾转运点的用地问题。③

据查，当时上海全市每天产生 7600 余吨煤渣，除各电厂自行处理外，其余由建筑工程局和各区制作煤渣砖和硅酸盐砌块，暂不能利用的部分，由清洁管理所负责处理，主要用来铺路、填平场地等。鉴于煤渣的可利用价值，有关职能部门提议以不征农田为原则，利用原砖瓦厂取土的洼地、空地，在市区的南部（吴泾）、北部（吴淞）、西部（苏州河上游），设立若干个煤渣基地，以求布局合理，节省运能。钢渣的堆放场地有一定要求，必须是超大容量且"对城乡工农业生产、城市环境卫生和城市安全无害的堆场"。经与港务局和宝山县人委研究，初步选定吴淞口波堤，宝山县城以北、以西长江沿岸滩地（海塘以外）。此优点是距离上钢一厂、五厂较近，缺点是距离上钢三厂很远，解决之路或许是利用水运，或许是通过现有的铁路线送至上钢五厂后，再组织短驳。此外，若从更远的将来考虑，可在川沙、南汇一带沿海滩地，为上钢三厂建立堆置钢渣的基地。1961 年 11 月有关部门在关于本市工业垃圾情况的一份报告中指出："现在着手研究并作

① 《上海市肥料公司请协助解决垃圾出路与垃圾转运点用地问题》（1961 年 8 月 19 日），档案编号：B257-1-2735-12，上海市档案馆藏。

② 上海市肥料公司：《关于组织生产垃圾清除处理情况汇报和有关几个问题的请示报告》（1962 年 5 月 28 日），档案编号：B257-1-3093-91，上海市档案馆藏。

③ 《上海市肥料公司请协助解决垃圾出路与垃圾转运点用地问题》（1961 年 8 月 19 日），档案编号：B257-1-2735-12，上海市档案馆藏。

这样的打算和规划是必要的。"① 对一座城市来说，工业垃圾的处置，不只是生产本身的问题，更牵连着环境的改善与城市的品质和发展。

　　垃圾转运点有了着落，还需解决承接运输的问题。上海化工局仅能承担全部运输量的 30% 左右，且皆系原材料及成品的运输。大量生产垃圾（如电石渣、硫铁矿渣等）的运输，必须用较特殊的船只，因此，70% 的运输量还得由市、区运输部门解决。② 同时，清理行动中还遇到某些单位的废弃物堆积时久，数量集中，如徐汇区内燃机厂积存生产垃圾 800 吨左右；闸北区中心街道熙安生产组堆集生产垃圾 700 吨左右，均表示一次性清除付款困难。③ 还有个别单位借口推诿，如上海机床研究所与大林机器厂对积压在象山路的 500 余吨垃圾互不认账；大理石厂的工作人员更是对积压在龙水路上的 2.5 万余吨垃圾坚不承认。④ 而各区收取生产垃圾管理费的标准亦很不一致，如杨浦、普陀、虹口等区的管理费为每吨 0.1—0.2 元不等。⑤ 为此，上海市爱卫会和市肥料公司分别表达意见：一次性付款确有困难的，可采取分期付款办法解决；各区统一规定，收取生产垃圾管理费每吨 0.1—0.15 元。⑥ 对于一大批无主垃圾，市肥料公司与各区清理工作小组调查协商，经实地测算后制定了计划，共筹款 25 万元，以保证清理行动的圆满告竣。⑦

---

① 《关于本市工业垃圾基本情况及今后处理意见的报告》（1961 年 11 月 7 日），档案编号：B76-3-813-52，上海市档案馆藏。

② 上海市化学工业局：《关于本市工业垃圾基本情况及处理意见的报告（草稿）的讨论意见》（1961 年 10 月 24 日），档案编号：B76-3-813-52，上海市档案馆藏。

③ 上海市爱国卫生运动委员会办公室：《关于各区突击处理工业垃圾的情况简报》（1961 年 9 月 29 日），档案编号：B257-1-2735-63，上海市档案馆藏。

④ 上海市肥料公司：《上海市肥料公司汇报生产垃圾清除情况》（1962 年 11 月 26 日），档案编号：B257-1-3093-53，上海市档案馆藏。

⑤ 上海市肥料公司：《关于组织生产垃圾清除处理情况汇报和有关几个问题的请示报告》（1962 年 5 月 28 日），档案编号：B257-1-3093-91，上海市档案馆藏。

⑥ 上海市爱国卫生运动委员会办公室：《关于各区突击处理工业垃圾的情况简报》（1961 年 9 月 29 日），档案编号：B257-1-2735-63，上海市档案馆藏；上海市肥料公司：《关于组织生产垃圾清除处理情况汇报和有关几个问题的请示报告》（1962 年 5 月 28 日），档案编号：B257-1-3093-91，上海市档案馆藏。

⑦ 《上海市肥料公司汇报生产垃圾清除情况》（1962 年 11 月 26 日），档案编号：B257-1-3093-53，上海市档案馆藏。

据统计，至 1961 年 9 月底，清理行动取得了初步成效，已清除的工业垃圾达 10.3 万余吨，其中由运输、房管、工业等部门协作清除的大堆垃圾有 8.6 万吨左右，由肥料公司所属各区清洁管理站清除处理的约有 1.7 万吨。[①] 此后的一个多月，又陆续清除了约 15 万吨工业垃圾。[②] 至是年底，全市各区已清除堆积在路面的生产垃圾共计 35 万吨以上。[③] 至 1965 年初，经过两三年的努力，全市初步扭转了工业垃圾乱堆乱倒的情况，且在清理行动中，闸北、静安、杨浦等区建立了工业垃圾中转站，有的从事短距离运输，有的从事督促检查等管理工作，同时该三区的中转站均代运输部门办理承运，代工厂单位办理托运。其有益之处是经统一调度，改变了各单位各行其是乱堆垃圾的情况，且弄清了工业垃圾的种类、数量和性质，便于合理处置。如静安区每天共产煤渣 5000 吨左右，基本上供给煤渣砖厂、煤渣商店加以利用，由中转站代办承运和托运，中转站则一人统计各工厂的垃圾总量，三人办理运输费收取和转付，减轻了工厂和运输部门的工作负担，同时克服了分头处理所产生竞运、多收或重复收费以致推诿不运等问题。闸北区中转站成立之前，各工厂的垃圾由劳动车队、煤渣商店、里弄加工组等处理，运费为每吨 5 元，中转站成立后则为每吨 1.8—3.5 元。1962 年，位于静安区的棉纺厂支付煤渣处理费高达 10 万元，自托办后每月只付 1500 元左右，降至原来的 18%。[④]

这次清理生产垃圾的行动是成功的，不仅整顿了市容，消减了隐患，更提示了现代工业生产和城市管理必须面对环境问题。从寻找生产垃圾的堆场，到筹划运输的方案；从清理市区的无主垃圾，到建立工业垃圾中转

---

① 上海市爱国卫生运动委员会办公室：《关于各区突击处理工业垃圾的情况简报》（1961 年 9 月 29 日），档案编号：B257-1-2735-63，上海市档案馆藏。

②《关于本市工业垃圾基本情况及今后处理意见的报告》（1961 年 11 月 7 日），档案编号：B76-3-813-52，上海市档案馆藏。

③《关于生产垃圾的暂行管理办法的请示报告》（1962 年 4 月），档案编号：A54-2-1464-55，上海市档案馆藏。

④ 上海市环境卫生局：《关于闸北、静安等区工业垃圾中转站的组织领导和今后工作问题的意见报告》（1965 年 1 月），档案编号：B256-2-112-1，上海市档案馆藏。

站，清理生产垃圾行动这个应对性的举措，成为上海城市环境安全和环境治理的肇始。

第四节　工业"三废"的综合利用

1963 年以后，上海市加大了对工业"三废"的利用和处理力度。中共上海市委在第三次党代会上明确提出，对工业"三废"应该"采取处理和综合利用相结合，分散处理和集中处理相结合的原则，逐步做到变有害为有利，变无用为有用"[①]。就此，"三废"的概念和内容，成为工业管理中的一个标识和向度。此前，"三废"污染由市卫生局所属卫生防疫站兼管，1963 年 8 月，上海市成立了环境卫生局，下设工业废渣管理所（1964 年 4 月改为工业废水废气废渣管理所），负责全市工业"三废"的管理与治理。

这一时期，上海市人委专项拨款 200 万元，继续用于桃浦工业区化工系统工厂的"三废"治理。对有害废水在厂内的清浊分流，形成了三种主要处理方式：（1）厂内分车间预处理，再由全厂集中处理，泰山化工厂采用这种方式；（2）全厂集中处理，如第二制药厂和润华染料厂；（3）个别车间废水单独处理后出厂，如华兰染料厂和联合香料厂。此外，投建了污水试验室，对重点工厂加强经常性的水质化验，并购置了一些对含苯胺废水进行生物氧化试验的科研设备。[②]

经过多年的治理，桃浦工业区各厂在不同程度上减轻了废水废气排放对农业生产的危害，反映在损害农业生产的赔偿从 1960 年的 40 余万元，下降至 1964 年的 3.3 万元。同时，在开展回收利用上，既发挥了物资综合利用的优势，又降低了单耗和生产成本，增加了收入，泰山化工厂和第二制药厂 1964 年"三废"综合利用价值超过 300 万元。专项拨款为各厂的

---

① "三废"综合利用工作组：《关于加强工业"三废"处理和综合利用工作的报告（草稿）》（1966 年 6 月 1 日），档案编号：A38-2-755-29，上海市档案馆藏。

②《关于桃浦工业区三废工作情况的报告》（1965 年 5 月 28 日），档案编号：B256-2-174，上海市档案馆藏。

"三废"治理工程提供了资金支持，但是，许多工厂的日常监管和水质检验制度仍没有建立起来，以致工程竣工后并没有被有效利用。桃浦化工厂修建的污水中和池因无人管理，撇油设施基本未起作用，出厂污水的含油量仍很高；第一人造纤维厂的酸碱中和池投资 20 余万元，试用时发现有渗漏情况，此后一直处于检修状态，未被使用，该厂排放的酸性废水 pH 值经常为 1—2；润华染料厂的污水处理设备没有严格执行相关标准，致使桃浦江泛红，影响周边数公里河道。[①]

1965 年，市工业废水废气废渣管理所制定了《上海市桃浦工业区工业废水暂行管理办法》，规定工业废水接通城市下水道，以不危害农业生产和环境卫生、不阻塞管道、不腐蚀设备、不伤害养护工作人员为原则。对废水温度（低于 40℃）、pH 值（6—9）都有明确标准。凡含有大量悬浮物质、强酸、强碱及有害物质的工业废水，各厂必须首先做到清浊分流、中和处理，经过充分利用，适当处理，化验出厂水质，达到排放规定要求，才可申请接通城市下水道。[②]

与此同时，上海市加强了对工业废渣的综合利用。"大跃进"后，出于对废渣的性质有了新的认识，利用的数量和范围扩大，几乎达到废渣总量的 55% 左右。尽管这种利用"仍属低级阶段"，"利用价值还不高"，但终究是走通了一条从堆放填埋到综合利用的新路。1966 年 6 月，上海"三废"综合利用工作组在报告中指出，全市全年 400 余万吨的废渣中，有冶金渣近 150 万吨、煤渣 140 余万吨、电石渣 20 万吨、硫铁矿渣 15 万吨、其余废渣 75 万吨。[③]

工业废渣中的冶炼渣主要来源于金属冶炼厂。1949 年时，上海仅有上钢一厂和三厂两家炼钢企业，如何处理钢渣的问题并不突出。"大跃进"以来因废渣量剧增，各企业"主要以堆放和倒入长江口或东海为处理方式"，

---

① 《关于桃浦工业区三废工作情况的报告》（1965 年 5 月 28 日），档案编号：B256-2-174，上海市档案馆藏。

② 《上海市桃浦工业区工业废水暂行管理办法》（1965 年 4 月 6 日），档案编号：B256-2-174，上海市档案馆藏。

③ "三废"综合利用工作组：《关于加强工业"三废"处理和综合利用工作的报告（草稿）》（1966 年 6 月 1 日），档案编号：A38-2-755-29，上海市档案馆藏。

如上钢一厂每年有 12 万—14 万吨的冶炼渣运去填海；上钢五厂则采用弃渣方式，将冶炼渣散失在宝山县月浦公社等地，造成渣场附近农田土壤板结、水域碱化等污染事故。[①]

冶炼渣中留存着一定量的有用物资，自 20 世纪 60 年代起，上海开始对冶炼渣进行技术开发和回收利用。据 1965 年的统计，全行业部分或全部回收利用的冶金废渣共计 53 万吨，占废渣总量的 36%，主要是高炉渣 24.3 万吨、氧化铁屑 5.7 万吨、转炉前渣 1.4 万吨、有色金属废渣 1.3 万余吨；未利用的废渣约有 95 万吨，其中钢渣 50 余万吨，全部运往月浦高桥填海，每年需支付运输费用 300 余万元，故浪费和危害情况仍然严重。[②]

率先做到"变有害为有利，变无用为有用"的是 20 世纪 60 年代初的上钢一厂与吴淞水泥厂，成功对化铁炉渣进行水淬化试验，且转化产品的成效十分显著。继而，上海各钢铁厂均对高炉渣进行水淬处理，形成有较高利用价值的高炉水渣，成为水泥生产的重要原料。至 1964 年，全市高炉渣 24 万吨，全部供应给水泥厂作 400—500 号矿渣硅酸盐水泥掺合料。同时，上海市建筑科学研究所与建材企业合作，所研发的矿渣水泥也形成规模性生产，并逐步推出钢渣矿渣硅酸盐水泥、转炉钢渣配烧高铁硅酸盐水泥、425 号钢渣矿少熟料水泥和钢渣道路水泥等水泥种类。[③]

炉渣来源于燃煤的炉、窑、灶（亦称煤渣）。20 世纪 60 年代初，上海市建筑科学研究所以炉渣为原料，开发出免烧蒸养砖新工艺，并先后在各区建成了 11 个利用炉渣生产墙体建筑材料的煤渣砖厂，以及成规模的上海硅酸盐制品厂和上海建筑砌块厂。1963 年，杨浦煤渣砖厂在生产中加入磷石膏废物，使煤渣砖掺入废渣量达到 92% 以上，降低成本 10% 左右，此

---

①《上海环境保护志》编纂委员会编：《上海环境保护志》，上海社会科学院出版社 1998 年版，第 226 页。

②"三废"综合利用工作组：《关于加强工业三废处理和综合利用工作的报告（草稿）》（1966年 6 月 1 日），档案编号：A38-2-755-29，上海市档案馆藏。

③《上海环境保护志》编纂委员会编：《上海环境保护志》，上海社会科学院出版社 1998 年版，第 387 页。

成果很快在全市推广。[①]

1964 年时，全市有 15 家煤渣商店，职工 1870 人。经煤渣商店加工后，粗渣可提供煤渣砖厂、大型砌块厂和城建局工务所等，售价 0.9 元 / 吨；细渣供应房管部门和建工局，售价 1.5 元 / 吨；二煤卖给伙食团，售价 3 元 / 吨；三煤卖给"老虎灶"（即熟水店），售价 5 元 / 吨。煤渣商店均有利润，如静安区煤渣商店每月利润为 8000—12000 元。[②]据统计，1965 年全市回收利用炉渣 97 万吨，占总量的 70%，生产煤渣砖 1 亿余块、大型砌块 13.5 万立方米，用于修建道路、房屋等。这些建筑材料可建造一般工房 100 余万平方米，解决二三十万人居住问题。[③]

1969 年，上海用煤紧缺，有关部门将含碳率 15% 左右的煤渣轧成粉末，以渣代煤，烧窑制砖。如静安区全年工业煤渣近 6 万吨，绝大部分通过区低质燃料经营部门组织回收，因其燃烧价值"5 吨煤渣可抵 1 吨原煤"[④]。进入 20 世纪 70 年代，随着工业生产投入及产量、产值的增长，1971 年 1—9 月，全市利用废渣制成建筑材料 200 多万吨，还从各种废渣中提炼出金、银、镍、铬、锗、铟、铜、铝、锡、锌等二三十种贵重和稀有金属。[⑤]1972 年的废渣利用率，从上一年的 69% 提高至 74%。[⑥]

粉煤灰来源于发电厂。1949 年时，上海共有 5 个发电厂，发电量为每小时 26 万千瓦，总耗煤量为 51.62 万吨。1957 年，全市发电用耗煤量为 120 万吨；至 1965 年，达到 286 万吨。电厂锅炉排出的灰渣大部分用驳船倒入黄浦江中及长江口，一部分黑色灰渣则由承包商运去分拣，卖给"老

---

① 《上海环境保护志》编纂委员会编：《上海环境保护志》，上海社会科学院出版社 1998 年版，第 386 页。

② 《上海环境保护志》编纂委员会编：《上海环境保护志》，上海社会科学院出版社 1998 年版，第 229 页。

③ "三废"综合利用工作组：《关于加强工业三废处理和综合利用工作的报告（草稿）》（1966 年 6 月 1 日），档案编号：A38-2-755-29，上海市档案馆藏。

④ 上海市静安区志编纂委员会编：《静安区志》，上海社会科学院出版社 1996 年版，第 396 页。

⑤ 《上海工人战"三废"，除"公害"大搞综合利用》，《解放日报》1971 年 10 月 23 日。

⑥ 《1972 年三废治理、综合利用情况汇报》（1972 年 12 月），档案编号：B257-2-663-55，上海市档案馆藏。

虎灶"再烧。20 世纪 70 年代末，上海电业每年向长江口浅滩倾倒粉煤灰约 36 万吨。80 年代中期，上海市电力工业局在奉贤海边建设电力灰场，占地 226 万平方米，总容量 779 万立方米。电力灰场建成后，上海各发电厂产生的无法利用的粉煤灰全部储运于此。[①]

20 世纪 60 年代初，上海市建筑科学研究所组织力量，对电厂粉煤灰进行开发，研制出利用粉煤灰、炉渣、碎石和磷石膏等工业废物，制造粉煤灰硅酸盐砌块的新技术。1961 年，吴泾热电厂配套项目上海硅酸盐制品厂建成后，每年可利用粉煤灰达到 12 万吨，形成了一定的生产规模。[②]1965 年 8 月，上海水泥厂往粉煤灰掺和水泥试验成功，至 1966 年 4 月，共生产粉煤灰质水泥 7 万余吨。[③]70 年代后，粉煤灰在水泥生产中得到了广泛应用，生产规模不断扩大，上海水泥厂及郊县的宝山水泥厂、崇明水泥厂、川沙水泥厂等利用粉煤灰量达到几十万吨。上海市建筑科学研究所和上海市政工程研究所承担的"电厂粉煤灰在上海市的综合利用""利用粉煤灰废渣作路面承重层"等课题，总结了粉煤灰在混凝土、路面承重层、水泥制造和硅酸盐砌块等方面的功能和作用，在产业化和经济效益上获得很大的成功，为此后的上海城市建设作出了贡献。如在大面积基础结构中，外高桥港区 10 万平方米地基，用 22 万吨粉煤灰回填成功；沪嘉高速公路每公里路段用粉煤灰 10 万吨；在莘松高速公路新桥立交工程中，用粉煤灰 5 万余吨，共节约造价约 300 万元。[④]冶炼渣、炉渣和粉煤灰的固态特征和成分特性的便利，为工业"三废"的综合利用作出了示范。

①《上海环境保护志》编纂委员会编：《上海环境保护志》，上海社会科学院出版社 1998 年版，第 227 页。

②《上海环境保护志》编纂委员会编：《上海环境保护志》，上海社会科学院出版社 1998 年版，第 386 页。

③ "三废"综合利用工作组：《关于加强工业三废处理和综合利用工作的报告（草稿）》（1966 年 6 月 1 日），档案编号：A38-2-755-29，上海市档案馆藏。

④《上海环境保护志》编纂委员会编：《上海环境保护志》，上海社会科学院出版社 1998 年版，第 227、386 页。

第五节　有毒废渣的处理

化工产业产生的化工渣，主要包括硫铁矿渣、电石渣和铬渣等，其中前两者占总渣量的 80%。[1] 硫铁矿渣的化学成分比较复杂，除含 55% 左右的铁以外，还有不等量的金、银、铜、铟、镉、钴、锗等稀有金属元素。[2] 囿于各方面因素和条件制约，20 世纪 60 年代以前化工渣的处理以堆存为主，70 年代开始综合利用。[3] 如 1958 年新建成的上海硫酸厂以硫铁矿为原料，年产 5 万吨硫酸，所产生的硫铁矿渣除堆存处理，还无偿赠给农民填沟、刷墙、建屋，以后才出售给吴淞水泥厂、红旗水泥厂和苏州钢铁厂等做原料，矿渣利用率达到 70%。吴泾化工厂于 1963 年开始生产硫酸，矿渣也是先用于填沟，后供应马鞍山钢铁公司作为炼铁原料。[4] 1973 年，大量的硫铁矿渣供水泥厂掺入生料中烧成熟料，增加水泥的含铁量或烧结后炼铁。

无毒的化工渣可提炼、可填料。化工渣中有部分属于毒害废物（如电石渣、铬渣等），是废渣处理中尖锐、棘手且重要的问题。1964 年 8 月，刚成立的市工业"三废"管理所对各局、公司上报的 73 家工厂进行调查，有毒渣的计 35 家，每月产生毒渣 818.996 吨，其中极毒渣为 758.496 吨（山萘渣 17.196 吨）。在机械制造和加工行业中，很多工厂使用山萘（氰化钠）作为淬火原料，山萘渣因此产生。据调查，淬火后产生山萘渣的工厂有 26 家，其中机电一局 22 家、纺机公司 4 家。山萘是一种剧毒物品，按照国家标准，地面、水中氰化物最高允许浓度为 0.1 毫克/升。这 26 家厂中，有 6 家将山萘渣直接当作垃圾处理，2 家用硫酸亚铁中和后当垃圾处

<hr>

[1]《上海环境保护志》编纂委员会编：《上海环境保护志》，上海社会科学院出版社 1998 年版，第 228 页。

[2] 上海市化学工业局：《关于市批三废利用与处理项目的批转》（1966 年 5 月 9 日），档案编号：B76-4-288，上海市档案馆藏。

[3]《上海环境保护志》编纂委员会编：《上海环境保护志》，上海社会科学院出版社 1998 年版，第 228 页。

[4]"三废"综合利用工作组：《关于加强工业三废处理和综合利用工作的报告（草稿）》（1966 年 6 月 1 日），档案编号：A38-2-755-29，上海市档案馆藏。

理，11 家"埋在厂内"或"用硫酸亚铁处理后埋在厂内"，其他"未处理堆在厂内"的有 7 家。[1]

调查还显示，化工厂在生产红矾钠、红矾钾过程中，产生的铬铁矿渣、氢氧化钴下脚、红矾钾下脚、铬酸下脚中含有六价铬等剧毒渣，按照国家标准，地面、水中最高允许浓度为 0.1 毫克 / 升。而上海树脂厂等个别单位将有毒废渣"填在厂内"，还有更多的厂家外运，或"装箱倒入吴淞口"，或"填浜"。化工极毒渣数量最多的铬铁矿渣（600 公斤 / 月）和氢氧化铝下脚及铬酸下脚（90 公斤 / 月），被大量"运往青浦和浦东给血吸虫防治所用作填浜灭钉螺"，及"运往靶子场堆场"。[2]

1967 年上海市工业"三废"管理所革命委员会的调查报告再度反映，全市约有几十种毒渣，每年 2 万余吨。其中尤以氰化物、砷、铍、铬等毒渣危害最大，因找不到适当的出路，与生产和人民健康的矛盾渐趋尖锐。如吴淞化工厂、金星化工厂将大量氰化物、含铬毒渣堆在厂内，既影响生产，又危害工人健康；泰新染料厂的下脚毒渣，因无出路随便乱倒，渗透污染了长征公社河浜的水质，只得花费人力、物力把毒渣挖去。尽管也有厂家试图通过工艺改革解决问题，如吴淞化工厂利用氰化物渣生产黄血盐、红卫化工厂利用硫酸氢钠废渣生产硫酸铬等，但都因技术不过关，渣内的毒性并不能完全消除。甚至有的工艺改革产生了新的有毒物质，如中州制药厂排放经处理后的有毒废液，却产生了含毒废渣。[3]

毒渣不断产生，且短时间内尚无法合理利用，尽快寻找毒渣堆场及销毁场地就变得迫在眉睫。同时，广粤路靶子场的有毒废渣已堆集数万吨之多，经雨水冲洗溶解，导致附近的养鱼塘发生鱼类中毒死亡情况，减产达 4000 担（合 200 吨）。经取水样化验，铬、氰化物等有毒物质均超过国家卫生标准几倍。上海市规划设计院、市卫生防疫站、市公安消防处等单位现场查看

---

[1] 上海市工业废水废气废渣管理所：《上海市工业有毒废渣处理动态的报告》（1964 年 10 月 16 日），档案编号：B256-2-270-21，上海市档案馆藏。

[2] 上海市工业废水废气废渣管理所：《上海市工业有毒废渣处理动态的报告》（1964 年 10 月 16 日），档案编号：B256-2-270-21，上海市档案馆藏。

[3] 上海市工业"三废"管理所革命委员会：《为解决毒渣堆场的报告》（1967 年），档案编号：B256-2-270-13，上海市档案馆藏。

后，认定靶子场已不能再作为毒渣堆场地。于是，由上海市革命委员会市政交通组牵头，组织相关单位赴宝山、南汇、川沙、奉贤沿海地带巡查，避开影响国防、农垦、水产等因素，初步选定面积达 276.6 亩、当时已停止使用的奉贤县奉南公墓为毒渣堆场；继而，会同市化工、冶金等局的生产企业现场查看，一致认为此地较为适宜。上海市工业"三废"管理所革委会提出了5 点意见上报：（1）暂征用 100 亩地作为毒渣堆场；（2）堆场建设费用初步预算 8 万元，由市补助拨款支出；（3）堆场建设应按照不同性质的毒渣分类堆放，并需考虑卫生防护措施；（4）除冶金局 901 厂的铍渣（因保密性质）由该厂单独投资、管理，各行业的毒渣应由上述单位组织联合小组负责管理（由于上述单位都不愿负责管理，此建议待讨论后确定）；（5）运输问题由各单位自行解决，不能解决的由各局、公司把毒渣按运输危险品要求定期汇总，由交通运输局按照计划运输。[①]

　　1968 年 8 月，上海市工业"三废"管理站再次提交了《关于有毒废渣堆场和选址方案的请示报告》。《报告》称，随着工业生产的增长，有毒废渣的品种和数量不断发展和变化，大都产生于化工、医药、机电、电镀等行业（其中以化工行业为最多），毒渣种类有氰化钠渣、铬铁矿渣和铬酸渣，其毒性浓度均超出卫生标准的几倍到几十倍，故有必要开辟一个适合作为有毒废渣周转的堆场。[②]但此后的几年一直没有下文。1973 年，上海市出席全国环境保护会议的代表在汇报中坦承："上海废渣全市每年有 380万吨左右，虽已利用约 280 万吨，占 74%，但还有约 100 万吨没有利用处理。特别是毒渣和放射性渣还没有找到妥善处理的途径。工厂与居民之间，工厂与农业之间，在某些地区的矛盾亦很突出。"[③]上海医用仪表厂已积存

① 上海市工业"三废"管理所革命委员会：《为解决毒渣堆场的报告》（1967 年），档案编号：B256-2-270-13，上海市档案馆藏。

② 上海市工业"三废"管理站：《关于有毒废渣堆场和选址方案的请示报告》（1968 年 8 月 19日），档案编号：B256-2-270-27，上海市档案馆藏。

③ 上海市出席"全国环境保护会议"代表小组：《关于出席全国环境保护会议情况汇报》（1973年 9 月 11 日），档案编号：B248-2-1126-49，上海市档案馆藏。

汞渣 60 多吨，露天堆放，汞气蒸发；[1]上海郊区工业"三废"危害相当严重，每年产生的有害废渣约 14 万吨，甚至南汇县三灶公社农药化工厂先后接受了市区 270 多家工厂送来的 500 余吨山萘渣，提炼氯化钡、硝酸钾等化工原料，曾发生操作人员中毒事故；[2]吴淞化工厂为全市用汞大户，虽近年已采取措施从汞渣中回收到金属汞 10 吨多，但拾荒者还能从厂周围的土壤和阴沟中拣到金属汞。[3]

20 世纪 60 年代初以来，随着上海跃龙化工厂等特殊性质的工矿企业建成投产，上海的原子能工业有所发展。至 60 年代末，全市放射性物质生产和应用单位有 100 余家，每年有放射性废物 2000 余吨。跃龙化工厂每月产生的 100 多公斤放射性毒渣，只用水泥封起来埋在厂内，仍有污染环境、损害健康的危险（因放射性废物中的乙、丙种射线能直接引起对人体的外照射；甲种射线则引起内照射，以及对外界土壤、空气、水源的污染）。"文化大革命"初期，上海跃龙化工厂和保密性质的 901 厂等单位，联名写信直接向中央反映这一情况。中央军委通过南京军区、浙江省军区的协助，在浙江桐庐拨给了一个山洞（约为 2 万平方米），专门贮存放射性废物。[4]

为了加强全市放射性废物的管理，上海市卫生防疫站与跃龙化工厂订立了协议：由该厂投资 40 万元，承建浙江桐庐山洞的改造工程；由上海市卫生防疫站投资 30 万元，负责建造一座焚化炉。此协议经上海市革委会经济计划组同意，列入 1967—1968 年度的基建计划，因制造放射性焚化炉涉及较高端的技术及 300 平方米的附属用房和烟囱，直至 1969 年底，上海黑色冶金设计院才完成设计，并准备将焚化炉建造在跃龙化工厂

① 《上海市三废治理领导小组办公室"战三废除公害"内部情况简报》（1973 年 6 月 20 日），档案编号：B246-2-944-39，上海市档案馆藏。

② 市革委会郊区组：《关于郊区工业"三废"危害情况和改进意见的报告》（1974 年 1 月 29 日），档案编号：B123-8-1142-16，上海市档案馆藏。

③ 上海市三废治理领导小组办公室：《治理三废内部情况》第 37 期，1975 年 11 月 24 日，档案编号：B246-2-1126，上海市档案馆藏。

④ 上海市卫生局革命委员会：《关于市卫生防疫站建造焚化炉处理放射性废物的请示报告》（1969 年 10 月 7 日），档案编号：B244-3-131-31，上海市档案馆藏。

内，由该厂统一管理。[①]

上海方面建造焚化炉，设想把全市各单位的放射性废渣，先焚化处理缩小其体积后再运往浙江，这样既节约运力，又延长山洞的使用年限。[②]但浙江省革委会有关部门不同意上海市其他单位的放射性废渣运往存放。再则，浙江桐庐山洞已于1970年6—7月启用，而上海焚化炉尚不符合防护要求，必须经过研究和较多修补后才能交付使用。面对这种进退失据的尴尬局面，市革委会主管领导针对本市放射性和剧毒物质存放和处理作出批示，要求各有关单位"放手发动群众，进行普遍的检查"，并"订规划，提措施，能用的先用起来，不要长期贮存在那里，使用过程中的残渣，则根据战备的要求和节约的原则，逐个地加以解决"。[③]于是，经市卫生防疫站建议，651研究所将10多公斤钍粉调给上海灯泡厂，20多公斤的硝酸铀调给化学试剂公司，既解决污染问题，又使这些物资得以利用；有机化学研究所则把暂时不用的部分同位素及200公斤铀矿砂，密封包装运至嘉定原子能研究所地下室贮存；华东电力建设局一公司，建成半地下室贮藏窑1座。此时，经上海方面派员与浙江省革委会联系，在富阳觅得一废矿井，估计可贮存全市10年的残渣量。[④]

尽管如此，由于放射性废物性质的复杂性，仍有大量无法得到妥善处理。至1973年，上海市70多个单位产生的放射性废物无法处理的共有30余吨。[⑤]为此，上海市科委下达了"放射性'三废'处理的研究"课题。[⑥]在上海这座人口集聚的城市，化工类工厂生产残留的毒渣和放射性废物，

---

① 上海市卫生局革命委员会：《关于市卫生防疫站建造焚化炉处理放射性废物的请示报告》（1969年10月7日），档案编号：B244-3-131-31，上海市档案馆藏。

② 市革委会工交组秘书组：《对卫生局革委会"建造焚化炉处理放射性废物的请示报告"的意见》（1970年1月23日），档案编号：B244-2-622-1，上海市档案馆藏。

③ 市革委会工交组：《关于加强本市有关单位放射性物质的管理和处理意见的报告》（1970年2月23日），档案编号：B246-2-622-41，上海市档案馆藏。

④ 市治理三废领导小组办公室：《关于本市放射性废物处理的请示报告》（1973年11月2日），档案编号：B246-2-1126-43，上海市档案馆藏。

⑤《上海环境保护志》编纂委员会编：《上海环境保护志》，上海社会科学院出版社1998年版，第333页。

⑥ 市治理三废领导小组办公室：《关于本市放射性废物处理的请示报告》（1973年11月2日），档案编号：B246-2-1126-43，上海市档案馆藏。

因具有极毒性，主管和职能部门强烈地意识到其危害的程度，并联络四方寻求解决的门路，甚或积极地与科研单位携手挂钩，但管理方面有行政权限的制约，更主要的还是科学技术方面的困顿和无措，直至 20 世纪 70 年代后期也没找到万全的办法。

上海自 20 世纪 60 年代开始，便对冶炼渣、粉煤灰、煤渣、废酸、废碱、废油、废有机溶剂等进行综合利用，其利用率 60 年代为 41.7%，70 年代为 50.5%，成为工业"三废"综合利用的样板。但化工渣中的部分毒渣和放射性废物，却未能得到综合利用，也无适当的处理方法。[①] 其要害是生产的规模不断扩大，针对如何处理毒渣和放射性废物的决策犹疑不定，力度不够。总之，解决无毒的废渣，因科技含量相对较低，落实于建筑材料的试制成规模有效果；而处置涉毒的废渣，则成为棘手的问题而被悬置，关键原因在于当时上海科技的投入和实力严重不足。

① 《上海环境保护志》编纂委员会编：《上海环境保护志》，上海社会科学院出版社 1998 年版，第 226 页。

第四章　上海城市大气污染治理

　　燃煤烟尘、工业废气和粉尘、机动车尾气是造成城市大气污染的三大主要来源。上海大气污染及其治理可追溯至 19 世纪中叶。由于缺乏有效的治理技术，早期的治理方法相对简单、分散。20 世纪 50 年代初期，因生产力尚不发达，烟尘、废气的污染问题尚不显著。直至"大跃进"以后，上海的大气污染问题渐趋突出，并于 60 年代中期爆发。1964 年 10 月，上海桃浦化学工业区发生 5 人硫化氢气体中毒、1 人致死的工伤事故。上海市环境卫生局在事故报告中称，全市工厂企业在生产过程中排出的有毒废气，对城市环境卫生和人民健康、生活的危害已相当严重。①

第一节　大气污染问题的爆发

　　据 1966 年上海"三废"综合利用工作组对化工、冶金、轻工、纺织等行业的调研报告，当时上海每年约产生工业废气 25 亿至 30 亿立方米，危害比较严重的有硫化氢、氯化氢、二氧化硫、氯气、二硫化碳、二氧化氮、氨气、氟化氢等。如五洲制药厂在生产过程中共产生 14 种工业废气，

---

① 上海市环境卫生局：《关于永登路下水道发生工人气体中毒事故的报告》（1964 年 11 月 1 日），档案编号：B256-2-174-17，上海市档案馆藏。

每天排放的有害废气总量约
3000 立方米，每逢有国宾要
路过该厂时，外事部门不得
不提前要求其部分车间暂时
停止生产。① 据上海市化工局
自查："天原化工厂的氯气
排放时，附近小学停课，师
生集体逃难"；华元染料厂
"硫化氢放空，影响天文台
测时"；上海焦化厂生产炭
黑，"农民称它为黑龙"，因
黑灰落在菜上，蔬菜难卖，
1961—1963 年仅因此造成的
损失就赔款 4 万元；华恒化
工厂大量三氧化硫放空，"周
围居民连热天也不敢开窗，
晒台上的衣服一遇到气体就
变色发脆"，"气体所到之处，
大人小人引起咳嗽，附近有
个空军疗养院也受到气体侵
袭"。② 上海市冶金局所属的几

上钢三厂转炉东区化铁炉治理前烟气排放
情况

资料来源：《上海环境保护志》编纂委员会
编：《上海环境保护志》，上海社会科学院出版社
1998 年版，第 207 页。

个炼钢厂，仅化铁炉排放含硫、磷化合物、氟化氢的废气，平均每天就多
达 470 万立方米。工厂周围烟尘弥漫，因损害附近农作物，单上钢一厂每

---

① "三废"综合利用工作组：《关于加强工业"三废"处理和综合利用工作的报告（草稿）》（1966
年 6 月 1 日），档案编号：A38-2-755-29，上海市档案馆藏。

② 上海市化学工业局，〔66〕沪化工技字第 96 号，档案编号：B76-4-288，上海市档案馆藏。

年的农业赔款就有六七万元。①

　　在上海的工业废气中，煤烟排放是另一股不可轻忽的污染源。据估计，全市每天排入大气的烟灰总量在 1000 吨以上，仅杨浦发电厂一家，每天排空的烟灰就达 200 吨左右。有毒废气的排放直接危及附近居民的生活、农民的收成，而煤烟型排放则在更开阔的空间随风飘浮，因成千上万的工矿企业已在上海构成了工业生产基地，大多数工厂的烟囱呈现"一条黑龙"，对整个城市大气环境的损害十分严重。②

　　在此之前，部分企业也采取了一些方法治理废气。如上海新中国化工厂采用泡沫吸收法，减轻氯化氢废气的危害程度。利生化工厂每年要排出氯化氢、氯气等有害气体 43 万立方米，以往每逢阴雨天"车间内乌烟瘴气，几乎伸手不见五指，工人说：'上班如入云雾山中'"。后因增设了简易回收设备，车间里已闻不到强烈的臭气。消烟除尘方面，如杨浦发电厂通过改进锅炉，使每天排放 200 吨左右的烟灰减少至六七十吨；上海酒精厂、大中华橡胶一厂等也改进燃烧技术，基本消灭了烟囱黑烟。③

　　为此，1966 年的上海市工业"三废"管理工作方案要求对熔钢、电镀、金属加工等企业的氧化锌粉尘、抛光粉尘和二氧化硫、氯化氢、一氧化氮、硫化氢及酸雾等有害气体进行回收，至于煤烟排放则结合节煤工作，通过解决煤的充分燃烧，推广高效的除尘设备，促使用煤量大的工厂首先解决烟尘问题。方案提出的主要要求有：（1）从电镀行业的镀铬废气中回收铬酸 100 吨；（2）从熔铜企业的废气中回收氧化锌 1000 吨；（3）炭黑粉尘回收率提高到 95% 以上。④

---

　　① "三废"综合利用工作组：《关于加强工业"三废"处理和综合利用工作的报告（草稿）》（1966 年 6 月 1 日），档案编号：A38-2-755-29，上海市档案馆藏。

　　② "三废"综合利用工作组：《关于加强工业"三废"处理和综合利用工作的报告（草稿）》（1966 年 6 月 1 日），档案编号：A38-2-755-29，上海市档案馆藏。

　　③ "三废"综合利用工作组：《关于加强工业"三废"处理和综合利用工作的报告（草稿）》（1966 年 6 月 1 日），档案编号：A38-2-755-29，上海市档案馆藏。

　　④《1966 年全市工业三废管理工作方案》，档案编号：B226-3-321，上海市档案馆藏。

第二节　20 世纪 60 年代的大气污染治理

1966—1970 年是国家的第三个五年计划时期，原定"大力发展农业，解决人民的吃、穿、用问题"的方针，因"考虑备战的需要而改变了"，上海"三五"时期的生产性建设因而得到发展。① 因此，上海作为工业基地势必发生"三废"污染。1969 年后，各工业主管部门和其他综合经济部门工作得以恢复，煤炭、冶金、电力、轻工等几个工业部门相继召开了专业会议，国务院总理周恩来在接见全国交通工作会议代表时指出："在经济建设中的废水、废气、废渣不解决，就会成为公害。发达的资本主义国家公害很严重，我们要认识到经济发展中会遇到这个问题。"② 正是在此背景下，上海以处理水污染为重点的环境保护工作，自然也牵连出大气污染的问题。如提出"向天空要宝"，一些厂家"把放跑的二氧化碳气体收回来，再生产工业上所用的液体二氧化碳"等。③

此时的政治形势也影响到"三废"治理。如上海燎原化工厂为解决毒害气体的泄漏，"分 3 批共拆迁居民 186 户"的事实，成了消极应付、放弃治理的"大批判"材料；④ 针对"化工生产三废难免"，则狠批所谓"一类骗子"的"唯生产力论"等修正主义路线流毒。⑤ 甚至于上海环境中测出"汞老虎"（含汞废水、废气）后，有领导提出要"把这个问题提高到无产阶级专政和两条路线、两种社会制度的高度来抓"。⑥

1972 年初，中共上海市委传达全国计划会议精神，向全市人民发出了

---

① 杨公朴、夏大慰主编：《上海工业发展报告：五十年历程》，上海财经大学出版社 2001 年版，第 69 页。

②《周恩来年谱（1949—1976）》下卷，中央文献出版社 1997 年版，第 448 页。

③《解放日报》1969 年 3 月 23 日。

④ 上海燎原化工厂革命委员会：《战"三废"中三项重大土建工程要求列入基本建设的报告》（1971 年 5 月 14 日），档案编号：B76-4-613-45，上海市档案馆藏。

⑤ 上海市城建局革委会三废组：《战三废、除公害简报》（1972 年 10 月 6 日），档案编号：B76-4-673-165，上海市档案馆藏。

⑥《1972 年三废治理、综合利用情况汇报》（1972 年 12 月），档案编号：B275-2-663-55，上海市档案馆藏。

"向三废开战"的号召。同年4月中旬，国家计委、建委在上海召开了全国"烟囱除尘"现场交流会。经各工业条块的调研后，8月，中共上海市委召开关于"三废"问题会议。会后，上海市革命委员会①工交组即向各工业局传达会议精神。上海市冶金局特邀杨浦区昆明和宁国两个街道的群众，针对新沪钢铁厂和上钢二厂的烟尘问题，"批流毒、揭矛盾、促转化"；②市轻工局在"全局共418只烟囱，已解决153只，占35%"的情况下，组织了"一吨以上锅炉烟囱除尘现场会议"，要求"年内一至四吨的锅炉全部消灭黑烟"；市纺织局、机电一局、手工业局等也纷纷召开所属公司会议、重点厂会议、生产组负责人会议等，以求"进一步发动群众，掀起一个高潮"。③上海工厂较为集中的普陀区，从抓"消烟除尘"入手，将本区300多家工厂编成16个互助组，指定48家厂为组长厂，召开大型现场会和举办学习班，同时，结合爱国卫生运动，发动里弄干部、退休工人、红小兵到"三废"比较严重的工厂去宣传。中共上海市委及时推广了普陀区的经验，在全市10个区建立了"三废"治理管理组。关于汞害的问题，因市委、市革委会十分重视，"把汞害作为政治仗来打"，全市含汞废气比较严重的有11家厂，已有6家厂搞了净化措施，例如上海试剂四厂仅汞试剂产品就有20多个，用汞量相当于全市的三分之一，④因"认识到根子在路线，关键在领导"，全厂锅炉烟囱均安装了除尘措施，基本上做到不冒黑烟。⑤

　　这一时期，城市水污染如水体黑臭、鱼虾绝迹等，是以流域附近的生态污损为主，在不同的局部引发上访、索赔甚至堵塞排泄管道等事件。与此同时，上海的数千家工矿企业因置业的历史缘由，多与居民区错杂分布，

---

① 1967年2月，上海市革命委员会成立，于1979年12月改称上海市人民政府。

②《1972年三废治理、综合利用情况汇报》（1972年12月），档案编号：B275-2-663-55，上海市档案馆藏。

③ 上海市城建局革委会三废组：《战三废、除公害简报》（1972年9月8日），档案编号：B76-4-673-165，上海市档案馆藏。

④《1972年三废治理、综合利用情况汇报》（1972年12月），档案编号：B275-2-663-55，上海市档案馆藏。

⑤ 上海市城建局革委会三废组：《战三废、除公害简报》（1973年1月7日），档案编号：B105-4-1121-2，上海市档案馆藏。

其排放的毒害气体，不仅严重损害操作工人的健康，还更广泛更直接地侵扰影响附近居民的健康和生活。据 1966 年 6 月的统计，上海市环卫部门收到的人民来信，80% 是反映化工、冶金行业排放的有毒废气。[①]1969 年 5 月上海市冶金局的报告称：全局"除废蒸气的利用已由节煤小组抓外"，"影响严重的转炉、电炉、化铁炉的烟气和其他有害气体的处理工作，目前还未开展"，而"各厂的转炉、电炉的灰量，每年约有 38000 吨"，且"含铁量在 40% 以上"（很有回收价值），"都是没有经过净化直接排入大气的"。[②]1971 年 8 月上海市革委会工交组提交的《关于战三废、除公害工作要点的请示报告》提出：在上海，因设备条件和生产环境相当落后，导致 8 万多第一线的操作工人接触毒害物品，近 3000 人中毒发病。[③]又据 1973 年 1 月的调查，接触氯气的工人患病率高达 25.4%，氯气污染区居民患病率为 16.3%；接触二氧化硫的工人患病率高达 25.9%，二氧化硫污染区居民患病率为 16.8%。[④]

"三五"时期，上海使用汞的工厂共 61 家，1970 年相关部门从黄浦江、苏州河的水样化验中发现汞的痕迹。在随后的核查中发现，上海灯泡厂汞车间的含汞量超过国家标准 7—17 倍，下水道中有很多水银。这个车间有 4 套员工，3 个月轮换一次，工人中有 1 人发现尿中有汞。因汞气外溢，附近的车间共发现了 7 名职工尿汞，其中 5 名较严重。年产日光灯 450 万支（外销 17 万支）的荧光灯厂，因灯中需加少量汞，有 93 人次排汞治疗，大多数是 30 岁以下的青年，其中女工占三分之二；有 24 人汞中毒，已调离工作，其中 11 人在疗养。造成该厂中毒严重的原因是：（1）机械化程度低，大部分加水银工作仍靠手工；（2）1969 年厂房改建时，设计脱离实际，层

---

① "三废"综合利用工作组：《关于加强工业三废处理和综合利用工作的报告（草稿）》（1966 年 6 月 1 日），档案编号：A38-2-755-29，上海市档案馆藏。

② 上海冶金局革委会生产组：《三废工作情况报告》（1969 年 5 月 10 日），档案编号：B112-5-302-13，上海市档案馆藏。

③ 市革委会工交组：《关于战三废、除公害工作要点的请示报告》（1971 年 8 月 5 日），档案编号：B246-1-404-28，上海市档案馆藏。

④《上海市开展工业"三废"卫生调查的情况》（1973 年 1 月），档案编号：B242-2-268-56，上海市档案馆藏。

高不够，通风不良，地面无排水沟，造成车间内气温超过 40℃，产生大量汞蒸气，严重超过国家标准；（3）车间卫生较差，地上有很多碎日光灯管，增加了汞蒸气含量。市手工业局下属生产测温仪表和灯管的工厂每年用汞约 800 公斤，其中一家接触加汞工作的 30 多人中有 20 多人尿汞，情况严重。①

　　吴淞化工厂用金属汞做触媒生产乙醛，年产 6000 吨左右，为上海市用汞大户。多年来该厂因车间里的汞蒸气浓度超过国家标准 5—30 倍，使一半以上的生产工人发生不同程度的汞中毒，其中 34 人体内汞离子浓度超过国家标准 6—12 倍，有的出现心动过速、失眠、记忆力减退、手颤等症状。面对严重威胁自身健康的情况，吴淞化工厂的工人喊出"不能再让'汞老虎'害人"的呼声，要求尽快上马非汞法生产乙醛新工艺。该厂及时回应群众呼声，迅速组织"三结合"班子，先后投资 90 余万元，经上百次的试验，成功试制了磷酸铜钙代替汞做触媒生产乙醛的新工艺。但该工艺需解决 380—400℃ 的热源问题，每月需用油 300 吨左右，因供油问题尚未落实，新工艺仍有夭折的危险，职工对此意见很大，有的甚至流着眼泪说："非汞法不上马，'汞老虎'又要吃人了"；"我们还得到医院排汞，希望领导支持我们"。②

　　工厂毒害气体外溢，飘浮出车间和围墙，给附近的居民带来不安。坐落在虹口区的上钢八厂，陆续收到居民寄来的装着烟尘灰的来信，声称"我们家一开窗，满桌、满室都是烟尘灰，这一包尘灰是从桌子上刮下来的"。附近小学的老师也来信，告诉学校环境受到烟尘的危害。③ 特别是坐落在市区的小型工厂问题严重，如黄浦区东宁化工厂的有毒气体，使周围 800 户住家的居民"有恶心、胸闷等症状"；江湾五角场地区一烧结厂距离学校仅 15 米，致使师生无法开展室外活动，经空气测定在离车间 100 米处，二氧化硫浓度超过国家标准的 340 倍。④

---

①　上海市城建局革委会三废组：《战三废、除公害简报》（1972 年 9 月 8 日），档案编号：B76-4-673-165，上海市档案馆藏。

②　上海市治理"三废"领导小组办公室编：《治理三废内部情况》第 37 期，1975 年 11 月 24 日，档案编号：B246-2-1126，上海市档案馆藏。

③《文汇报》1973 年 2 月 6 日。

④《上海市开展工业"三废"卫生调查的情况》（1973 年 1 月），档案编号：B242-2-268-56，上海市档案馆藏。

与市郊接壤的多为大型工厂，排放的滚滚废气可以遮蔽一片天空。如靠近上钢五厂一侧陈巷大队的近 90 亩水稻，因抽穗开花时受烟气影响，造成颗粒不收的后果，还有 500 余亩水稻田严重减产，不仅难以完成上交国家的公粮指标，社员也没有余粮；棉花、油菜和豆类的品质和产量也因此降低；大队养牛 20 余头，因吃了"沾有烟气的青草和稻草后，大多生坏骨病和坏脚病"。[①] 上海市手工业局宝华冶炼厂因铝灰污染从市区迁至大场，但并未采取措施减少污染。附近生产队反映，飞扬的铝灰使黄瓜、茄子只开花不结果。后农民发现该厂把含铝废水放入农田，40 多个农民拆除了工厂 15 米砖砌围墙和部分竹笆墙。工具设备公司只得派人向生产队赔礼道歉，但铝灰飞扬等问题仍未解决。[②] 上海第二冶炼厂则常年因有害气体外逸，对厂区附近 5 个生产大队进行农作物赔偿。1974 年全年影响农作物面积达 2842 亩，总计赔偿 114196 元。是年 6 月 21 日，因设备事故烟囱倒灌，大量含氯废气外逸，造成一些生产队社员胸闷、咳嗽，个别甚至接受氧气和药物治疗。这起严重事故发生后，宝华冶炼厂党委立即作出停产决定，并发动群众"猛攻废气含氯量高和气体外逸关键"，经过努力，该厂将氯化炉的通氯量由过去的每天 22 吨压缩到每天 12—14 吨。在上海市革委会工交组、郊区组的责成下，该厂还按照原拆原建的办法，对 13 户社员进行了搬迁，共拆迁面积 2603.91 平方米，补贴费用 40045 元。[③]

然而，工业生产导致的毒害气体污染，不是人员的调离、疗养和治疗就能解决的，而是需要整个企业环境，通过现代科技的支撑，发生结构、机制和管理方面的改革性变化。

---

① 上海冶金局革委会生产组：《三废工作情况报告》（1969 年 5 月 10 日），档案编号：B112-5-302-13，上海市档案馆藏。

② 上海市治理"三废"领导小组办公室编：《治理三废内部情况》第 7 期，1974 年 5 月 25 日，档案编号：B246-2-1126，上海市档案馆藏。

③ 上海市革委会三废办公室：《上海第二冶炼厂革委会报告》（1975 年 3 月 25 日），档案编号：B112-5-979-39，上海市档案馆藏。

第三节　第一次全国环境保护会议的召开

在当代中国环境治理史上，1972 年应该是一个纪念标志。因为这一年，中国代表团参加了联合国召开的首次人类环境会议，并在大会上报告了我国政府正"有计划地开始进行预防和消除"工业"三废"。作为舆论的配合和响应，上海的媒体、相关研究人员和医务工作者从各个层面对环保工作作了推进。有报纸刊登文章，讲述日本正在经历的环境污染——"大城市和工业区，空气污浊、烟雾弥漫。在东京，一年内只有几十天能够清晰地看见富士山"，当地居民高举"还我晴空""还我生命"的标语牌向政府示威。①上海市科技情报研究所开始编印《世界环境保护消息》《环保技术资料》等资料，介绍国外的环境管理和环境政策。医务工作者则组织环保宣传小分队进行环保理念宣传。如借静安公园举办环境保护治理污染展览会，展出大小版面、实物 52 块 60 个项目，参观者近万人，足见人们对环保的重视程度。②

中共上海市委召开会议，在全市掀起了"战三废"的热潮，对一些工业"三废"进行了突击性治理，取得了一定的成效。据后来的调查反馈，因推广二次进风，使 2 吨以下小蒸汽锅炉的煤炭充分燃烧而减少了烟尘的放空，虽措施简单也有效果，但因司炉工劳动强度增加不易巩固，从长远来看实现消烟除尘还是要靠锅炉改造。而全市 2000 余只大型的工业炉、窑烟囱还没有找到一个比较经济有效的办法，有三分之二的烟囱仍在冒黑烟。上海炼油厂的催化装置，每天烧 120—150 吨石油气放空成火炬，"火炬上的火焰黑烟长达 30 米"，附近农民反映，火炬"烤得河里小鱼翻肚皮，烤得母鸡不回窝""白天像条大黑龙，夜里像条大火龙，实在是条害人龙"。③

基于以上情况，上海市在对工业系统消烟除尘工作统计的基础上，进一

---

①《文汇报》1972 年 2 月 25 日。

② 静安区志编纂委员会编：《静安区志》，上海社会科学院出版社 1996 年版，第 391—393 页。

③ 上海市治理"三废"领导小组办公室编：《治理三废内部情况》第 5 期，1973 年 8 月 7 日，档案编号：B246-2-1126，上海市档案馆藏。

步组织市、区卫生防疫站在工业区、居民区、商业交通区等设立固定采样点，对全市的大气进行采样调查（每年 1 月、5 月、9 月各点采样 3 次，每次连续采样 5 天）。经采样分析，全市空气中烟尘沉降量平均每月每平方公里为 30.28 吨，烟尘浓度平均每立方米 0.67 毫克，二氧化硫浓度平均每立方米 0.13 毫克，大气污染情况严重。与此同时，对全市 10 个区、4 个县的小型工厂（街道工厂、社办工厂）的普查证实，废气是"'老慢支'病因之一"，有些情况还相当严重。[①]

1973 年 8 月 5—20 日，第一次全国环境保护会议在北京人民大会堂召开。会议高度重视以控制工业点源污染为主的空气污染防治工作，并在城市大气污染方面制定了卫生标准，规定每月每平方公里降尘量不得超过 8 吨。因 1973 年前后两年内，上海"以抓'废水'治理为主，适当兼顾'废气'治理"，上海代表团受到会议的表扬，上海还被列为全国搞好环境保护的 14 个重点城市之一。上海代表团在会上也检讨了一些问题：治理"三废"抓得不紧，尤其是工业集中地带，如杨浦工业区每月每平方公里降尘量达到 103.4 吨，超过了卫生标准 13 倍左右；据全市 15 个点测定，二氧化硫浓度几乎全部超过卫生标准，其中北火车站附近日平均最高值浓度超过卫生标准 6 倍。[②]

全国环境保护会议之后，上海即召开全市治理"三废"保护环境会议。会议指出，上海是全国环境保护的重点城市，应在短期内改变环境面貌。[③]与此同时，市革委会通知各有关单位：自 1974 年起试行由国家计委、建委和卫生部批准的国家版《工业"三废"排放试行标准》，并根据该标准第八条，组织市气象局、市卫生防疫站、市化工局职防所、第一医学院、同济大学等单位，成立了《上海市工业"废气"、"废水"排放试行标准》起草小组。因上海的市区工业相对集中，大气已受到相当污染，汞、挥发性酚、

———————————

①《上海市开展工业"三废"卫生调查的情况》（1973 年 1 月），档案编号：B242-2-268-56，上海市档案馆藏。

② 上海市出席"全国环境保护会议"代表小组：《关于出席全国环境保护会议情况汇报》（1973年 9 月 11 日），档案编号：B246-2-1126-49，上海市档案馆藏。

③《上海市革委会工业交通组关于在全市治理"三废"保护环境会议上的发言》（1973 年 12 月12 日），档案编号：B246-2-1126-186，上海市档案馆藏。

氧化物、生化需氧量及耗氧量等五个项目的废气，对人体健康危害较大，故上海标准比国家标准高，如化工废气中的二氧化硫，国家标准规定的排气筒高度为 80 米时，每小时排放量不得超过 190 公斤，上海版的标准规定为每小时不超过 100 公斤。[①]

此前，治理"三废"的重点在"条条"（市属工厂），此次行动也带动了"块块"（区属工厂）。例如：静安区区属单位共 27 台蒸汽锅炉，已普遍安装了除尘设备；区人防工程土窑 35 座，原有烟囱 110 根，治理后减少了 54 根，低改高 3 根。处于通往虹桥国际机场要道的革新塑料厂，为锅炉装了双级涡旋除尘器，结果因烟囱改低，颗粒较小的烟尘不能去除，弄得厂区内黑烟弥漫。厂革委会组织群众讨论，表示"誓为人民除黑龙"，后创造并实施了袋式除尘法，基本上消除了黑烟。[②]

第四节　20 世纪 70 年代的困境

然而，这一时期上海的大气污染治理工作并非令人满意，特别是几个老旧的工业区，如闸北区和田路密集分布着上海染化厂、涤纶厂、香料厂、化学原料厂、日用品化工厂、表带二厂、第九制药厂等工业"三废"污染严重的单位，与稠密的居民区相邻。化学原料厂飘扬的氧化镁，"整天像下雪一样，散满居民的房间"。染化厂的烘干工序不密闭，大量染料从烟囱里飞出来，漫天的烟尘"黑的、白的、蓝的、红的，五颜六色"，把"居民晒着的白衬衫变成了花衬衫"；该厂炉子一天三次出灰时，群众说"浓尘迷漫，像原子弹爆炸一样"。更严重的是日用品化工厂烧香料的下脚、涤纶厂的联苯醚等有毒废气，又多又浓，刺激性极强，使人恶心难受。严重的

① 上海市卫生局革命委员会、上海市治理"三废"领导小组办公室：《关于报请审批〈上海市工业"废气"废水"排放试行标准〉的报告》（1975 年 2 月 26 日），档案编号：B242-3-685-1，上海市档案馆藏。
② 上海市治理"三废"领导小组办公室编：《治理三废内部情况》第 9 期，1973 年 10 月 26 日，档案编号：B246-2-1126，上海市档案馆藏。

污染不仅影响了树木的生长，而且对附近居民的健康造成了危害。不啻说"附近树木枯萎"，居民中"患咽喉炎、气管炎、肝炎"等，更可怕的是"民华路小学的545名学生中，患白癜风的有24名"。为此，附近居民曾多次联名写信向市、区领导反映，要求各厂迅速采取措施控制污染，但因长期未见改进，居民与工厂之间的矛盾日渐尖锐，甚至还发生了居民用石块砸厂房玻璃的事件。①

居民与工厂因污染而产生冲突的事件不仅发生在闸北区和田路。1974年9月2日，上海市革委会工交组接报上海铁锅厂与附近居民发生冲突事件。因该厂的功能为"综合利用"，每天要把废品公司送来的三四百吨铁末、铁屑、铁刨花炼成再生铁，故产生砂尘、铁屑、三氧化硫、硫化氢和噪声等。先是居住在附近的3516厂职工张贴大字报，指责该厂是"毒气厂""害人厂"，要求"停产、滚蛋"，否则将采取"革命行动"等，引起数百人围观。后经上海市"三废"办、市手工业局与3516厂代表、街道党委和居民代表开会协商，厂方表示欢迎大字报监督批评，准备采取措施控制污染。但散会后不久，当晚，3516厂职工联系附近居民500余人，围冲铁锅厂，要厂里马上解决"三废"问题，铁锅厂运送焦炭和原料的汽车也被拦在厂门外，以致工厂值班人员与在场群众发生了肢体冲突。闸北区民兵指挥部接报后以为是"流氓打群架"，遂派来一车民兵前来平息闹事。结果民兵的汽车被愤怒的群众放掉轮胎气、打掉车窗玻璃、夺走钥匙，场面一度失控。为防止工厂继续生产排污，群众用砖块把厂门给堵了。次日，附近有群众见厂方搬开砖块企图继续生产，遂奔走呼告，很快又有400余人围冲工厂，有群众甚至说"若不采取措施，明天就把电源拉掉迫使停产"，事态持续扩大。②

据1974年上海市卫生防疫站对大气飘尘和沉降灰尘的测定，上海每月每平方公里32.1吨，超过国家标准3倍，在60余个测定点中，只有复

① 上海市治理"三废"领导小组办公室编：《治理三废内部情况》第17期，1974年7月8日，档案编号：B246-2-1126，上海市档案馆藏。
② 上海市革委会工业交通组：《关于上海铁锅厂的三废问题严重污染周围居民的情况》(1974年9月2日)，档案编号：B246-2-1126-195，上海市档案馆藏。

兴公园附近符合国家标准，最高点是沪东工人文化宫附近，已达每月每平方公里 105 吨，超过国家标准 10 倍；西郊公园本为清洁区域，也有一半以上的天数超过国家标准。在市区空气采样的化验中，二氧化硫浓度的合格率仅为 20%，高点聚焦在杨浦、普陀等工业区及北火车站。经过检测还发现，烟尘中还含一定量的致癌物质，几个大钢铁厂附近的紫外线比一般地区要减少 50% 左右，影响附近儿童发育成长。[①] 据 1975 年底上海市治理"三废"领导小组的报告，"还有不少工厂的'三废'还远没有治好"，其中污染严重、危害较大的工厂共 260 家。[②] 足见这一时期上海环境污染治理的任务仍很艰巨。

　　尽管环境污染形势严峻，但有些厂仍"重视在嘴上、措施在纸上、行动在会上"。如：染化厂向上级报告停烧柏油下脚，安装回收二氧化硫气体装置等，结果"这些打算无一实现"；化学原料厂强调氧化镁粉尘"太细太轻无法处理"，甚至对来访的群众说："氧化镁无毒，吃了能帮助消化。"这些不重视环境污染治理的言论和行动，导致和田地区的环境面貌难以得到显著改善。据闸北区卫生防疫站测定，该区大气中的二氧化硫含量超过国家标准 1.7 倍，二氧化氮超过 2 倍，灰尘超过 19 倍，颜料厂排出的铅蒸气在厂附近和田路一带超过国家标准 113 倍。[③]

　　针对污染日趋严重的情况，上海市治理"三废"领导小组对全市 260 家重点工厂进行排摸分析。其中，"领导重视，积极采取措施的"约占 25%，如上海电化厂生产过程中产生的有害废气 80% 得到了治理，还计划解决 15 项废气问题。与此同时，未将"三废"治理工作提上议事日程，强调"难治"、污染"难免"，甚至听任"三废"污染环境的还有 15% 左右的重点工厂。典型的是上钢五厂，全厂 70 多个烟囱，"日夜浓烟翻滚"，据测定整个厂区降尘量每月每平方公里达 1000 多吨，超过国家排放标准近 100 倍。1973 年，上海市冶

---

① 上海市治理"三废"领导小组办公室编：《治理三废内部情况》第 10 期，1974 年 6 月 8 日，档案编号：B246-2-1126，上海市档案馆藏。

② 上海市治理"三废"领导小组办公室：《关于加强重点工厂"三废"治理工作的报告》（1975 年 12 月 8 日），档案编号：A1-4-992-14，上海市档案馆藏。

③ 上海市治理"三废"领导小组办公室：《关于和田地区工厂贯彻市委领导同志有关治理三废批示情况的调查报告》（1976 年 3 月 11 日），档案编号：B246-3-140-16，上海市档案馆藏。

金局拨款 12 万元配备的一台治污装置，在使用过程中发现一些问题后被搁置一旁。1974 年，上海市委批示拨款 70 万元在转炉上安装除尘设备，因该车间屋顶积尘过重，压塌了厂房致工人死亡，设备建成后又由于种种原因一直没有运转。其他如上海电碳厂，"黑色粉尘及沥青烟气到处飞扬"，厂领导放松治理"只等待迁厂解决问题"。①

这一时期，上海除了市区因工厂分布密集造成严重污染外，另一个情况不容小觑：有毒有害产品生产转移至郊县，周遭也渐次产生大气污染。上海出席首次全国环境保护会议的代表曾在会上陈述："近年来，有些产品下放到街道、社队工厂。'三废'多未很好解决，如不及早引起注意，污染将从城市扩大到农村。"20 世纪 60 年代中期，已有市区工厂渐次将有毒、有害产品转移至郊县的社队，且对有"'三废'危害的加工产品既不讲清情况，又不帮助加工单位做好有害'三废'的防护和处理工作"。②直到 70 年代中后期相关部门才看到相对集中的关于郊区污染的报告，是因为此类项目从转移到生产、从生产到排放、从排放到污染有个累积的过程。

1974 年 1 月，中共上海市委和市革委会办公室联署发出《关于郊区工业"三废"危害情况和改进意见的报告》，称：当前郊区工业"三废"危害的情况是相当严重的。据上海、嘉定、宝山、川沙、南汇、青浦、松江、金山等 8 个县的统计，产生"三废"危害的工厂有 1211 家，约占 8 县工厂总数的 20%。以宝山、嘉定两县为例：宝山县社队工厂 353 家，多为"化工、电镀、喷漆、抛光、烧结、冶炼、翻砂、放射、建材及胶木粉等项目"，涉毒有害的有 256 家，占 72.5%。如五角场公社化肥厂共有 7 根烟囱，大量使用炼油厂下脚油做燃料，排出硫黄气体；彭浦公社的抛光操作工因无防护，工人每天"满脸漆黑，房屋墙壁积满灰尘"；彭浦石粉厂的"整个厂房和周围地区像盖上了一层很厚的'白雪'"；淞南公社塘桥烧

---

① 上海市治理"三废"领导小组办公室：《关于市治理"三废"工作会议后一个月来的进展情况报告》（1976 年 7 月 3 日），档案编号：B246-3-140-161，上海市档案馆藏。

② 上海市出席"全国环境保护会议"代表小组：《关于出席全国环境保护会议情况汇报》（1973 年 9 月 11 日），档案编号：B246-2-1126-49，上海市档案馆藏。

结厂在公共汽车站旁,产生大量二氧化硫,烟雾弥漫。^①嘉定县社队企业共744家,涉及"三废"的150家,占20%左右,其中产生废气的单位有50多家,共有10余种废气,多数为汞、苯、氰、氧化锌、二氧化硫等,据统计废气排放量为每小时90万立方米。如华亭公社化工厂的油溶黑染料生产不设防毒措施,有毒原料苯胺浓度超过国家标准46倍多,仅投产几个月,就发生急性中毒7人次;安亭公社吕浦大队搞汽车喷漆,车间甲苯浓度超出国家标准5倍;华亭水泥厂无吸尘装置,拌料车间"浓尘滚滚,甚至伸手不见五指",粉尘浓度超过国家标准166倍;电镀行业大量使用各种酸碱,江桥电镀厂将大量含酸废气用排风扇排向街道。^②

这一时期上海郊县工业"蓬勃发展",主要原因有两个:一是接受市区工厂转移来的"三废"项目;二是生产过程中"用市属工厂提供的下脚废料",降低了成本。有关部门审批项目时未重视可能产生的"三废"污染,"没有狠抓对'三废'治理的审查",如当时宝山县即"没有抓'三废'的专门机构"。^③待到毒害污染灾难性地爆发了,郊县各厂也深感问题严重,甚至表示"经费可以自筹","搞一些吸尘、通风、排气等设备",然而"通风机、配套马达及管道设备"等物资需国家统筹调配供应,郊县严重污染局面难以快速扭转。^④

地处郊县的国营农场此时也大办工业,据统计,1974年,农场系统办有各种工厂221家,工业产值达1.57亿万元,^⑤但"三废"治理和劳动保护方面问题严重,其状况是"崭新的厂房,落后的设备,原始的操作"。如:星火农场承接了上海农药厂"丢出包袱不管"的五硫化二磷产品,"车间内外毒雾弥漫","灭火用的二氧化碳每天需用10多钢瓶";向明农机厂喷漆、

① 宝山县治理"三废"调查小组:《宝山县关于"三废"情况调查汇报》(1975年5月)。
② 嘉定县革命委员会生产计划组:《关于县、社、队工业"三废"检查情况的汇报》(1975年6月17日),档案编号:B127-4-168-19,上海市档案馆藏。
③ 宝山县治理"三废"调查小组:《宝山县关于"三废"情况调查汇报》(1975年5月)。
④ 嘉定县革命委员会生产计划组:《关于县、社、队工业"三废"检查情况的汇报》(1975年6月17日),档案编号:B127-4-168-19,上海市档案馆藏。
⑤ 上海市革命委员会郊区组、工交组:《关于农场工业劳动保护和三废治理情况的报告》(1975年7月21日),档案编号:B250-2-874,上海市档案馆藏。

浸漆全用手工，"17 个青年有 16 个白血球严重下降"；东风橡胶厂 15 台炼胶机敞开式操作，操作工"浑身漆黑"；新海玻璃厂和前进电瓷厂用石英粉原料，"粉碎、搅拌、烘干、过筛、运送等都用手工"，"饲料粉碎机和煤锹等，操作时矽尘飞扬"。如此触目惊心的生产场景，农场领导竟说："农场青年流动性大，两三年要换一批新来的，接触点有毒有害不要紧。"① 足见治污意识的淡薄。

坐落在郊区的市属工厂因地域管理的疏失而轻视"三废"治理，也成为上海郊区遭受大气污染的祸患。据宝山县的统计，境内的市属工厂有 280 多家，其中产生"三废"污染的占 60% 以上，受害农田 1.56 万亩，受害人口 7.5 万，蕴藻浜两岸和共和路、军工路、西桃浦工业区一带更为严重。② 然而这些污染情况并未受到重视，如彭浦公社的综合加工场就对检查组抱怨："我们这个小小的烟尘不准向天空排"，而上海开关厂的"大烟囱大量排放盐酸烟雾，为何不抓？"③ 这类言论暴露了当时整个上海大气污染情况的严重程度。

1972 年 8 月，中共上海市委决定，在金山卫建设上海石油化工总厂。1973 年 10 月，总厂建设领导小组成立。同年 11 月，国务院批准《上海石油化工总厂设计任务书》。同月，总厂设计工作会议召开，提出"设计快、审批快、出图快、质量好"的设计工作要求。是年，该厂完成基本建设投资 3772 万元，工地现场"三通一平"工作完成。1974 年 5 月，上海市工业建筑设计院严忠琪等 3 人去信市工交组表示要"为子孙后代着想"，他们反映整个金山工程排毒气塔有 50 余个，设计上对"三废"的处理考虑不周，有毒废气"不经过任何净化，通过一个巨大的排毒气塔排放到高空"，"每小时排放有毒物质丙烯腈的绝对量为 143 公斤，大大污染了金山卫地区的天空"（丙烯腈气体比重大于空气，不易扩散稀释）。信中举例说：上海第

---

① 上海市劳动局革命委员会办公室编：《农场办工厂中扩散了有毒有害作业》（1975 年 4 月 19 日），档案编号：B127-4-168-1，上海市档案馆藏。

② 宝山县治理"三废"调查小组：《宝山县关于"三废"情况调查汇报》（1975 年 5 月）。

③ 中共上海市委办公室、上海市革委会办公室：《关于郊区工业"三废"危害情况和改进意见的报告》（1974 年 1 月 29 日），档案编号：B123-8-1142-16，上海市档案馆藏。

二人造纤维厂一高 40 多米小塔排放丙烯腈气体，即造成"周围农作物光开花不结果，收获等于零"，后该厂造一喷淋水房间，将有毒害气体喷淋后变成废水，再对废水进行生化处理，有毒物质可去除 90% 以上。严忠琪等先是向建设部门反映问题，该部门认为设计方案已经批准，且工期紧张，"没有时间再改了"。为此，他们去信建议市工交组"再作一次复查研究"。①

上海 20 世纪六七十年代的大气污染治理，存在着一个"边排放边治理"逻辑：1963 年，中共上海市委、市人委明确提出工业"三废"应"变有害为有利"；1968 年，市革委会发出"放手发动群众，向黄浦江、苏州河污水宣战"的号召。继而，国际会议、国家会议和上海市会议陆续召开，更是直接对大气污染提出治理的规划和标准，并有配套的调研、测量，一些企业也进行了整改。但为什么直至 70 年代，上海的大气仍然昏沉污浊呢？起根发由，迭次推进的工业指标必然导致能源的增量耗费，与工业产值同构，上海 1968 年之后的万吨标准煤用量一路飙升。这累累的工业排放，虽然伴随着巨量的工业经济增长，但也导致沉重的环境负担。此中存在着一条"因生产而排放，因排放而治理"的逻辑链。生产排放是源头，源头是本因，治理是末端的应对。因此，尽管环境治理并未偃息，但当"边排放边治理"有失平衡的时候，治理的计划往往与生产的需求和成效发生脱节。源头的问题不解决，必将舍本逐末，这也是"文化大革命"十年乃至较长一个时期，上海城市污染问题的症结所在。

---

① 《上海市工业建筑设计院严忠琪等三人关于反映三月份兰州设计的金山卫石油化工总厂腈纶分厂三废问题的来信简报》（1974 年 5 月 31 日），档案编号：B246-2-1126-15，上海市档案馆藏。

第五章　黄浦江水系污染与治理

襟江带海，"以水兴市"，为上海历史地理的特征。黄浦江承接太湖流域大部分的排泄量，流经徐汇、黄浦、虹口、杨浦等中心城区，为上海的重要河流。上海工商业的隆兴，在近代经历了"外人兴业"和"华界紧随"阶段。新中国成立以后，上海工业迅速发展，尤其是重工业和新兴工业的崛起，使上海成为一座生产性城市。1963 年，黄浦江首次发生黑臭，并一直延续至"文化大革命"以后，标志着上海城市水系遭遇灾害性污染，其根由在于经年累月积聚的工业废水排放。

第一节　工业发展与上海水系污染

上海地处长江与钱塘江相隔三角带的太湖流域，境内河道（湖泊）面积约 500 平方公里，吴淞江与黄浦江两条水道承接太湖来水，贯穿上海至吴淞口汇入长江。[①] 吴淞江全长 125 公里，上海境内（称苏州河）54 公里。历经数百年的河道变迁，尤其是近百年来各路资本熙来攘往，围绕市区段（北新泾—白渡桥）的 17 公里筑路修道，建厂置业，工业污水混合生活污水随意排放，致使河床淤浅，水体混浊。1928 年，在恒丰路桥苏州河取

---

① 《长江口治理及上海市水利综合利用座谈会》（1958 年 11 月），档案编号：A54-2-317-98，上海市档案馆藏。

水的闸北水厂不得不搬迁至军工路现址,改从黄浦江取水。[①]此为上海地区出现水污染的标志。黄浦江全长113余公里,太湖、阳澄淀泖地区和杭嘉湖平原来水在松江区米市渡汇聚成干流,至吴淞口共长83公里,流经上海中心城区的11个行政区,流域面积约2.4万平方公里。黄浦江江阔(宽300—700米)水深(达8米以上),因承接太湖流域80%的排泄量,多年平均净流量为319立方米/秒,折算年净泄量为100亿立方米,故对市区的河段来说,其水体自净能力,也即溶解氧的来源,主要是来自上游的清水。[②]如此浩瀚的天然水系,也使黄浦江成为上海集饮用水源及工业用水、航运、排涝、灌溉、渔业等诸多功能的河流。同治九年(1870年),上海

20世纪80年代苏州河与黄浦江交汇口的黑线

资料来源:赵刚印等:《改革开放成就上海》,上海人民出版社2018年版,第73页。

---

①《上海环境保护志》编纂委员会编:《上海环境保护志》,上海社会科学院出版社1998年版,第171页。

②《为坚决制止黄浦江水质继续恶化而努力》(1965年9月30日),档案编号:B76-4-150-24,上海市档案馆藏;《长江口治理及上海市水利综合利用座谈会》(1958年11月),档案编号:A54-2-317-98,上海市档案馆藏。

工部局为筹建自来水厂，曾在黄浦江和苏州河的各段设 12 个取样点，并将水样送至位于英国伦敦的皇家化学学院化验。由于各取样点的水质检测结果均优于同期的泰晤士河水，工部局便决定将取水口建在黄浦江下游。近百年后，1963 年黄浦江首次出现 22 天的黑臭之后，1964—1966 年又分别出现 33 天、50 天、29 天，并在以后的 10 年间连续出现黑臭。① 此为上海城市发展史上极其严重的事况。如果说苏州河迁移取水口是上海水系的局部污染，那么黄浦江出现持续黑臭则表明上海水系发生全流域污染，其滥觞于百年来城市工商业的膨胀性崛起。

甲午战争后，1895 年 4 月，中日签订《马关条约》。日本通过这一不平等条约获得了在中国部分口岸投资设厂的权利，根据"一体均沾"的原则，西方列强对华资本集中输入。上海独特的地理位置，使得其工商业因此得以发展，进入所谓"外人兴业"时期。至 20 世纪 20 年代，外滩滨江大兴土木，终成"万国建筑群"景观，如中国通商银行大楼、汇丰银行大楼、海关大楼、沙逊大厦、中国银行大楼、苏州河口的百老汇大楼等。与此同时，租界扩张，此前虹口段岸线已被外商修筑码头和船坞，往东从杨树浦路沿岸直达定海桥—复兴岛一带，以先期的英商自来水厂、英商怡和纱厂为参照，连片地建设大型工厂和仓库，如英商祥泰木行、英商火力发电厂、日商裕丰纱厂、英商煤气厂等。华界的老城厢滨江一线也修筑了马路及兴建发电厂和自来水厂等。而原先荒凉的日晖港—龙华一带的滨江沿线，沪杭铁路货运终点站、龙华机场和上海水泥股份有限公司等拔地而起，黄浦江的大部分岸线被生产性的航运、工业和仓储占据了。② 据 1933 年的调查，上海的工业产值已占全国的 51%，资本总值占全国的 40%。再据 1947 年的统计，上海的工厂数 7738 家，占全国 12 个主要城市工厂总数 14078

---

① 《上海环境保护志》编纂委员会编：《上海环境保护志》，上海社会科学院出版社 1998 年版，第 54 页。

② 宋敬：《黄浦江畔话今昔——浦江两岸的前世今生》，《城市中国》2018 年 10 月号。

家（30 人以下小型工厂不计）的 55%。[①]

　　工商业的隆兴，必然伴随着人口的汇聚。至 1900 年上海的人口已超过 100 万，1915 年超过 200 万，1930 年突破 300 万（产业工人数占全国的 43%）。[②] 一个显著的特点是，黄浦江两岸零星的"滚地龙"演变成市镇式的棚户区：浦西虹口—杨树浦一线，渗透到公共租界绵延十数里；浦东则从北到南相继形成了庆宁寺、洋泾镇、烂泥渡、杨家渡、老百渡、南码头、白莲泾、周家渡等棚户区。至此，沿岸的工矿企业和居民生活的排泄，已对黄浦江的污染种下了病源。这是上海首轮工商业建设，其基础性的港岸设施尚未形成规模化的工业排放。黄浦江水系巨大的稀释和自净能力，在日夜的流淌中化解了这种隐性的侵蚀。

　　据《工部局董事会会议录》和《申报》载，1874 年 9 月"因水上巡捕阻止粪船白天进入黄浦江，曾引起洋泾浜居民因粪船污染河水而抗议，故要求答应让粪船于上午 9 时前离开洋泾浜"；[③]"高桥浦东等处商民联名具呈驻淞水警第四区署，黄浦江中时有大批垃圾抛弃……前日，探警巡查至高桥浜浦滨时，见有包运垃圾船十三双，正在抛弃之际。随即上前拘送到署"；[④]"因公共租界垃圾工人罢工，工部局另雇小工七八十人，将巨量垃圾倾入黄浦江及苏州河内。港务局当经函致浚浦局对于黄浦江方面须特别注意纠正"；[⑤]"因太湖水利委员会疏浚吴淞江……米船虽可绕道南黄浦入吴淞江，而粪船则无法进口。闸北挑夫将粪便倾于阴沟田间或黄浦江中，致臭气四溢。卫生局将设法处理"。[⑥]

　　20 世纪以来，苏州河及相关内河两岸工厂密布。据 1949 年统计，仅沪西工业区内，就有各类工厂企业 1914 家，[⑦] 所积聚的大量工业污染，因

　　① 杨公朴、夏大慰主编：《上海工业发展报告：五十年历程》，上海财经大学出版社 2001 年版，第 1 页。
　　② 熊月之：《上海通史》第 1 卷，上海人民出版社 1999 年版，第 3 页。
　　③ 上海市档案馆编：《工部局董事会会议录》第 6 册，上海古籍出版社 2001 年版，第 635 页。
　　④《申报》1927 年 11 月 24 日。
　　⑤《申报》1929 年 6 月 22 日。
　　⑥《申报》1935 年 4 月 6 日。
　　⑦ 上海市普陀区档案馆编：《苏州河与上海变迁史》。

下水道系统紊乱，多未经处理排入水体，再流入黄浦江，构成了很大的危害。1949年以后，上海工业的内部结构"开始向重、轻、纺并举的方向发展"。第二个五年计划时期，上海重工业总产值高速增长，1958—1960年3年分别达到66.10亿元、112.98亿元、164.48亿元，1960年比1958年增长150%。同期，上海3年基建投资达34.29亿元，上钢五厂、闵行发电厂、重型机器厂、吴泾热电厂等上马兴建。[①] 上海市区边缘辟建吴淞、高桥、吴泾、闵行等10个工业区，远郊建有桃浦、嘉定、松江等7个卫星工业区。如此大规模的工业建设，且在"一五"期间"对工业三废基本上没有利用，大量的三废资源随意抛弃"；"大跃进"以后，"三废的数量越来越多，种类越来越复杂"，[②] 不仅使上海蜕变成一座生产性的城市，更使"三废"的污染成为城市的病患。

1954年桃浦地区有5家工厂，1958年后增建至17家，其中16家工厂的34个车间的"三废"有151项之多，全区用水量3万余吨/日，估计污水量8000余吨/日。[③] 因这些污水危害附近农业社队的生活和收成，一度引发农民阻止工厂排水的事态，有的工厂被迫停产。由于建厂时"总体规划和技术设计，未及考虑三废问题，并采取相应的措施"，泰山化工厂1960年支付的农业赔款为12.423万元，1961年为9.054万元。[④] 1958年，处于杨树浦水厂上游的裕华毛纺厂增设羊毛加工车间，未经处理的污水，色泽极深且含有大量有机物质、油脂及悬浮物等，被直接排入黄浦江中，严重影响自来水水质，已事关数百万市民的健康。上海市自来水公司致函华东纺织管理局，提出污水必须在符合卫生防疫站规定条件后才能排出。[⑤] 1962年，上钢一厂协议在吴淞磷酸盐厂黄浦江边倒渣，协议即将到期时，该厂

① 杨公朴、夏大慰主编：《上海工业发展报告：五十年历程》，上海财经大学出版社2001年版，第30—34、47、49页。

② "三废"综合利用工作组：《关于加强工业三废处理和综合利用工作的报告（草稿）》（1966年6月1日），档案编号：A38-2-755-29，上海市档案馆藏。

③ "三废"综合利用工作组、上海市环境卫生局：《关于桃浦工业区三废工作情况的报告》（1965年5月28日），档案编号：B11-2-124，上海市档案馆藏。

④ 市工业废水废气废渣管理所：《关于桃浦工业区市专项拨款200万元使用情况的调查报告》（1965年5月26日），档案编号：B256-2-174-142，上海市档案馆藏。

⑤《黄浦江污染问题》（1958年3月12日），档案编号：B134-6-86-5，上海市档案馆藏。

又提出:"我厂在年底以前,仍往该处发运。"① 黄浦江两岸数千家工矿企业的生产作业,使清澈流淌的江水变得浑浊了。

至 1965 年,上海全市的污水量已从 1949 年时的 60 万吨/天,上升至 200 万吨/天,其中工业污水占三分之二强。更因工业结构的性质从加工业向制造和新兴工业转型(如有机合成工业),产生了大量性质复杂的工业废水,尤其是造纸、化纤、印染、纺织、食品、有机化工、制药、炼油、焦化等行业,用水量、排污量和污水的耗氧量均甚为巨大,如造纸和化纤浆粕的蒸煮黑液,耗氧量超过 40 公斤/吨,即一吨这样的污水排入水体,约需用 1 万—1.5 万吨清水予以稀释;鱼粉加工的污水,耗氧量高达 180 公斤/吨,即一吨这样的污水需用 4.5 万—7 万吨清水去稀释。如此匡算,仅这些污染就要消耗整条黄浦江"四分之三的溶解氧"。这些厂在新建、扩建和试制新产品时,绝大多数没有对废水采取处理措施,以至"未经处理的污水,越来越多的排入水体",② 大面积地侵蚀了以黄浦江为主流的上海城市水系,突破了黄浦江自身循环和造化的承载域限,20 世纪 50 年代初期江中还有鱼虾,但 60 年代以后,市区段江中已鱼虾绝迹。

黄浦江虽具有强大的自净能力,但人为因素的排放(工业废水和生活污水)"超越其容许稀释的倍数"。1964 年 7 月,径流量下降到每秒仅 240 余立方米,降雨量仅 43 毫米(同期约为 145 毫米)。③ 是年 8—9 月,浦东和杨树浦水厂源水出现突变,沿黄浦江一带都可以闻到江水的臭味。④ 1965 年 5—6 月,径流量和雨量比往年更为减少,气温水温尚未很高,在外滩一带便可嗅到一股令人恶心的臭味,这是江水被污染而严重恶化的征象,整个沿江

---

① 上海第一钢铁厂:《复我厂在吴淞磷酸盐厂黄浦江边倒渣事》(1962 年 9 月 7 日),档案编号: B257-1-2569-7,上海市档案馆藏。

②《为坚决制止黄浦江水质继续恶化而努力》(1965 年 9 月 30 日),档案编号: B76-4-150-24, 上海市档案馆藏。

③《长江口治理及上海市水利综合利用座谈会》(1958 年 11 月),档案编号: A54-2-317-98, 上海市档案馆藏。

④《为坚决制止黄浦江水质继续恶化而努力》(1965 年 9 月 30 日),档案编号: B76-4-150-24, 上海市档案馆藏;《苏州河污水处理工程规划原则及初步方案》(1965 年 3 月),档案编号: B11-2- 122,上海市档案馆藏。

的水源从闸北水厂直至长桥水厂，均受到严重影响。[①]1966年6月，据上海市自来水公司测定，"源水发黑发臭现象自七日开始，并正在日趋严重"，而且"持续不去"，"市区各水厂都进行了折点加氯"。为此，市自来水公司向市人委紧急报告："估计在伏旱期间，七、八月份黄浦江水质可能更加恶化。"[②]

尽管警报声声，甚或已引起了有关领导和责任部门的关注，但日日累进的工业生产不能停顿，日日持续的工业排放也未遭到禁阻。据有关部门披露：1965年上海市工业用水超过4.1亿吨（不包括部分工厂直接引用黄浦江水源），其中自来水2.93亿吨、深井水（全市786口井）1.19亿吨。全年排出工业废水约3.6亿吨，平均每天100万吨。由于绝大多数工厂没有清浊分流，排放的都是程度不同的有害废水，且含有不同成分的酸、碱、酚、砷、锰、硫、油以及其他有机物质，多数废水还是几种化学成分的混和物。特别严峻的是，造纸、化纤、木材加工和食品、皮革加工行业，每天排放数千吨或"碱性极强，并含有大量的糖类的木质素"，或"含有大量的脂肪、蛋白质等"废水，其中有需要千万倍清水方能稀释的造纸黑液1500吨。其他行业的污染也不容乐观，如第二印染厂每天排放有色废水近万吨，其中染缸下脚水色度高达国家标准1万倍以上，直接排放黄浦江；上海焦化厂的含酚废水（平均含酚量1‰，最高竟达1.4%，具有极毒性）每天排放9000吨；上钢十厂每天排放酸洗水30吨，其含锰量高达1.58公斤/吨，即每日排出锰超过47公斤。[③]上海化工局更是坦言，该局每天产生污水约10万吨，其中有色污水4100吨，含酚污水7800吨，酸性污水约4万吨，含锰污水40吨，含砷污水4100吨，含油污水3万吨，还有硫化氢、

---

① 《为坚决制止黄浦江水质继续恶化而努力》（1965年9月30日），档案编号：B76-4-150-24，上海市档案馆藏。

② 上海市公用事业管理局：《关于最近黄浦江水质恶化情况的紧急报告》（1966年6月17日），档案编号：B76-4-288-13，上海市档案馆藏。

③ "三废"综合利用工作组：《关于加强工业三废处理和综合利用工作的报告（草稿）》（1966年6月1日），档案编号：A38-2-755-29，上海市档案馆藏；《为坚决制止黄浦江水质继续恶化而努力》（1965年9月30日），档案编号：B76-4-150-24，上海市档案馆藏。

氯化物等污水。①甚至于 1965 年底，吴泾化工厂还致函上海港务监督，说是因生产发展需要，请求将水池沉泥排入黄浦江。②20 世纪 60 年代上半期大规模的工业排放，已基本毁坏了黄浦江水体的自净能力，当时刚组建的上海市"三废"综合利用工作组在工作报告中坦承：此为造成黄浦江水质发黑、发臭不断恶化的主要原因。③

上海为长江三角洲冲积层的地理结构，故黄浦江水道与交错的内河形成了互通的水系。不容置喙，许多内河早已被"污染成臭水浜"了。1964 年时，各河道积存大量含氮量很高的污泥，如日晖港含氮 0.15%、兰州港含氮 0.16%、苏州河含氮 0.2%，大大耗散水体中的溶解氧，也为导致水质恶化的一个因素。④同时，包括粪便处理在内的城市生活污水激增（全市有化粪池 1.8 万个，但处理效果一般，只能达 30%—40%），而城市处理污水的能力只占全市总污水量的 5% 左右，自然对水体也有相当的危害。⑤再据上海城建局对沿江 8 个污水泵站和杨树浦港、虹口港、苏州河及日晖港 4 条支流的水质分析，每天的污水量高达 186.6 万吨，总耗氧量 234.2 吨，整个水体因此"处于缺氧状态"（在此，不计各工厂直接排入黄浦江的污水量，并比照黄浦江的溶解氧为 200 吨的标准）。⑥

上海市民的生活源水取自黄浦江，江水泛黑泛臭导致自来水厂大量使用药剂，以保证出厂水质的安全，南市水厂用混凝剂，瞬时最高剂量达每千吨 80—100 公斤（一般情况只用 20—30 公斤）；杨树浦水厂的瞬时加氯

①《上海市化工局 1966 年三废处理利用规划编制说明》（1966 年 3 月 4 日），档案编号：B76-4-288，上海市档案馆藏；上海市化工局：《突出政治依靠群众大搞技术革新技术革命向三废要宝》（1966 年 5 月）。

②《上海吴泾化工厂为请同意我厂将水池沉泥排入黄浦江》（1965 年 12 月 20 日），档案编号：B257-1-4458-1，上海市档案馆藏。

③"三废"综合利用工作组：《关于加强工业三废处理和综合利用工作的报告（草稿）》（1966 年 6 月 1 日），档案编号：A38-2-755-29，上海市档案馆藏。

④《为坚决制止黄浦江水质继续恶化而努力》（1965 年 9 月 30 日），档案编号：B76-4-150-24，上海市档案馆藏。

⑤市人委公用事业办公室：《关于制止黄浦江水质继续恶化，力争早日改善的报告》（1966 年 3 月 1 日），档案编号：B11-2-134-1，上海市档案馆藏。

⑥《为坚决制止黄浦江水质继续恶化而努力》（1965 年 9 月 30 日），档案编号：B76-4-150-24，上海市档案馆藏。

量在每千吨 10 公斤（一般情况只加 2—3 公斤），有时"含锰量过高，引起水质发黄"。市民因上海饮用水的浓烈异味而意见纷纷；常住的外侨和来往的外宾疑惑重重，甚至"在政治上带来莫大的损失"。一部分直接取用江水的工厂，则因江水中泛滥的细菌、藻类及有害物质，或致使"菌藻积留在工业锅炉和冷却设备上"，而影响设备效率，增加检修量；或致使水质色度高，影响某些高等级印染出口产品的质量而停工。据 1960—1965 年的不完全统计，此类停工达 75 厂次之多，出产的次品有被单 1.4 万余条、毛巾 2200 余打、纱 1700 余包、布 200 余匹等。①

第二节 20 世纪 60 年代黄浦江水系的污染治理

早在 1960 年 3 月，中共上海市委就在增产节约运动中，提出综合利用资源的问题。虽然仍是"工业生产"的布局，尚未防范"工业污染"，终究是针对了资源的无度浪费。1963 年 12 月，即黄浦江首报黑臭的年度，在上海市第三次党代会的决议中，市委明确提出对工业的废气、废水、废渣，应该"采取处理和综合利用相结合，分散处理和集中处理相结合的原则，逐步做到变有害为有利，变无用为有用"的方针。②同年，市人委公用事业办公室则以桃浦工业区为试点，会同市城建局、市公用局和市化工局研究"污水处理和给水方案"。其中，市城建局提出"将混合污水泄入蕴藻浜"；市公用局提出兴建桃浦水厂；市化工局表示各厂排出的污水达到清浊分流和中性脱色的标准，落实此方案"需要 2 年的时间，预算需费 200 万元"。③1964 年 3 月，上海市人委颁布实施了《自来水水源卫生防护暂行条例》，并根据第十九次市长办公会议的精神，决定"首先制止黄浦江水质的

① 《为坚决制止黄浦江水质继续恶化而努力》（1965 年 9 月 30 日），档案编号：B76-4-150-24，上海市档案馆藏。
② "三废"综合利用工作组：《关于加强工业三废处理和综合利用工作的报告（草稿）》（1966 年 6 月 1 日），档案编号：A38-2-755-29，上海市档案馆藏。
③ 市工业废水废气废渣管理所：《关于桃浦工业区市专项拨款 200 万元使用情况的调查报告》（1965 年 5 月 26 日），档案编号：B256-2-174-142，上海市档案馆藏。

继续恶化"。为此，市人委组织召开了黄浦江水源大会，提出"有可能经过
今年一年的努力，使黄浦江水质不再继续恶化，并在两三年内进一步求得根
本改善"的目标。①

　　1965年9月30日上海市下达的《为坚决制止黄浦江水质继续恶化而
努力》文件，要求全市"各工厂企业迅速开展工业废水的处理利用工作"，
具体"以耗氧量作为总的污染指标"，其最高容许排放限度，第一阶段以采
取措施前后对比下降30%、40%和50%的程度分为三级（第一阶段以明年
春节为期）。其中距离自来水水源较近的，处理利用技术不难的，污水未接
入城市下水道而直接排入河道的，一律"要求从高处理"。同时，要求"充
分利用现有设备，提高处理利用的效率"，例如加投混凝剂；借助可资利用
的能源进行曝气；定期清除沉淀设备的污泥沉渣等，使处理后污水的悬浮
物含量在100—200毫克/升以下；考虑改进生产工艺，添建适当设备，健
全污水水质的检验制度（暂定5项：离子值、悬浮物含量、耗氧量、氯化
物、色度），配备必要的管理人员、必要的处理费用和药剂物资供应，更为
关键的是，责令各厂必须指定一位负责生产的厂长，全面负责本厂的污水
处理利用工作。造纸工业的黑液废水，化纤和木材加工的废水，"未经处理
禁止排放"；食品工业的排放污水，"含油脂总量应在300—500毫克/升以
下"；冶金、机电和化工行业的外排废水含锰量，"应在0.5—1.0毫克/升
以下"，废酸水则必须回收利用；印染工业色度较深的废水，需"用10—
20倍的蒸馏水稀释后"方可排出。危害大、一时难以处置的废水要"浓缩
后远运排放入海，或压缩生产任务，以至停止生产"。文件要求，市城建局
要提高生活污水处理能力，积极改造城市下水道系统；市航道局应立即对
淤积较严重的江段河床进行有效的疏浚，以减少河底污泥的耗氧量；自来
水水源防护地带的工厂企业，必须顾全大局，如上海毛条厂兴建了沉淀池
设备，回收羊毛脂；裕华毛纺厂直接排入黄浦江的污水，应另设污水管，

---

① 《为坚决制止黄浦江水质继续恶化而努力》（1965年9月30日），档案编号：B76-4-150-24，
上海市档案馆藏。

排入兰州河；南市水厂应将北部岸边式取水改为江心式取水。[①]

上海市人委交通办决定将施工的一条挖泥船长期留在苏州河中配合清污工作，并拟再增调一条挖泥船，同时向上级申请拨款，预计"每方约三元，总经费约十六万元"；[②]市卫生防疫局、市城建局、市规划建筑设计院、市工业"三废"管理所、市自来水公司等8家单位，决定联手对黄浦江水系进行一次综合性的取样化验，并通过联席会议进行定位分工。[③]在经费投入和资助方面，也具有相当力度，如市人委公用事业办公室与市计委共同商定，在城市建设经费中拨出500万元（其中200万元列在基建计划中），作为对有关工业局利用和处理污水的补助费用。[④]上海市经济计划委员会致函市环卫局："为贯彻市委批示精神，尽快改善黄浦江水质"，落实工业"三废"利用与处理工程77个项目，共计投资290.03万元。此笔资金统由建设银行监督拨款，并指令市环卫局检查督促各局抓紧落实，尽早发挥投资效果。[⑤]市人委公用事业办公室对染料公司下属华元、宏兴两个染料厂污水处理的经费申报项目，对市化工局所属利生化工厂为扩建污水处理车间，向宝山县老沪太路新征生产队土地3.735亩，要求"市所拨费用、设备、材料均应专款专用，不得移作他用"；扩建设备后产生的"'三废'应切实做好充分利用不得外溢，变有害为有利"。[⑥]

1966年上半年，上海市"三废"工作组对化工、冶金、轻工、纺织等行业的两百余家工厂企业和十几家科研单位，进行了一次巡查，得出的结

① 《为坚决制止黄浦江水质继续恶化而努力》（1965年9月30日），档案编号：B76-4-150-24，上海市档案馆藏。

② 《关于配合处理河水发臭加强河道疏浚的打算》（1965年10月22日），档案编号：B11-2-122-25，上海市档案馆藏。

③ 《关于在春节期间，观察黄浦江水质变化，取样化验工作会议纪要》，档案编号：B256-2-231，上海市档案馆藏。

④ 市人委公用事业办公室：《关于制止黄浦江水质继续恶化，力争早日改善的报告》（1966年3月26日），档案编号：B11-2-134-1，上海市档案馆藏。

⑤ 《关于同意1966年第二批安排工业三废利用与处理工程措施项目的批复》（1966年4月20日），档案编号：B76-4-288，上海市档案馆藏。

⑥ 《关于市批三废利用与处理项目的批转》（1966年5月9日），档案编号：B76-4-288，上海市档案馆藏；《关于市化工局利生化工厂综合利用废气废水回收，扩建车间征用土地的批复》（1966年5月6日），档案编号：B76-4-288，上海市档案馆藏。

论是：全市工业"三废"的处理和综合利用，"做了许多工作，取得了一定的成绩"，但"发展是极不平衡的，问题也不少"。[①]

上海的制革行业采取沉淀和过滤的处理，排除废水中的杂质，以减轻对黄浦江水质影响。江南造纸总厂试制了三滚压榨机和螺旋压榨机，可将纸浆中的黑液榨出40%，每天50余吨。闵行化工厂的石膏废渣，曾安装几十米长的管道，用泵将废渣打入黄浦江，以污染江水的代价来缓和厂内的矛盾，后采用液碱中和磺化物等新的生产工艺成功地解决了问题。泰山制药厂经过长期试验，废水含酚量降低75%，一年可回收苯酚11吨。联合化工厂生产的新农药"稻脚青"，每天有25吨含砒霜80公斤的废水排入河中，即便用500公斤石灰和450公斤硫酸亚铁去处理，排出的废水仍超过国家标准40—50倍，后也通过工艺革新收到了相当的成效。同时，"三废"回收利用工作受到重视，其间受到表扬的是永胜金属冶炼厂，它心甘情愿地"拣垃圾""吃垃圾"，利用土设备、土办法，从各行各业丢弃的，甚至抛进黄浦江的下脚废料中，提取有色金属。市废旧物资公司所属糠酸商店，则将回收的废酸分档列入再利用计划，截至统计时间已供应化肥、化工、金属表面酸洗、造纸、印染坯布漂洗等56家单位。仅1965年，该商店就回收废硫酸折成工业硫酸1.3万吨，相当于全市分配量的6.3%；回收废盐酸折成工业盐酸1万吨，相当于全市分配量的三分之一左右。[②]

但问题也是存在的。如"纺织、仪表局等从上到下，基本上还没有专人负责，更无具体措施，甚至吃掉'三废'工作干部的编制名额，依赖环境卫生局'三废'管理所派去协助的一二个干部应付工作"：有些单位认为"搞了三废影响生产"，且"三废"工作"问题多，困难大，无能为力"；还有些单位产生"难免论""条件论"，"坐等上级解决问题"，如中州制药厂生产氯喹，每年可从废水中回收5吨溴化钠，厂领导却强调"没有回收设备"，"宁可排入下水道"；更有少数领导对本单位的"三废"情况，"心中

① "三废"综合利用工作组：《关于加强工业三废处理和综合利用工作的报告（草稿）》（1966年6月1日），档案编号：A38-2-755-29，上海市档案馆藏。
② "三废"综合利用工作组：《关于加强工业三废处理和综合利用工作的报告（草稿）》（1966年6月1日），档案编号：A38-2-755-29，上海市档案馆藏。

无数，一问三不知"。①甚至在上海市委、市人委为制止黄浦江水质恶化而开大会、定决议、下文件，并于 1966 年 3 月 4 日、4 月 26 日针对相关治理项目两度专项拨款，要求"力争二季度上马"的情况下，整个工作进度仍是"比较慢的"，"不够平衡的"，距离"确保黄浦江水质还相差很远"。如市商业二局认为如果"沙泾港肉类加工厂废水问题是重点的话，……要市里来解决"；皮革工业公司所属的五个皮革厂和华丰第一棉纺厂、上海淀粉厂等因对"如何来搞好污水处理心中也无数"，而迟迟"定不出处理技术方案"；造纸机修厂搞出了提取黑液的螺旋压榨设备，却因订购变速箱等设备手续烦琐，"还是未能配套上马"。针对上述情况，1966 年 5 月，上海市有关"三废"利用项目的一份报告指出：当前黄浦江水的溶解氧已有下降到 0.8 毫克 / 升的记录，且今年干旱，"黄浦江来水将会减少"，急需各单位"努力学习焦裕禄同志除'三害'的精神，……认真对待三废工作"，以解燃眉之急。②

　　1966 年 7 月 11 日，上海市环卫局向三位分管副市长送呈《关于造纸、化纤行业黑液综合利用情况汇报》，主要内容有：因提取严重污染水体黑液的措施和设备，在"技术上还存在一些困难"，故"提取率尚不高"，"每天仅约 400 吨"。1961 年嘉定县长征人民公社综合化工厂利用纸浆黑液生产胡敏酸铵，使江苏靖江县棉花增产 20%—30%，后因故停产。1966 年该厂恢复生产，供太仓县沙溪公社和本公社试用。市农科院则在马桥公社实地试验，经试用后，农民反映效果良好。就此，市农业局在郊区十县农业局局长和积肥办会议上作介绍，现"正在郊区各人民公社推广试用之中"，但"各县供销数量未能落实"，"对作物和土壤有否影响也未完全作出结论"。通过木浆黑液提取木质素，生产玻璃纤维开关板、塑化剂、黏结剂、填充剂等，正在上纤二厂、吴淞水泥厂、上海塑料化工厂、第一煤球厂等试验或试制，但要投入生产，则必须落实"生产单位，增添设备、人员等等"，

　　① "三废"综合利用工作组：《关于加强工业三废处理和综合利用工作的报告（草稿）》（1966年 6 月 1 日），档案编号：A38-2-755-29，上海市档案馆藏。
　　②《一九六六年市拨款三废利用处理工程项目进展情况的汇报》（1966 年 5 月 24 日），档案编号：B76-4-288，上海市档案馆藏。

个别化工原料系短线产品，"是否能保证供应也存在问题"。上海科技大学、市轻工设计院等科研单位，正积极改革工艺，有望"加以综合利用，不使外排水体"。但当前的科研尚"缺乏统一领导和未能取得市科委和生产技术局等有关部门的支持"，故建议各主管、生产和研究单位"加强协作，迅速取得科研成果，投入生产上应用"。[①]

同年 7 月 13 日，市环卫局再次紧急请示：因"今年黄浦江水质发臭还没有得到有效的制止"，且据气象台预测，第三季度将少雨干旱，黄浦江水质的恶化程度可能仍会继续发展，建议各厂切实狠抓各项废水处理措施，迅速上马；轻工、纺织、化工、二商局等所属影响源水水质的重点工厂，应提前安排在 7、8 月进行停产检修；年度生产任务不足的，则安排在 7、8 月停产，以利于黄浦江水质的改善。[②]

1966 年为"三五"计划的第一年。有关职能部门已清醒地认识到，在"工业生产将有更大的增长"前提下，"工业三废亦必将有新的情况和新的矛盾"，所以集中力量"以坚决制止黄浦江水质恶化为中心"，有重点有计划地针对八大工业局，开展以"项目内容"并资助拨款为目标的管理。其中要求最严、力度为大的是因排放黑液、有机物废水，严重危害黄浦江水体的轻工、纺织、化工、机电等局。然而，工业的快速发展带来工业"三废"的"数量与种类也随之相应的增长"，"废水与水源之间的矛盾更为尖锐起来"。为防止地面沉降而压缩地下水使用后，黄浦江成为上海市的唯一水源。且据调查确证"未经处理而排放工业废水"（指有机物废水、含大量金属离子和有毒物质的废水等），是导致黄浦江水质恶化的"重要污染水源"。职能部门的报告甚至发出紧急警示：环境治理工作的经济意义和政治意义重大，若不能"认真严肃对待这一问题"，"将要犯历史性的错误"。因此，必须做好的工作是：节约用水，坚决降低工业废水 50% 的总耗氧量，特别是造纸、印染、食品和毛麻皮革行业的废水，必须提取和回收；疏浚

---

① 上海市环境卫生局：《关于造纸、化纤行业黑液综合利用情况汇报》（1966 年 7 月 11 日），档案编号：B76-4-288，上海市档案馆藏。

②《为改善黄浦江水质，请将影响水质的重点工厂的停产、检修提前在七、八月间进行的请示报告》（1966 年 7 月 13 日），档案编号：B76-4-288，上海市档案馆藏。

内港，清除淤泥；加强生活污水及粪便的处理；回收工业"三废"中的有用物资，以有色、贵重金属为重点，变废为宝等。①

1968 年，黄浦江水质继续恶化。据上海市自来水公司紧急报告，是年6 月中旬以来，黄浦江水质恶化情况"急趋直下，日益严重"。自上游关港至下游东沟，长达约 30 公里的河段，一片漆黑、臭气冲天，致使黄浦江和日晖港、苏州河、杨浦港连成一片，不能分辨。黑臭范围已波及 5 个水厂，经测定嗅味、色度、游离氨、溶解氧、亚硝酸盐、细菌数等项污染指标严重超标，属"罕见的严重恶化"。②继而，9 月初秋季节早晚已凉爽，在源水水质良好，下游吴淞口和上游太湖瓜泾口水位均"相当高水量"的情况下，杨树浦、南市、长桥和浦东等水厂的河段溶解氧多为零，游离氨都在 1.5毫克 / 升以上，个别高达 4.8 毫克 / 升，水的物理性质"呈淡灰色，嗅带臭味"。各水厂净水药剂的投入比正常时增加 50%—200%。经查，"工业废水和生活污水不断地大量排入"黄浦江市区段，导致此次的水源恶化历年罕见，"性质是严重的，危害很大"。③

1968 年，上海的工业经济有所恢复和提升，其"生产总值直线上升，一月胜过一月"，这直接导致全市的用水量"有了极大增长"，新兴工业"也有较大发展"，每天多达 170 万吨有机废水排入黄浦江，其中"黑液的排放约占总污染量的 60%"。④这年 3 月 23 日，《解放日报》刊登了上海革命化工厂和上海皮革化工厂革命委员会倡议书，声称经过"无产阶级文化大革命锤炼的上海工人阶级"，决心"奋战六个月"，"打一场利用、处理工业废水的'人民战争'"。⑤次年，市革命委员会正式发出了"放手发动群

---

① 《一九六六年全市工业三废管理工作方案》（1966 年 12 月），档案编号：B226-3-321，上海市档案馆藏。

② 《上海市自来水公司革命委员会关于最近黄浦江水质恶化的紧急报告》（1968 年 6 月 22 日），档案编号：B226-3-69，上海市档案馆藏。

③ 《九月上半月黄浦江水质又一次发生恶化的报告》（1968 年 9 月 24 日），档案编号：B226-3-69，上海市档案馆藏。

④ 《上海市自来水公司革命委员会关于最近黄浦江水质恶化的紧急报告》（1968 年 6 月 22 日），档案编号：B226-3-69，上海市档案馆藏。

⑤ 《解放日报》1968 年 3 月 23 日。

众，向黄浦江、苏州河污水宣战"的号召。①据同时期的《文汇报》报道：
全市造纸、印染、化纤、电镀、皮革等 12 个重点行业，"大搞技术革新，
力争把污水消灭在生产过程中"。如印染行业采用不烧毛、不煮炼、不丝光
的"三不"新工艺，大量减少了印染污水；电镀行业创造用氯化铵（或焦
磷酸盐）取代剧毒物质氰化钠进行无毒（或微毒）电镀的新工艺，已在全
市几十家工厂推广。②

正是在这种态势下，上钢二厂利用自然结晶法生产各种类型的硫酸亚
铁，供化肥、制药、试剂、自来水净化剂等使用，"做到了废酸不排放，全
部回收利用"。上海钢管厂原有一只槽子的废酸要放掉，厂内工人想方设法
将这只槽子的排放酸管接到处理工段。上海矽钢片厂"正在积极安装第二套
设备"。异型钢管厂、冷轧带钢厂等酸量少，难以单独处理，"每天都有几
吨废酸要放掉"。上海冷拉型钢厂搞本职以外的大协作，扩大现有设备，负
担上述几个小厂的废酸处理任务，每天处理量有 30 吨左右，生产硫酸亚铁
9 吨左右。上海市钢铁研究所消耗原酸量每月 26 吨，多用于酸洗精密合金，
过去全部排入水体，现在设计了一条从废酸中回收金属的渠道，能从 1 吨
废酸中回收镍 12—19 公斤、钴 0.5 公斤、铬 5 公斤。上钢三厂是用酸大户，
原来每天有 100 吨左右废酸排入黄浦江，市"三废"会议后，该厂很快做出
每天处理 70 吨废酸的方案。上钢五厂六车间每天有 200 多吨酸洗精密合金
的各类废水，准备学习市钢铁研究所的方法回收镍、铬、钴。上钢一厂排出
的废酸浓度约为 18 度，有可能供钢管厂 13 度的酸洗用，"现两个厂正在联
系"，以求两全其美。③

随着治理工作的进一步开展，上海市革委会工交组发现各管理部门存
在"各干各的，力量分散，重复劳动，基层单位也疲于应付"的情况，故
建议将市城建局"三废"管理小组、市废渣利用办公室等合并调整，改组
为市"三废"管理小组，以统筹规划，统一部署。与此同时，重点加强对

---

①《解放日报》1968 年 3 月 23 日。

②《文汇报》1969 年 10 月 22 日。

③ 上海冶金局革委会生产组：《三废工作情况报告》（1969 年 5 月 10 日），档案编号：B112-5-
302-13，上海市档案馆藏。

北新泾地区的"三废"监管，该地区 29 个工厂已定出规划和措施 212 项，一年可回收各种化工原料 2.2 万吨。市革委会工交组准备总结北新泾地区的经验，以"推动高桥、吴泾、桃浦地区战三废、除公害群众运动的开展"。[①]

第三节　20 世纪 70 年代黄浦江水系的污染治理

据《解放日报》报道：至 1971 年，上海的"三废"回收利用已有所成就，仅 1—9 月就从工业废水中回收染料、废酸、烧碱、油脂、肥料等 100 余万吨。[②] 上海化学工业战线兴利除害，一年内实现的综合利用项目达 700 余项。[③] 1972 年是中国环境史上极其重要的年份。是年，联合国召开人类环境会议，中国代表团赴会，表示中国政府正依靠群众，综合利用，"有计划地开始进行预防和消除"工业"三废"。[④] 8 月 23 日，中共上海市委召开"三废"问题座谈会，市革委会工交组随即召开工交各局会议，市纺织局、市手工业局等接续召开各公司会议，市化工局等还召开了"战三废除公害现场交流会"。如此层层传达落实会议的精神，解决实际的问题，全市掀起了一个"战三废"的热潮。市冶金局的上钢五厂抓紧安装处理含酚污水的设备；上钢三厂的含酚废水每小时产生 300 吨，厂方正"打算投资 400 万搞生化处理"。市化工局的吴淞化工厂每天有 40 吨超标 70 倍的含氰废水，正研究"用二氧化碳吹脱法处理"；上海第四试剂厂废水废气问题较多，市化工局等层面已"组织力量重点帮助"。[⑤] 8 月，上海市自来水公司报告，在黄浦江水质检测中发现"含汞量有逐渐增加的趋势"，市委随即组织力量部署

① 市革委会工交组：《关于战三废、除公害工作要点的请示报告》（1971 年 8 月 5 日），档案编号：B246-1-404-28，上海市档案馆藏。

②《解放日报》1971 年 10 月 23 日。

③《解放日报》1971 年 12 月 4 日。

④《解放日报》1972 年 6 月 11 日。

⑤ 上海市城建局革委会三废组：《战三废、除公害简报》（1972 年 9 月 8 日），档案编号：B76-4-673-165，上海市档案馆藏。

对黄浦江水系及全市各水厂进行排查，并于 9 月底再次召开各区、县、局及"三废"重点单位领导参加的大型座谈会，以"检查进度，交流经验"。会议认为解决含汞量增加的问题，可具体采取不用汞、少用汞和减少含汞量生产的办法。如长征造漆厂生产的船底防污漆，每年约用硫柳汞 4.5 吨，现改用氯化亚铜和硫酸亚铜代替；第四试剂厂生产氯化高汞，原先每天产生 25 吨超标 600 倍的废水，经过技术人员集中攻关，"把液相反应改为气相反应，完全消灭了含汞废水"。据至 1972 年底的不完全统计，治理前，全市 20 家用汞重点厂每天排放含汞废水约 1120 吨，"现已处理利用了 390 吨"，"正在安装处理设备争取春节前投入运转的有 650 吨"。[①]

　　然而，此后黄浦江水质并未好转。1974 年黄浦江的黑臭天数高达 47 天，大大突破了 20 世纪 70 年代以来的纪录，仅比 1968 年少 2 天。据上海市自来水公司报告：黄浦江水质自该年"5 月 4 日开始发生严重恶化"；"5 月 18 日，杨树浦水厂江段已开始发臭，水中溶解氧基本消失"；至"5 月 23 日，恶化现象扩大到长桥水厂江段"，江水"呈灰褐色，并有明显臭味"，范围"共计约长 20 公里"，严重地影响了自来水质量。[②]

　　生产增长，相应的"三废"治理措施未跟上，是黄浦江水质恶化的主要原因，甚至一些重点行业还出现了放松管理的"倒退"情况。如造纸行业的纸浆增产 5%，而黑液提取率却从过去的 40% 下降到 20%；[③]皮塑公司 8 家厂的废水处理率由原来的 70% 左右降为 6%。[④]在有害物质方面，发生了含锰量"超过饮用水标准四至八倍"的新问题，以至自来水发黄，饮用时有铁味，洗衣后产生黄斑点。经初步分析，此与全市酸洗废液的回

　　①《1972 年三废治理、综合利用情况汇报》（1972 年 12 月），档案编号：B257-2-663-55，上海市档案馆藏。
　　② 上海市治理"三废"领导小组办公室编：《治理三废内部情况》第 7 期，1974 年 5 月 25 日，档案编号：B246-2-1126，上海市档案馆藏；《治理三废内部情况》第 10 期，1974 年 6 月 8 日，档案编号：B246-2-1126，上海市档案馆藏。
　　③ 上海市治理"三废"领导小组办公室编：《治理三废内部情况》第 7 期，1974 年 5 月 25 日，档案编号：B246-2-1126，上海市档案馆藏。
　　④ 上海市治理"三废"领导小组办公室编：《治理三废内部情况》第 10 期，1974 年 6 月 8 日，档案编号：B246-2-1126，上海市档案馆藏。

潮现象有明显关系，如冶金系统有酸洗废液 12 万吨以上，处理设备的设计能力为 11 万吨，由于硫酸亚铁一度过剩，很多工厂便停用设备，至统计时仅处理 2 万吨左右。[①]在生活排泄方面，上海港自 1956 年就开始有水上清洁工清除船舶粪便，1965 年日均收倒粪便 26 吨。"文化大革命"期间的 70 年代，日均收倒量大幅度下降，1971 年 8 吨，1973 年 9.1 吨，均不到产生量的 5%，其余则直接下河。再据 1974 年的统计，上海每天在港船员、旅客 24.6 万余人，产生生活污水约 2400 立方米、粪便污水 1200 余吨，全部排放在港区水域里。肥料公司 2023 艘运输大粪船只，每只洗舱水以 200 公斤计，每天就有 400 余吨含粪洗舱水倾注江中。[②]因此，该年上海仍有 300 万吨废水，除已处理的 5% 和 2 条管理不善的污水管带走一部分外，还有 100 多万吨直接排入苏州河和黄浦江。[③]

到 1975 年，上海仍有 260 个很具危害的"污染大户"，每天排出 110 余吨废水，占全市废水总量的一半以上。尽管当年夏季的上游来水比往年丰足，黄浦江水质"仍恶化了 28 天之久"。[④]再据 1976 年针对全市"污染大户"的调查，能积极采取措施的约占 25%，更多的企业认为"三废难治"，"污染难免"，"治理工作难排上队"等，甚至废置设备，"听任三废污染环境"。如食品工业公司的上海酵母厂，每天有 200—300 吨酵母废水，味精厂的大部分菌体废水都在直接排放；偌大的上海化工局只有一人管"三废"，"整天忙于处理人民来信和解决工厂和居民的矛盾"，完全无暇治理工作。[⑤]

---

　　①《上海市革委会工业交通组办公室二组关于黄浦江水质恶化情况的报告》（1974 年 6 月 19 日），档案编号：B246-2-1126，上海市档案馆藏。

　　②《上海环境保护志》编纂委员会编：《上海环境保护志》，上海社会科学院出版社 1998 年版，第 187 页。

　　③ 上海市革委会办公室二组编：《简报》第 249 期，1974 年 10 月 25 日，档案编号：B123-8-1142-11，上海市档案馆藏。

　　④ 上海市治理"三废"领导小组办公室：《关于加强重点工厂"三废"治理工作的报告》（1975 年 12 月 8 日），档案编号：A1-4-992-14，上海市档案馆藏；《一九七五年黄浦江水质卫生状况调查小结》（1976 年 3 月 1 日），档案编号：B242-3-827，上海市档案馆藏。

　　⑤《关于市治理"三废"工作会议后一个月来的进展情况报告》（1976 年 7 月 3 日），档案编号：B246-3-140-161，上海市档案馆藏。

　　这一时期更加令人不安的问题是，因黄浦江与近郊、远郊的大小河流连绵相通，据报告，郊区（社队企业）的"三废"排放，开始"合围性"地侵扰黄浦江水系。这源于一段时间以来市区工厂有毒、有害的产品，成批地往郊区转移下放。1974年元月，中共上海市委、市革委会向全市下发了《关于郊区工业"三废"危害情况和改进意见的报告》。据上海、嘉定、宝山、川沙、南汇、青浦、松江、金山等8县的统计，产生"三废"危害的工厂有1211个，约占8县工厂总数的20%。这些厂排出的"三废"中含有氰、氢、氟、苯、铅、酚、钍（有放射性）等10余种有害物质。每年排出的有害废水约500万吨。例如，上海县杜行化工厂排入黄浦江的废水中，铬和硫酸氯钠的含量高达1000毫克/升，超过国家规定标准2000倍；青浦县城厢镇电镀厂使用山萘（氰化钠）等剧毒化工原料，因缺乏劳动保护，废气呛人，最高病假率达40%。该厂每年排入河中的有害废水约有6万吨，以致河水中氰化物含量达1毫克/升，超过国家规定标准19倍。《报告》指出，这些市属单位在向郊区社队安排加工任务时，"既不讲清情况，又不帮助加工单位做好有害'三废'的防护和处理工作，使'三废'从市区扩散到郊区"。如上海石粉厂曾将清洗、修补、回收包装麻袋的工作，交给长宁区周家桥街道生产组。因多人得矽肺病，街道生产组提出改善生产条件。有关公司认为与其搞机械化装置，不如把"洗麻袋的任务交给青浦县凤溪公社水产大队加工"。[1]市医药工业公司共有46家生产单位，25家涉及"三废"。相关领导为"加速'三废'处理，改善城市环境卫生"，考虑"把'三废'严重的产品逐步调给郊区进行生产"。[2]

　　据1975年嘉定县革命委员会生产计划组的汇报：该县县、社、队三级工业企业共有744家，其中县办56家、镇办13家、社办115家、队办560家，产生"三废"的有150家，占企业单位总数的20%左右，多为利

---

　　[1]　中共上海市委办公室、上海市革委会办公室：《关于郊区工业"三废"危害情况和改进意见的报告》（1974年1月29日），档案编号：B123-8-1142-16，上海市档案馆藏。

　　[2]　上海市革委会办公室二组编：《简报》第249期，1974年10月25日，档案编号：B123-8-1142-11，上海市档案馆藏。

用市属工厂提供的下脚。其中产生废水的单位有 100 多家，废水总排量为 2200 吨 / 天，这些以汞、氰、铬酸、三酸、二碱为主的废水，都直接排入河道或土井。如徐行公社化工厂以原始工艺为染化七厂回收氧化镉，非但没有防毒措施，还把含氧化镉的污泥堆放在河边污染水源；望新公社化工厂承接上海医药公司三磷酸腺苷（ATP）生产，每天有 100 多公斤含汞废水倒入泥坑（内含汞约 910 克）；外冈农具拉丝厂酸洗车间直接向河道排放酸洗废水，导致该厂周围纵横三里的河面受到严重污染；娄塘公社电镀厂含铬和含氰废水严重超标，"河面被染成淡黄色"，导致附近自来水厂被迫停止供水。[①]

据 1975 年宝山县治理"三废"调查小组的报告，该县的县、社（镇）、队办企业共计 353 家，主要是化工、电镀、喷漆、抛光、烧结、冶炼、翻砂、放射、建材、胶木粉等项目，因大部分原料利用化工、制药下脚，故有害有毒的企业 256 家，占 72.5%。如大场公社化肥厂从第二制药厂下脚中提炼甲醇，废水直接排入河内；五角场公社化肥厂大量使用炼油厂下脚油做燃料，硝水直接排入河浜；彭浦龙潭大队为化轻、染料、食品等单位加工油桶，产生的有毒废水直接排入河浜。全县有 22 家电镀厂，多为队办企业。经采样检验，月浦沈行电镀废水含总铬 48 毫克 / 升，罗泾川沙电镀废水含总铬 70 毫克 / 升（最高排放城市下水道标准铬为 0.5 毫克 / 升），已"影响社员饮用水和养鱼业生产"。县冶炼厂选址不当，上马半年即发生因污水排入河浜导致附近生产队鸡、猪等死亡的情况。经采样，河内含锰 1200 毫克 / 升（标准 10 毫克 / 升）、硫化物 4.2 毫克 / 升（标准不允许）、砷 1.2 毫克 / 升（标准 0.05 毫克 / 升）、氰化物 0.7 毫克 / 升（标准 0.1 毫克 / 升），河水 pH 值达 11.4（标准 6—9），相关数据均大超标准。面对上述情况，该厂私自决定排暗管把污水引入走马塘，再流入蕰藻浜，以污染主干

---

① 嘉定县革命委员会生产计划组：《关于县、社、队工业"三废"检查情况的汇报》（1975 年 6 月 17 日），档案编号：B127-4-168-19，上海市档案馆藏。

河流来遮掩责任。该县加工业废水如此无忌惮、无节制地排放，后果极其严重。淞南公社 7 个大队的 13 条小河全部被污染，其中一条俗称黑桥江，被吴淞煤气厂的污水染成名副其实的"黑"桥江了。污染不仅"使农作物萎缩减产，水生物无法生长"，更使一些社员身染重病甚至死亡。据统计，1974 年淞南公社患癌症死亡 18 例，吴淞公社死亡 38 例，卫生部门经调查后认为"这与环境污染有很大关系"。①

与此同时，部分地处郊区的市属企业也劣迹斑斑，或因远离监管，或因靠近水流，随意向农民的家园排放"三废"，甚至引发了数起城镇居民和农民的冲突事件。吴淞及江湾地区的农民纷纷写信，指控试剂四厂、吴淞化工厂、汽车底盘厂、第二铜带厂等的"三废"毒化水源，污染空气，使农作物减产，鱼苗死亡，甚至自己和家人的"健康受到威胁"，并向有关部门发出"救救我们！"的声音。彭浦人民公社的社员也反映邻近工业区的废水污染了河流，导致"十四个生产大队的作物减产"。②上海毛巾十五厂漂染车间每天约有 3000 吨有色废水排入河内，嘉定县南门的农民深受其害，在多次向有关部门反映没有结果的情况下，准备"堵塞排水管"。③桃浦工业区有 30 多家工厂，前些年大搞"综合利用"，曾取得较好成绩。"近一二年来，随着工业生产的迅速发展，三废治理却没有相应跟上"。虽是冬天，"界河已经发黑，鱼虾不见"，李子园、祁连、春光等生产大队 1000 余亩农作物受到危害。染化八厂排出大量的有色废水一直扩散到真如港和走马塘，夏季多次发生污水外溢，附近河水都成了酱色，迫使李子园、祁连大队"筑坝堵水"，弄得"污水倒灌进厂"，"引起工农之间关系紧张"。④嘉定县南翔镇是全国卫生样板，其特产小笼包子驰名天下。1974 年春天，因市化工局的农药厂、染化厂、制药厂等将大量有色、有机、有毒污水排入南翔镇

① 宝山县治理"三废小组"调查小组：《宝山县关于"三废"情况调查汇报》（1975 年 5 月）。
② 上海市治理"三废"领导小组办公室：《关于加强重点工厂"三废"治理工作的报告》（1975 年 12 月 8 日），档案编号：A1-4-992-14，上海市档案馆藏。
③ 上海市治理"三废"领导小组办公室编：《治理三废内部情况》第 7 期，1974 年 5 月 25 日，档案编号：B246-2-1126，上海市档案馆藏。
④ 上海市治理"三废"领导小组办公室编：《治理三废内部情况》第 38 期，1975 年 12 月 17 日，档案编号：B246-2-1126，上海市档案馆藏。

水体，直接影响了该镇居民饮水和饮食行业。为此，南翔镇居民堵塞染化十四厂污水管。[①]厂方只得加速上马污水处理设备，甚至暂时停产部分项目。但"河道污染年深日久，残渣沉积，天气又转暖了"，很难保证南翔镇居民和饮食行业的用水安全（南翔镇的实际用水为 300 立方米 / 小时，高峰时在 400 立方米 / 小时以上）。在市化工局的紧急建议下，市委指示市革委会工交组研究决定"立即开凿深井二口，以解决急需的生活用水问题"。[②]地处青浦金泽镇的上海搪瓷六厂五车间，每天有近 3000 吨含酸、铬废水不经处理排入河中（含铬量超过排放标准 2000 倍），"河水已变成黄绿色"。当地居民先是派代表交涉，后"二百多人拿了工具堵了工厂污水管出口"，说要让厂方"尝尝河水的味道"。面对这一紧张局面，市轻工业局和器皿公司迅速解决了居民的吃水问题，厂群矛盾得到暂时缓和。[③]

1975 年 5 月，国务院环境保护领导小组下达《关于环境保护十年规划意见》，指定上海、北京等重点城市"在 3—5 年内成为清洁城市"，首要的标准就是"工业和生活污水得到净化处理，按国家规定的标准排放"。上海市"三废"治理领导小组层层下达指示，要求各重点工厂"依靠群众在摸清每个车间、每道工序三废情况的基础上，订出三年治理规划"，"逐步还清'旧欠'"，"今后在增产时，都必须采取相应的'三废'治理措施"。[④]

1974—1976 年黄浦江黑臭回潮，固然与这一时期工业生产的规模有所扩大相关，但根由还在于生产任务与环境治理的比配不能平衡。市治理"三废"工作会议一个月后，相关部门对全市 260 个重点工厂的调研结果显示，采取积极措施的约占 25%，更多的企业是听之任之、得过且过。如上钢五厂每年随废水排出硫酸 3600 余吨，1973 年，市里拨款 48 万元，设计

---

① 上海市治理"三废"领导小组办公室编：《治理三废内部情况》第 7 期，1974 年 5 月 25 日，档案编号：B246-2-1126，上海市档案馆藏。

② 上海市化学工业局革命委员会：《关于嘉定县南翔镇居民饮水的紧急报告》（1974 年 4 月 11 日），档案编号：B246-2-1126-5，上海市档案馆藏。

③ 上海市治理"三废"领导小组办公室编：《治理三废内部情况》第 7 期，1974 年 5 月 25 日，档案编号：B246-2-1126，上海市档案馆藏。

④ 上海市治理"三废"领导小组办公室：《关于加强重点工厂"三废"治理工作的报告》（1975 年 12 月 8 日），档案编号：A1-4-992-14，上海市档案馆藏。

一套回收设备，结果"设计搞了一年，施工搞了一年，调试搞了一年，至今未能正式运转"。①据市城建局反映，闸北区和田地段上海香料厂与染化一、三厂等排放工业污水的成分非常复杂，"有酸碱废液、芳香烃、油类、易燃易爆物质"，不仅"泵站机件被严重腐蚀"，甚至"附近下水道起火爆炸，把阴沟盖掀起丈把高"。②来自市区的转移性污染散布在整个郊区，因追求利润而毫无顾忌地排放，合围着黄浦江水系。如南汇县三灶公社农药化工厂，成功从山萘废渣中提炼氯化钡、硝酸钾等化工原料后，"先后接受了市区 270 多家工厂送来的 500 余吨山萘渣"，"大量堆放在露天……遇到下雨山萘渣液流入河内"。③

据 1976 年 3 月 25 日《解放日报》报道：上海吴淞化工厂有本市唯一生产剧毒化工原料——氰化物的车间。1973 年 4 月，该厂发生误将 4 吨浓度达 30% 的氰化钠溶液倒入下水道的事故，紧急报告后市里调动了大量人力物力进行清理。此后，市化工局批准该厂征地 0.98 亩、使用资金 15 万余元，筹建一套污水处理工程，但"这一工程拖了几年仍没有动工，大量的含氰废水依然放任自流"。1976 年 1 月 13—14 日，市卫生防疫站连续两天测试，该厂排出的含氰废水浓度达 440—400 毫克/升（本市规定含氰废水排放的最高容许浓度为 0.5 毫克/升），超过规定标准 800 余倍。而该厂每日有这样的废水 480 吨左右，未经有效处理直接排放到蕴藻浜，不断地流入黄浦江，严重威胁着全市人民的身体健康。工业生产的发展，导致"氰化物的产量越来越大，品种越来越多，废水量也相应增大"，而"该厂党委对含氰废水的处理一贯不重视"，使"氰污染的问题亦越来越重"。④

① 《关于市治理"三废"工作会议后一个月来的进展情况报告》（1976 年 7 月 3 日），档案编号：B246-3-140-161，上海市档案馆藏。

② 上海市治理"三废"领导小组办公室：《治理三废内部情况》第 17 期，1974 年 7 月 8 日，档案编号：B246-2-1126，上海市档案馆藏。

③ 中共上海市委办公室、上海市革委会办公室：《关于郊区工业"三废"危害情况和改进意见的报告》（1974 年 1 月 29 日），档案编号：B123-8-1142-16，上海市档案馆藏。

④ 《黄浦江氰污染严重，吴淞化工厂处理含氰污水工程急需有关部门支援》，《解放日报》1976 年 3 月 25 日。

　　综上，黄浦江水系污染的爆发，大致经历了三个阶段：第一阶段即1963—1968年，从黄浦江出现黑臭到发生连片的黑臭；第二阶段即1969—1973年，因抓了治理工作，恰逢利好的自然水情，黑臭有所减退；第三阶段即1974—1976年，由于工业的发展，责任单位或放松管理，或转移污染，导致黄浦江黑臭回潮。黄浦江水系污染治理仍任重而道远。

第六章　上海城市园林绿化建设

　　1949 年以后，园林绿化改变了长期以来分散管理的情况，统一由上海市政府列入市政建设。从 1953 年开始，市政府在每年的城市建设投资中都为园林绿化留有一定比例。1953—1957 年，全市的公共绿地面积从 88 万平方米增至 207 万平方米。更大的改变发生在"大跃进"时期。1956 年、1959 年，毛泽东先后发出"绿化祖国""实行大地园林化"的号召，声势浩大的群众绿化运动随之开展起来。但 1960 年以后，情况急剧变化。不少园林用地被归还为农田，城市建设投资被大幅削减，园林绿化建设随之迅速降温。"文化大革命"期间，上海的园林建设几乎陷入停顿。

第一节　园林绿化建设的恢复

　　1949 年时，上海市区有公园 14 个，总面积 65.88 万平方米；街道绿地 10 处；行道树 1.85 万株；市区人均公共绿地面积 0.13 平方米。[①] 全市园林绿地的特点是类型不全、分布不均，绿地大多集中在沪西高等住宅区一带，劳动人民聚居地区少有公园。1937 年"八一三"淞沪抗战爆发后，华界大部分公园被毁，幸存者亦面目皆非。1949 年 5 月，上海市军管会财经接管委员会工务处接管了国民党上海市政府工务局，8 月成立了上海市人

---

①《上海园林志》编纂委员会编：《上海园林志》，上海社会科学院出版社 2000 年版，第 4 页。

民政府工务局园场管理处（1956 年设直属于上海市人民委员会的上海市园林管理处）。上海市人民政府确定了"为生产服务，为劳动人民服务，首先是为工人阶级服务"的城市建设方针，把园林绿化列为城市建设的任务之一。1950 年以后，园林部门在修复破损公园的同时，将部分城市空地、荒地、墓地、垃圾堆场和某些庭园辟建为公园。在国家财力有限的情况下，园林部门按照"先求其有，后求其精"的建园方针，在其后的三年中，新建公园 9 个，重建、扩建公园 2 个，新增园林专业苗圃面积 16.99 万平方米，其中影响最大的是人民公园。

人民公园位于上海市中心最繁华的地段，北临南京西路，南连人民广场，西邻黄陂北路，东沿西藏中路。1950 年 9 月 7 日，市长陈毅宣布市人民政府决定将跑马厅北部改建为公园，并题写了"人民公园"园名。1952 年 1 月 20 日，市工务局下达建设人民公园工程计划任务书，公园规划面积 18.85 万平方米，建设总投资 26 万元。园区按照经济、美观、实用的原则，采取自然风景园的建设形式，特点是山环水绕、高低掩映。为求节约，建筑多采用竹木结构，造型为传统的形式。园内保留了原跑马厅的一些遗迹，如游泳池、看台、球场以及一根高 38 米、底部直径 50 厘米的旗杆等。建园工程于 1952 年 6 月 3 日开工，当年 9 月 25 日全部完工，共计出工 4.92 万人次，包括挖掘深 3—5 米、宽 12 米的河道 1200 米，平整土地 4500 平方米，铺设道路 2.56 万平方米，架桥 5 座，铺植草皮 7.37 万平方米，种植树木 1.34 万株。建园所用的 248 吨假山石，多为市民捐献；机关、团体和个人向公园捐赠的名贵树木超过 2000 株。[①]

1952 年 10 月 1 日，公园免费对外开放，后因游客过于拥挤而改为团体游览。据报道，10 月 26 日重新恢复对所有游人开放后，当天游客量即突破 40 万人次，此后直至 1953 年秋季，客流量始终居高不下。1954 年，人民公园进行了整修和改建。为了改善园内尘土飞扬的情况，公园河道内圈总面积达 1 万多平方米的煤屑道路全部改为红色石块路。在原来的水榭

[①]《上海园林志》编纂委员会编：《上海园林志》，上海社会科学院出版社 2000 年版，第 110—111 页。

人民公园鸟瞰
资料来源：《建筑
十年》1959 年 12 月，
上海图书馆提供。

旁边，新建了一座民族风格的竹结构观鱼廊。人民广场检阅台后面的大草坪划出一部分，修造了一块光滑的、鲜红色的大地坪，供市民进行舞蹈等集体活动。地坪旁的小河边装置了 7 股喷泉。园内各处新铺了 1.6 万多平方米的草皮，加种了 3000 余棵树木。全部凉亭和儿童游戏设备也均油漆一新。[①]1955 年元旦起，人民公园改为售票入园。

1953 年开始，上海市政府在人口稠密、土地和资金紧缺的情况下，仍将园林绿化纳入城市基本建设计划，勤俭办园林。1953—1957 年，全市共辟建公园 15 个，其中有浦东、西郊等大型公园；新建街道绿地 27 处；把肇嘉浜改造成林荫大道，整修、扩建了外滩绿地，辟建了曹杨新村住宅区绿地，初步改变了园林绿地集中在少数高等住宅区的状况，改善了城市环境。

上海国有园林专业苗圃面积一直较少，1952 年仅及私有苗圃总面积的三分之一。为了改变这种状况，1953 年上海在苏州辟建面积 41.7 万平方米的吴县苗圃，次年又辟建 70.63 万平方米的龙华苗圃（今上海植物园）和 68.73 万平方米的新泾苗圃。这两个苗圃在栽种管理方面都吸收了苏联的先进经验。龙华苗圃培植了 102 万株珍贵树木和各种名花异草，像璎珞柏、黑松、龙柏，以及紫丁香、康乃馨、菖兰、蔷薇、晚香玉、大丽花、牡丹、茉莉等。为了保护和培植花草，龙华苗圃还修造了土温室和新式水汀温室，前者可在冬天保持 4—10℃的温度，后者专门作为培育热带植物之用。这样上海市民四季都可观赏到各种美丽的花草树木。新泾苗圃培植栽种的行道树苗和观赏树苗多达 110 万株，有枫杨、法国梧桐、白杨、板栗、银杏、香椿、喜树、乌桕、金钱松、水杉、石榴、丝绵木等 100 多个品种。市工务局园场管理处的干部为了采集种子，跑了很多地方。水杉、落羽松是从武昌珞珈山移植来的，板栗、乌桕是从浙江天台山运到上海的。他们还从宁波运来了金钱松，从杭州运来了柳松，从苏州运来了碧桃。[②]

1956—1957 年，上海市园林管理处利用黄浦江边的吹泥滩地辟建 169.33 万平方米的共青苗圃（今共青森林公园）。1956 年，全市 87 个园艺农场实

---

① 《文汇报》1954 年 10 月 18 日。
② 《文汇报》1954 年 6 月 23 日。

改造中的肇嘉浜

　　资料来源：中共上海市委党史研究室编，黄金平、张励主编：《上海相册：70 年 70 个瞬间》，上海人民出版社 2019 年版，第 48 页。

改造后的肇嘉浜（上海图书馆提供）

行公私合营或合作经营，575 户花农分别参加农业生产合作社或花木生产合作社，花店、鸟店、金鱼热带鱼店以及花鸟鱼虫摊贩分别实行公私合营或合作经营。从此，园林花木以及观赏动物的生产、供应、销售都纳入国家计划的轨道，具有雄厚实力的国有园林专业苗圃在园林花木业中占据主导地位。[①]

上海最早的街道绿地始于 1879 年公共租界工部局在外滩（今延安东路至苏州路段）铺设的草坪。上海地方政府直辖的城区很长时间无街道绿地，直到 1930 年在江湾一带建设的新市区内辟建了几处街道绿地。以后，又新建了魏德迈路（今邯郸路）、中山公园前门、林森中路（今淮海中路）、东湖路等十几处绿地。到 1949 年，全市街道绿地尚存 10 处，总面积 3700 平方米。1953—1957 年，结合城市建设和改造发展街道绿地 14.3 万平方米。其中较大的几处是结合黄浦江外滩码头改造开辟的上海第一条外滩滨江绿带，以及结合肇嘉浜臭水浜的治理辟建的长达 3 公里的绿地，总面积 5.4 万平方米，是市区第一条林荫大道。[②]

上海行道树始栽于 1865 年，公共租界工部局购买树苗于扬子路（今中山东一路）沿江边种植。上海地方政府辖区行道树始栽于 1908 年。由于人为损坏行道树的情况时有发生，再加上 1937 年以后战争的破坏，市政尽管不断新植树木，也远未能补偿已死亡或损坏的树木。1949 年上海解放，此后随着市区道路建设的加快，行道树数量也迅速增加。1957 年市区行道树达到 11.61 万株。行道树种曾有过几次较大的变化。20 世纪 50 年代中期，有人认为悬铃木系外国树种，提出要以中国树种来代替。于是，许多道路上新种植了白杨、箭杆杨，有的区白杨行道树占到总数的 76.4%。由于白杨树的养护花工多，费用高，且绿化效果差，70 年代初逐渐被淘汰，改以生长快、寿命长、耐修剪、树冠大、移植成活率高的悬铃木。以后，全市行道树基本以悬铃木为主，香樟为辅。[③]

---

① 《上海园林志》编纂委员会编：《上海园林志》，上海社会科学院出版社 2000 年版，第 4—5 页。

② 《上海园林志》编纂委员会编：《上海园林志》，上海社会科学院出版社 2000 年版，第 391—392 页。

③ 《上海园林志》编纂委员会编：《上海园林志》，上海社会科学院出版社 2000 年版，第 387—388 页。

第二节　绿化"大跃进"的热潮

1957 年 10 月，中共中央下发《一九五六年到一九六七年全国农业发展纲要（修正草案）》，在对农业合作化和农林水利发展作出 12 年规划的同时，还规定了绿化、卫生等内容，提出"四旁"绿化，即在宅旁、村旁、路旁、水旁种植绿树。两个月后，上海市 1958 年的绿化规划出台了，除在市区种植以改善环境卫生为主的观赏树种和经济树种 200 万株以外，拟在郊区种植以果树为主的经济树种 400 万株，做到"家家种树、户户栽花、人人养护、棵棵成活"；继而在五年内辟建果园 20 万亩，其中示范果园 4100 亩、试验场 500 亩、公共绿地 6447 亩、风景区 6500 亩、防护林 2000 亩以上，以及分散各地区的"四旁"绿化，计划投资额 2210 万元。①

这项绿化规划是前所未有的，在 1949—1957 年的八年间，上海全市的植树总量不足 200 万株。尽管如此，随着各行各业陆续掀起"大跃进"浪潮，园林部门的绿化指标也不断被刷新。1958 年 2 月 25 日全国城市绿化会议召开前，上海市该年的植树指标已被提高至 1400 万株。会上，上海市作为先进城市向与会的各省市代表分享绿化经验，并接受天津市的"挑战"，当即表示将植树指标提升至 1550 万株。②在接下来的几个月里，上海市不断修订植树指标，最后高达 1 亿株。这个指标虽然最终没有实现，但据不完全统计，1958 年上海全市的植树总量超过了 8000 万株，育苗 7000万余株，同时建成的公园、广场、苗圃等公共绿地规模也是史无前例的，一年内建成了原需两三年才能完成的公园 5 个。③

1959 年，是中华人民共和国成立 10 周年，上海市决定在该年集中改变全市几个地区的绿化面貌，如辟建烈士纪念公园和佘山植物园，扩建西

---

①《上海市一九五八年绿化规划（草案）》（1958 年 1 月 21 日），档案编号：B326-4-81，上海市档案馆藏；《上海市 1958 年—1962 年绿化规划草案》（1958 年 5 月 5 日），档案编号：B326-4-81，上海市档案馆藏；《人民日报》1958 年 1 月 18 日。

②《人民日报》1958 年 3 月 1 日。

③《上海市委公用事业办公室关于绿化工作的报告》（1959 年 3 月 2 日），档案编号：A60-1-16，上海市档案馆藏。

郊公园，绿化几条主要干道和革命纪念馆，要求全市植树总量"不低于去年并争取超过"。1959年刚过去4个月，全市的植树数量就已经逼平上一年度的总和，并向着1.5亿株甚或2亿株的目标前进。[①]1960年，在市委"大种乔木，大育乔木，重点绿化，提高绿化质量"的方针指导下，上海共种植乔木1022万株，育苗3252万株。[②]

1958—1960年，上海市园林绿化实际总投资额在1100万元左右，种植的大小树木数以亿计，市区平均每人公共绿地面积增加数相当于此前8年的总和。全市22个区县中，有18个有了公园，20个开辟了苗圃，11个建设了果园。三年来全市林场、苗圃、桑园、果园、竹园等园林生产基地已达10万亩左右。其中国营林场6处，面积1万余亩，是从1959年冬开始建设的；果园也发展迅速，大小果园达200余处，最大的南汇泥城果园面积在1万亩以上；桑园、竹园估计在3.3万亩左右。全市培育各种树苗不少于2亿株。三年中还开始了沿海和山头的造林绿化。[③]

如此高强度的绿化工程，仅仅依靠专业的园林和绿化工人是不可能实现的，在绿化战线上发动群众运动是"跃进"指标得以实现的保障。1958年下半年体制调整，各区陆续成立绿化办公室，拥有独立的人事权、财务权和业务权；1959年大多数区成立建设局，局下设立园林管理科，对外仍挂绿化办公室的牌子，既管行政又管业务。[④]这轮权力下放带动了以区为单位的绿化"大跃进"，各区之间还形成了力争上游、不甘人后的竞赛氛围。[⑤]长宁区组织了法华浜一带的里弄居民，在半个月内种植了5.7万余株树木，建成了一条

①《上海市委公用事业办公室关于一九五九年上海园林绿化工作计划的报告》（1959年3月7日），档案编号：A60-1-16，上海市档案馆藏；《上海市委公用事业办公室关于春季绿化运动情况简报》（1959年4月28日），档案编号：A60-1-16，上海市档案馆藏。

②《上海市园林管理处关于今冬明春市区绿化工作的意见》（1960年12月15日），档案编号：A54-2-1220，上海市档案馆藏。

③《上海市园林绿化生产建设三年总结资料》（1961年），档案编号：A54-2-1300，上海市档案馆藏。

④《上海市园林管理处关于园林绿化组织体制调整的意见》（1963年11月13日），档案编号：B11-2-29，上海市档案馆藏。

⑤《上海市园林绿化工作会议简报（第二号）》（1959年12月18日），档案编号：B326-4-127，上海市档案馆藏。

长达 2150 米的绿化带。虹口区动员了辖内居民 1 万多人次，在部队和其他单位的支援下，仅用 10 多天的时间就整治了大面积的积水低洼地和垃圾堆，种上了 8000 余株绿树。[①] 缺少泥土的几个区还组织居民到郊区搬运土壤，干不了重活的青少年组成了"绿化近卫军"，负责宣传绿化、养护树木。[②]

大规模的人力投入保证了"跃进"指标的突击完成，但种植树木的成活率并未因此得到保证。由于盲目追求栽植数量，树苗供不应求，小苗木也作为行道树种植。[③] 过去一般认为不能扦插、不能播种、不能嫁接的树种，"跃进"过程中也都大面积种植。特别是春季突击种植之后，随着气温逐渐升高，树木发芽滋长，病虫害与野草也随之而来，但浇水、施肥、剥芽、松土、除虫、除草等养护工作没有跟上，树种下后无人管理。在绿化工作总结中，园林部门也仅以"打两个对折"来估计成活的数量，出现了"种树不见树"的现象。一些单位为了迎合绿化"大跃进"大规模植树，但之后很快又拔除。位于番禺路 309 弄的协成制钉厂职工宿舍，因空间有限挖掉了刚扦插的白杨 100 余株，女贞、梧桐 10 余株，改建成球场。上海无线电厂因扩建需要取土，把厂后 14 号浜上群众自建的小花园整个挖掉，14 号浜的群众绿化带在 1958 年的绿化"大跃进"中曾是远近闻名的典范。杨浦区的小黄家宅被上海电线厂、上海机床厂一次性挖掉果树 1.5 万株，杨柳、白杨 2 万株。其他毁坏行道树的情况，更是不胜枚举。[④]1960 年的沿海和荒山造林，据 6 个林场估计，成片林地因涝、草成灾等原因，平均成活率仅为 50%。[⑤]

————————

①《上海市委公用事业办公室关于春季绿化运动情况简报》（1959 年 4 月 28 日），档案编号：A60-1-16，上海市档案馆藏。

②（上海市园林管理处处长）夏雨：《坚持政治挂帅，继续贯彻群众路线，为加速绿化全上海而奋斗》（1958 年 10 月 18 日），档案编号：B326-4-62，上海市档案馆藏。

③《上海园林志》编纂委员会编：《上海园林志》，上海社会科学院出版社 2000 年版，第 388 页。

④《上海市委公用事业办公室关于春季绿化运动情况简报》（1959 年 4 月 28 日），档案编号：A60-1-16，上海市档案馆藏；《上海市委公用事业办公室关于绿化工作的报告》（1959 年 3 月 2 日），档案编号：A60-1-16，上海市档案馆藏。

⑤《上海市园林绿化生产建设三年总结资料》（1961 年），档案编号：A54-2-1300，上海市档案馆藏。

第三节　园林绿化建设的曲折发展

到了 1960 年底，持续近三年的绿化"大跃进"已经出现了瓶颈，各区都有懈怠之势。当年 10 月布置冬季绿化工作之时，园林部门已不再要求植树数量，而是强调园林绿化坚决不与粮菜争地，重点种植有经济价值的果树与木本油料作物。[①]1961 年，国家经济增长指标下调，基本建设投资大量压缩，上海市的投资额比上年减少了 60%。[②]相应地，城市绿化工程和投资也大幅度削减，公共绿化用地自 1960 年以后鲜有增长（见图 6-1）。

"三五"计划以来，"备战、备荒、为人民"成为全国各领域工作的指导方针，绿化工作也不例外。1966 年 2 月下达的《上海市第三个五年计划绿化工作规划（草案）》中明确指出，上海"地处国防前哨，海岸线长，许多直接有关国防的军事设施、部队驻地等还缺乏浓荫的树木来隐蔽掩护"，"以国防为动力，平战结合发动和依靠群众搞好绿化的宣传组织，推动工作做得不够"等，突出强调大搞绿化建设在加强国防备战、掩护部队驻地上的特殊重要性。[③]为此，这一时期以国防阵地和要害部门的绿化为重点，上海栽种的树种 85% 以上都是快长经济用材树，如白榆、刺槐、苦楝、泡桐、水杉等。如虹桥机场的跑道距离汽车频繁来往的公路不到 1000 米，曾有外国间谍拍照盗窃国防机密，相关区园林所、长风公园组织"拥军爱民"活动，军民一起种植了一丈多高的乔木 1.4 万多株；虹口区园林工人在人民防空部门的指导下，将位于区内的煤气站从站内到站外绿化起来；南市区上运十一场的停车场也都种植了树木，为伪装隐蔽防护打好了基础。同时，城建部门在国防上有战略意义的公路两侧，种植了乔木 24 万余株。市郊接合部的闸北区园林所会同彭浦公社在区、县接界处种植白榆、刺槐等 5 万多株；临近的宝山

---

①《上海市园林管理处关于今冬群众绿化情况的汇报》（1960 年 12 月 1 日），档案编号：A54-2-1220，上海市档案馆藏。

②《上海计划志》编纂委员会编：《上海计划志》，上海社会科学院出版社 2001 年版，第 85 页。

③《上海市第三个五年计划绿化工作规划（草案）》（1966 年 2 月 2 日），档案编号：B326-4-330-28，上海市档案馆藏。

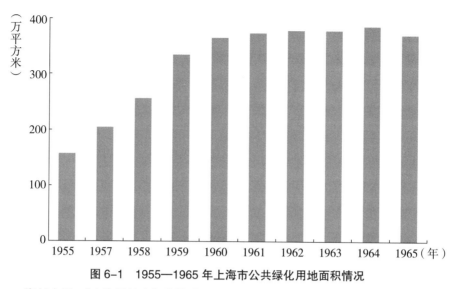

图 6-1　1955—1965 年上海市公共绿化用地面积情况

资料来源：《上海园林志》编纂委员会编：《上海园林志》，上海社会科学院出版社2000 年版，第 384 页。

县江湾公社也在城乡接界地区种植乔木 10 万多株。[①]

　　与此同时，受"文化大革命"的冲击，上海城市园林绿化建设遭到了较大程度的破坏，花卉、盆景、观赏树木、观赏鱼、鸟等都被视为剥削阶级的玩物；园林部门被认为是为"封、资、修"服务，大多数领导干部受到冲击，园林科研、设计机构被解散，专业学校被停办，技术人员被下放劳动，管理规章被否定，大量公共绿地被占、被毁。

　　1967 年 1 月 23 日出版的《文汇报》刊载了名为"阶级斗争白热化，哪有闲情逛公园？"的文章，上海和外地驻沪的十个"造反"组织发出"紧急通告——告上海市人民书"，决定自"通告"发布之日起暂时封闭上海市全部公园。"通告"斥责所谓当权派"用经济主义进行大反扑，挑动下放工人、农民离开岗位到上海市区来，不抓革命、不促生产，用大量的金钱收买人心，把群众引向游览、娱乐场所，企图转移运动的大方向，消磨革命人民的斗志"；认为"有些糊涂虫正是中了敌人的奸计，他们对激烈的阶级

　　① 上海市园林管理处革命委员会：《1967 年冬至 1968 年春绿化工作总结》（1968 年 5 月 16 日），档案编号：B326-2-5-21，上海市档案馆藏。

斗争听而不闻，视而不见，麻木不仁，整天悠闲自在地排队逛公园，游山玩水……把整天的时间泡在公园里。这样在上海市委控制下的一些公园就成了这些人的'避风港''世外桃源'。他们为了逛公园，抢着上车，造成车辆紧张，影响工人和机关工作人员上下班"；并说：现在有些公园，已经变成了某些坚持资产阶级反动路线的顽固分子和一些受资产阶级反动路线蒙蔽的人的联络站和聚会的场所，也成为某些"走资本主义道路的当权派"和一些"牛鬼蛇神"的避难所。[①]

在这种极左氛围中，公园被戴上了"消磨革命人民的斗志"和"充当走资派、牛鬼蛇神避难所"的帽子，大量园地被占、被毁，亭廊破损，花木凋零。据统计，1964年上海市属中山、虹口等十大公园的花坛总面积为3.67万平方米，占全市绿地总面积的3%。1966年"文化大革命"开始后，养护工作废弛，有好几年只准种红花，不要其他颜色的花，市属公园花坛面积减少到1.63万平方米，仅占全市绿地总面积的1.27%。静安公园的西草坪辟作大字报张贴区，成排的芦席棚上贴满了大字报，园内人流如潮，秩序紊乱，树木花草大部分被破坏。秋霞圃的树木被砍伐，加之长期失修，园内建筑破败，花木凋零。醉白池公园内一对明代石狮和古建筑上的匾额被砸毁、焚毁，许多碑刻及建筑上的木雕被破坏和拆除，好在有工作人员冒着风险，将廊壁上元代赵孟𫖯以行书写的宋苏轼《前赤壁赋》《后赤壁赋》40余块石刻，拆下藏于宝成楼后院夹墙中；将出自乾隆年间松江画家徐璋之手、阴刻明代松江府乡贤名士董其昌等91人画像的30块石刻，进行了伪装保护。[②] 在建中的佘山植物园也被迫中止建设。1968年6月，市园林处革委会以"修正主义园林路线的产物"为名，上报要求停止建设佘山植物园。1969年1月，经市革委会批准，松江县接管佘山植物园，建立松江县林场。

1969年3月珍宝岛事件爆发，全市绿化工作的国防战备氛围愈加浓厚。是年冬，上海市园林管理处革委会先后向市革委会工交组、市革委会

---

①《文汇报》1967年1月23日。

②《上海园林志》编纂委员会编：《上海园林志》，上海社会科学院出版社2000年版，第205、254、281、586页。

上报了《关于今冬明春绿化植树加强战备工作的报告》，提出："'要提高警惕，保卫祖国'，'要准备打仗'……也为我们园林绿化工作指出了明确方向和发出了战备的动员令"；今冬明春绿化植树的重点要"立足于战备，要以与帝修反抢时间、争速度的革命精神，充分利用现有树木基础，尽快地把战备要地绿化伪装起来，把绿化植树工作看作为打击帝修反的一份力量，使绿化植树工作更好地发挥其直接为国防战备服务的重要作用"。具体规划是：（1）沿江、沿海是东海之滨的前哨，建议有关县和"五七"干校制定规划，发动群众选用适合于当地风土环境条件，并具有经济价值的快速树种，成片地植树造林，打一场植树绿化的人民战争，尽快地首先把我们的东大门绿化隐蔽起来。（2）军事要地，特别是机场、机库、高炮阵地以及部队营房驻地，现在还有不少地方暴露在外面，要根据设施的不同情况和要求，选择能起伪装作用的树木，把它们绿化起来。（3）国防、民用、科学尖端的重要工厂、重要物资仓库、停车场的空地和四周，以及主要铁路，公路干道两旁，凡是有种树条件的都要积极地有计划地有步骤地种起树来。（4）各单位的防空洞、防空壕和其他各种防护掩体，也要绿化伪装起来。同时，要求育苗工作也要积极"适应战备需要……继续培育适宜于本市风土、生长较快、具有经济价值、栽培养管比较简便的乔木树种，如白榆、刺槐、栋树、水杉等；并积极地有计划地培育……为战备伪装防护需要的灌木绿篱树种，如冬青、女贞、大叶黄杨、杞柳等"。[①]

在为战备绿化的氛围中，各类花卉、盆景、观赏树木的种植受到很大冲击。上海地区的花卉生产历史悠久，是我国有名的花卉生产基地。至1965年，分布在上海市郊6个县17个公社的花木生产队、园艺场、苗圃有66个，花卉种植面积106万平方米，其中温室和花棚面积10.23万平方米。全年出圃鲜切花88种共3071.2万支，其中以香石竹、菊花、菖兰为大宗，分别占总数的16.7%、13.4%和8.4%；出圃盆花和盆栽花苗共103种44.6万盆（株），其中温室盆花占27.9%；出圃崇明水仙球根73万只。[②]

---

① 上海市园林管理处革委会：《关于今冬明春绿化植树加强战备工作的报告》（1969年11月25日），档案编号：B326-1-38-74，上海市档案馆藏。

②《上海园林志》编纂委员会编：《上海园林志》，上海社会科学院出版社2000年版，第508页。

除供应本市和支援北京等城市需要外，还出口鲜切花 39 万支、盆景 1000 盆，出口收入 10 万元左右。1966 年"文化大革命"爆发后，种花、养花被当作"封、资、修"受到批判，全市花店被迫停业，园林苗圃的花卉生产从数量到种类都大幅度减少。当年上海郊县花木种植面积从原有的约 2000 亩锐减到 200 亩，种植的各种花卉于 1967 年和 1969 年分两次被全部砍光，种苗、种球被全部挖掉，绝大多数花木生产队被迫改种蔬菜、粮食，花农遭受了巨大损失，只有少量名种被花农暗中保存下来，花卉生产一落千丈。① 到 1968 年，郊县集体所有花卉生产队由"文化大革命"前的 66 个锐减至 4 个，花卉种植面积仅剩 111 亩。1969 年 7 月，市革委会决定全面禁止销售花、鸟、鱼、虫，仅有的 4 个生产队也被禁止从事花卉生产。1970 年 5 月，市革委会决定，除上海、徐汇、提篮 3 家花鸟商店以外，其他国营、集体所有、私营花店及公司综合加工场全部关闭，所有职工随店划交各区的果品公司；上海花鸟商店营业面积的 40% 也交给果品公司。被批准保留的 3 家花鸟商店改名为花木商店，但实际上是既无花又无木，出售商品只限于园林工具、农药、科研动物和纸制花圈。②

　　除了专业花木生产受到极大冲击外，"文化大革命"开始后，全市不少公园、学校、招待所中的观赏类花木、花坛甚至草坪也被当作"资产阶级毒草"加以铲除。如西郊宾馆绿地，1960 年初由上海市园林管理处设计科负责绿化工程设计，是一处花园式招待所，总占地面积 74.2 万平方米，其中绿地约占 80%，有各种乔灌木 360 余种，共计 7.2 万余株。"文化大革命"期间，园中大片草坪改种水稻等农作物。③ 位于华山路 849 号的丁香花园，是颇具江南园林风格的历史名园之一，占地 2.04 万平方米，园中散植丁香、茶花、月桂、牡丹、海棠、雪松等名贵花木数百种，间有大小石狮多尊，形态各异。"文化大革命"中，园内龙墙、石狮、山石均遭破

---

　　①《上海农业志》编纂委员会编：《上海农业志》，上海社会科学院出版社 1996 年版，第 310 页。

　　②《上海园林志》编纂委员会编：《上海园林志》，上海社会科学院出版社 2000 年版，第 490—491、508、519 页。

　　③《上海园林志》编纂委员会编：《上海园林志》，上海社会科学院出版社 2000 年版，第 474 页。

坏。^①"文化大革命"期间，工、军宣传队进驻复旦大学后，亦铲除各类花卉、名木、果园甚至草坪，然后种菜、山芋、大麦达 120 亩。子彬院前 3 棵直径有 30 厘米的名木——日本早樱（是上海绝无仅有的）也未能幸免。校本部原来的成荫绿树、成林果树、曲径流水怪石均遭到极大破坏。不仅如此，经过生物系师生 20 多年建设的植物园也被改成石油厂和发酵中试车间，许多名贵树木都被挖掉。^②

至 1970 年，上海全市绿地和树木的毁坏情况已相当严重。由于随意在绿地内取土或堆放废土等建筑材料，致使不少树木死亡。街坊内宅前宅后的零星绿地，也因取土而被挖得坑坑洼洼，或随处倒置垃圾，或随意设篱圈地，搭盖私房，或改种农副产品，自由买卖。^③针对以上现象，1970 年 12 月 9 日，上海市园林管理处革委会专门制定了《上海市树木、绿地保护暂行管理办法》，规定："凡本市各区、县范围内的公共绿地、行道树、防护林、铁路、公路沿线、车站码头、大小广场、绿化地带，各部队、工厂、机关、团体、学校、医院、工房新村、庭园、住宅、人民公社生产队等绿地，都要千方百计地加以保护，把树木养好管好，不得擅自砍伐。"^④以上规定在一定领域发挥了作用，但并未起到阻止以单位名义、战备名义对公共园林、绿地的随意征用和挪作他用的作用。

进入 20 世纪 70 年代，鉴于城市公园绿地不断萎缩、绿化面积持续减小，中共上海市委作出了"公园绿地不能再减少"的指示。^⑤1971 年 6 月，上海市革委会工交组传达市委对整理市区街头绿地的指示。市园林管理处革委会于当晚召开 10 个区园林所及市行道树养护队有关业务干部的紧急会议，重点引导大家"认识到搞好市区街头绿地、整洁市容，不仅对改善生

---

① 上海市徐汇区志编纂委员会编：《徐汇区志》，上海社会科学院出版社 1997 年版，第 487 页。

② 复旦大学校志编写组编：《复旦大学志》第 2 卷，复旦大学出版社 1995 年版，第 661 页。

③ 上海市园林管理处革委会：《关于征用绿地的情况报告》（1970 年 12 月 16 日），档案编号：B326-1-38-95，上海市档案馆藏。

④ 上海市园林管理处革委会：《上海市树木、绿地保护暂行管理办法》（1970 年 12 月 9 日），档案编号：B326-1-38-84，上海市档案馆藏。

⑤ 市园林管理处革委会：《地区群众绿化工作经验交流会的简况》，简报第 2 期，1973 年 3 月 21 日，档案编号：B326-2-29-12，上海市档案馆藏。

活环境更好地为工农兵服务发挥作用，而且对开展外交攻势、支援世界革命也有重大的意义"，并布置紧急整改和迅速补种工作。①1972 年 2 月 9 日的《文汇报》以《革命群众齐动手，中山公园气象新》为题，报道了园林工人和前来支援的革命群众日夜奋战，修剪树枝，打扫环境，清除积土，新建柏油路和水泥路，并冒雨从市郊苗圃运来了棕榈、雪松等常绿树，连夜进行抢种，在一些新的树台上种上了冬青、罗汉松、黄杨球等常绿树木。他们还挖出河床淤泥 2500 余担埋在树下，逐棵逐棵捕捉害虫。为了减少尘土飞扬，保持园内空气新鲜，他们又千方百计地找来了草皮，一块一块地对园内土壤的暴露部分进行覆盖。②这篇导向性报道，为恢复和发展公园绿化建设发出了信号。1973 年 5 月 8 日，上海市革委会又进一步制定下发了《关于保护和扩大城市绿化的通告》（后通称"五八通告"）。该通告指出：第一，要广泛发动和依靠群众，为革命搞好绿化、管好绿化、保护和扩大绿化。各级革命委员会要加强对绿化工作的领导。第二，现有城市绿化面积要认真加以保护，不应缩小。公共绿化地和各单位所属绿化地，严禁损坏和擅自占用。征用或借用城市公共绿地，须经有关管理部门审查，并报市革命委员会批准。第三，要结合城市改造，有计划地逐步扩大城市绿化面积。各区、县和各部门要合理规划，多种行道树，有条件的可辟建小型公园和街头绿化地。各单位应尽量利用现有空地，积极扩大绿化面积。第四，各区、县、局和各单位，要发动和依靠群众落实绿化保护措施，做好养护管理工作。有关单位在安排各种工程施工时，要认真保护树木，并注意为植树、恢复绿化创造条件，必须搬迁或砍伐树木时，应事先征得园林部门同意。市、区行道树与交通、照明以及各种线管等发生矛盾的，必须移树时，须经市或区园林部门同意。第五，严禁乱砍滥伐树木。对于不爱护城市绿化，随意损坏绿化者，要进行批评教育；情节严重者，经群众讨论，给予适当处理。对于破坏城市绿化的阶级敌人，应发动群众进行坚决

---

① 上海市园林管理处革委会：《关于整理市区街头绿地情况的报告》（1971 年 6 月 11 日），档案编号：B326-1-49-20，上海市档案馆藏。
②《文汇报》1972 年 2 月 9 日。

斗争，严加制裁。① 在印发"五八通告"的同时，上海市革委会还批转了该会综合计划统计组《关于搞好城市绿化的报告》，要求"提高各级干部对城市绿化重要性的认识。使广大干部和群众认识到搞好城市绿化，有利于改善环境卫生，有利于保护广大劳动人民的身体健康，有利于开展青少年活动。要发动和依靠广大干部和革命群众，为革命搞好绿化，管好绿化，保护和扩大绿化"。② 此后，公园建设才从谷底走出，逐步进入恢复发展阶段。

随着对园林绿化工作的重新重视，不分青红皂白地将观赏类花木一律视为"资产阶级毒草"予以禁绝的肃杀氛围也有所缓和和松动，报纸上再次出现了具有导向性的报道。如 1972 年 1 月 12 日的《解放日报》以《进一步做好园林绿化工作》为题，报道西郊公园党支部加强园林管理，开展树木移植、补栽，对"原有的花台，进行了整理和布置，栽上了花草，并在天鹅湖边和新河马馆旁增设了新的花台"的做法。③ 1971 年底，上海园林主管部门根据上级要求开始着手整修公园，为恢复公园展览创造了一定的条件。自 1973 年后，上海连续举办公园大型花展。其中，1973 年 11 月 2—24 日，上海市园林管理处在复兴公园举办的菊花展览会，是自 1960 年以来第一次全市大型花展，也是自 1954 年以来的第三次菊展，展出菊花 3 万多盆。虽然数量仅为 1954 年菊展的一半，品种更无法和第一次相比，但与花展久违了的上海市民非常热烈踊跃，日均游人量高达 4.48 万人次，总游人量约 103 万人次。1974 年和 1975 年秋，市园林管理处又分别在中山公园、虹口公园（今鲁迅公园）举办全市性的菊展，参观人数都在百万以上。④ 1975 年的虹口公园菊花展，布置了"工农兵学理论""评《水浒》""农业学大寨""千军万马战金山"等 11 个主题景点，展品中有单株开花 2300 余朵的大立菊，高达 3.8 米、共 13 层的塔菊和长达 2.7 米的悬崖

①《解放日报》1973 年 5 月 10 日。

② 上海市革委会综合计划统计组：《关于搞好城市绿化的报告》，档案编号：B252-2-41-1，上海市档案馆藏。

③《解放日报》1972 年 1 月 12 日。

④《上海园林志》编纂委员会编：《上海园林志》，上海社会科学院出版社 2000 年版，第 360—362 页。

菊等，11 月 16 日一天参观量就高达 17 万人次，[1] 市民参观数量之巨、热情之高，在上海历史上都是空前的。

"文化大革命"期间，由于观赏类花木一度被视为"资产阶级毒草"，种植中药材类植物逐步在上海一些公园、学校流行起来，并被媒体作为正面经验进行宣传报道。1971 年 3 月 5 日的《文汇报》以《利用公园零星土地种植中草药》为题，报道了闸北公园"近一年来，充分利用树坛、花坛等零星土地，种植了二十多亩中草药，采集草药六千多斤"，以及"公园与闸北区和田中学、烽火学区、虹江学区、青云学区挂钩，结合革命师生学农、学医和开展科学实验的活动，发动师生开垦零星土地，种植中草药"的做法。[2] 当年 12 月 29 日，《文汇报》又以《把园林绿化和种植中草药结合起来》为题，报道了本市广大园林工人充分利用公园、苗圃的零星土地，积极种植中草药。一年来收集了各种药材达 4.2 万余斤，既美化了园林面貌，又为社会提供了一部分药源。全市许多公园、苗圃都学习了闸北公园园林工人的经验。静安区园林所的蓬场庙苗圃把种植垂盆草面积由 1 分地扩大到 3 亩 6 分，一年间为工农兵病员提供了 3000 余斤垂盆草。闸北公园 1971 年收集的各种药材比 1970 年增加了 1 倍左右。西郊公园等单位在树坛周围种上了每年开花一次的铁扁担，开花季节，很受群众的欢迎。[3]1973 年 5 月 10 日的《解放日报》介绍了中山医院把搞好绿化与种植中草药结合起来的经验。报道说，两年多来，中山医院种植的各种树木有 5000 余株。同时，还结合医疗实践，种植了蒲公英、铁扁担、金钱草、万年青等多种中草药，建成了一个有 200 余种中草药的"百草园"。[4]

与中药材类似，具有一定经济价值的蓖麻，也成为"文化大革命"期间上海城市绿化种植的"新宠"。1972 年 3 月 18 日的《解放日报》在《革命群众来信》栏目中以《为革命大种蓖麻种好蓖麻》为题，以市油脂公司

---

① 上海市虹口区志编纂委员会编：《虹口区志》，上海社会科学院出版社 1999 年版，第 530 页；《文汇报》1975 年 11 月 15 日。

②《文汇报》1971 年 3 月 5 日。

③《文汇报》1971 年 12 月 29 日。

④《解放日报》1973 年 5 月 10 日。

革委会名义发出倡议："希望各级领导，广泛宣传和发动群众，利用城乡十边零星空闲土地，为革命大种蓖麻"，并在系统介绍蓖麻播种、管理、采摘等种植养护知识的同时，报道了曹杨新村第三小学利用空闲土地发动师生大力种植蓖麻，使得 1971 年的产量比上年增长了 62% 的事迹。[1]这年 8 月 13 日，《解放日报》的《革命群众来信》栏目又以《采摘蓖麻籽、力争颗粒归仓》为题，报道了市商业一局储运公司复兴岛仓库职工种植了 2500 平方米蓖麻的消息，该年 7 月收到的蓖麻籽有 40 余斤。[2]1976 年 3 月 10 日，《文汇报》以《多种蓖麻，支援社会主义建设》为题，报道了上海酿造一厂结合绿化和卫生工作种植蓖麻，1975 年收籽 2727 斤；市商业一局复兴岛仓库在房前屋后种植蓖麻，1975 年收籽 2330 斤；长宁区武夷街道退休老工人王开信年年种蓖麻，1975 年收籽 198 斤。[3]

尽管"五八通告"以来，上海全市公共绿地的情况有所好转，被占用、借用的绿地部分得到恢复，绿化面貌略有改善，但问题仍然存在，全市绿地面积还在缩小。"五八通告"前被借用、占用的公共绿地仍有大量未被恢复。不少单位对城市绿化存在"可有可无"的思想，认为"征用农田有困难，拆迁房屋也难办，占用绿地最简单"，遇有用地需要，往往在城市绿地上动脑筋、打主意。[4]至 1974 年，上海市区公共绿地面积人均 0.44 平方米，低于国内各大城市（北京 7.6 平方米 / 人，广州 3.8 平方米 / 人，天津 1.1 平方米 / 人），与国家建委和全国环境保护会议提出的要求（近期达到 2—4 平方米 / 人，远期达到 4—6 平方米 / 人）差距很大。[5]1978 年中共十一届三中全会召开以后，作为城市基础设施之一的园林绿化重新被纳入上海城市建设规划，此后上海园林绿化事业才真正得到持续、稳定的发展。

---

① 《解放日报》1972 年 3 月 18 日。

② 《解放日报》1972 年 8 月 13 日。

③ 《文汇报》1976 年 3 月 10 日。

④ 上海市园林管理处革委会：《关于本市绿化工作情况和改进意见的报告》（1976 年 4 月 21 日），档案编号：B326-1-70-46，上海市档案馆藏。

⑤ 上海市园林管理处革委会：《关于拟定〈贯彻市革会（五八）通告加强树木绿地保护管理实施细则〉的请示报告》（1975 年 9 月 19 日），档案编号：B326-1-66-82，上海市档案馆藏。

下篇

1977—2020 年

第七章 水生态建设

改革开放以来，随着经济的快速发展，城市的飞速扩展，上海污水排放总量整体呈逐年递增趋势，这给城市水生态带来极大的压力，造成了严重的水污染问题。为此，上海加大了污水处理力度，并取得了较好的效果，特别是对苏州河的综合整治，使昔日的黑臭河道变成了景观河道。在全社会的共同努力下，上海实现了 2017 年基本消除黑臭河道，2018 年全面消除黑臭，2020 年基本消除劣 V 类水体的目标。

第一节 上海水环境状况

一、水资源基本情况

上海地处江南水乡，河流纵横，水网密布。据 2011 年的调查，上海本地河湖总面积 619.2 平方公里，河面率 9.77%。其中，河道 26603 条，总长度 25348.48 公里，总面积 527.84 平方公里（见表 7-1），河网密度 4 公里/平方公里；湖泊 692 个，总面积 91.36 平方公里（见表 7-2）。在常水位条件下，河湖总槽容量 13.1219 亿吨，其中，河道槽蓄容量 11.1189 亿吨，占 84.7%；湖泊 2.003 亿吨，占 15.3%。①进入新时代之后，上海河湖数

---

① 刘晓涛主编：《上海市第一次全国水利普查暨第二次水资源普查总报告》，中国水利水电出版社 2013 年版，第 27 页。

表 7-1　上海不同管理级别河道主要指标汇总

河道级别	数量（条）	长度（公里）	面积（平方公里）
市　　管	31	856.34	93.8
区（县）管	272	2392.74	81.16
镇（乡）管	2092	5577.2	91.88
村　　级	24208	16522.2	261
合　　计	26603	25348.48	527.84

注：以上河流不包括流经上海的长江，其境内总长度为 181.8 公里。

资料来源：上海市水务局、上海市统计局：《上海市第一次水利普查暨第二次水资源普查公报》，中国水利水电出版社 2013 年版，第 1 页。

表 7-2　上海不同管理级别湖泊主要指标汇总

湖泊级别	数量（个）	面积（平方公里）
市　　管	2	48.31
区（县）管	19	33.89
镇（乡）管	5	1.45
其他（含人工水体）	666	7.71
合　　计	692	91.36

资料来源：上海市水务局、上海市统计局：《上海市第一次水利普查暨第二次水资源普查公报》，中国水利水电出版社 2013 年版，第 2 页。

量进一步增加。据 2022 年的调查，全市共有河道（湖泊）46822 条（个），河湖面积共 652.9355 平方公里，河湖水面率 10.30%。[1]

　　故而，从绝对量上来讲，上海的水资源比较丰富，不过最主要水源是过境的长江。据 2011 年的调查，上海主要过境水源长江干流和太湖流域来水共计 7267 亿吨，其中长江干流 7127 亿吨，太湖流域来水量 140.3 亿吨；上海本地水资源仅 20.89 亿吨，其中地表水资源量 16.23 亿吨、浅层地下水 7.43 亿吨（浅层地下水与地表水资源总量 4.48 亿吨）、深层地下水可开采量 0.18 亿吨。[2]

---

① 上海市水务局：《2022 年上海市河道（湖泊）报告》（2022 年 12 月）。

② 刘晓涛主编：《上海市第一次全国水利普查暨第二次水资源普查总报告》，中国水利水电出版社 2013 年版，第 142、145 页。

在主要河流中，黄浦江贯穿上海大陆片，是构成上海陆域水系的最大干河，集航运、供水、灌溉、排水、旅游于一身，是一条多功能的综合性河道，也是太湖流域主要的泄洪排水河道。黄浦江干流段全长89.37公里，河面宽214—1091米，流经松江、奉贤、闵行、徐汇、黄浦、虹口、杨浦、浦东、宝山等9个区。黄浦江干流段河道面积40.65平方公里，占上海河湖总面积的6.6%，但其槽蓄容量却有3.6491亿吨，占上海总槽蓄容量的27.8%，因而黄浦江在上海水环境和城市生产生活中占据十分重要的位置。

苏州河为黄浦江支流，河面宽23—197米，河道面积3.43平方公里，槽蓄容量1193.2万吨，流经青浦、嘉定、闵行、长宁、普陀、（原）闸北、静安、黄浦、虹口等9个区，横穿中心城区，对上海城区生态环境有着非常重要的影响。

淀山湖是上海最大的湖泊，为弱感潮湖泊，不仅具有调节径流作用，还兼具灌溉、航运、水产、旅游等多种功能。淀山湖地处淀泖地区，部分位于上海青浦区，西部与江苏交界（上海二级水源保护区）。上海境内面积为45.26平方公里（总面积62平方公里），平均水深2.3米，最大水深8.68米，槽蓄容量1.0384亿吨。[①]

二、水质状况

据2011年对2545条（个）河湖3446个监测断面的调查，上海无I类和II类水质断面，III类、IV类、V类和劣V类的断面分别为117、818、689、1822个，分别占断面总数的3.4%、23.7%、20.0%、52.9%，以劣V类水质断面为主。对各监测断面进行限制性因子评估显示，氨氮、总磷是上海河湖水质的限制性因子。在湖泊中，总氮也是限制性因子之一。[②]近年来，上海不断加大截污治污力度，地表水环境质量持续改善。2019年，全市主要河流水质进一步改善，II、III类水质断面占48.3%，V类断

① 刘晓涛主编：《上海市第一次全国水利普查暨第二次水资源普查总报告》，中国水利水电出版社2013年版，第36页。
② 刘晓涛主编：《上海市第一次全国水利普查暨第二次水资源普查总报告》，中国水利水电出版社2013年版，第148页。

面占 3.1%，劣 V 类断面占 1.1%，与 2018 年相比，考核断面中劣 V 类比例下降了 5.9%，氨氮、总磷平均浓度分别下降了 35.1% 和 7.3%。上海 4 个在用集中式饮用水水源地水质全部达标（达到或优于 III 类标准）。[1]

长江来水水质总体良好，是上海可以充分利用的水资源。在 2011 年水质普查期，徐六泾断面水质综合评价类别属 III 类，其中非汛期属 III 类，汛期属 II 类，汛期水质略好于非汛期。水质主要影响项目是总磷。

苏沪、浙沪省界主要来水河湖共有 19 条（个），监测断面 25 个，涉及省界水功能区 19 个。在 2011 年普查期，省界断面均无 I 至 III 类水质，以劣 V 类为主。全年、汛期、非汛期劣 V 类水质断面数比例分别为 72%、56%、76%。省界来水河湖水质均未达到功能区水质目标要求，直接影响上海市水功能区水质达标率，氨氮、总磷、总氮（湖泊）为主要污染指标。[2]

上海近海海水质污染较为严重。长江来水水质虽然整体良好，但是由于沿途的污染，长江携带入海的污染物占全国主要河流入海污染物的比重非常高。长江入海化学需氧量占全国 66 条主要河流入海的 65.24%，氨氮排放量占全国的 66.74%，总磷、石油类、重金属、砷排放量占全国的比重分别是 73.43%、61.93%、73.96% 和 62.38%。正因如此，东海近海海域是我国四大近海海域中环境质量最差的地区之一。

2019 年，上海海域符合第一、第二类海水水质标准的监测点位占 20.5%，符合第三、第四类标准的监测点位占 10.3%，劣于第四类标准的监测点位占 69.2%，主要污染指标为无机氮和活性磷酸盐。长江河口水域水质优良且总体稳定，但由于海水与地表水水质标准存在较大差异，上海海域劣于第四类海水水质标准的现象较为普遍。[3]

---

① 上海市生态环境局：《2019 年上海市生态环境状况公报》（2020 年 6 月）。

② 刘晓涛主编：《上海市第一次全国水利普查暨第二次水资源普查总报告》，中国水利水电出版社 2013 年版，第 152 页。

③ 上海市生态环境局：《2019 年上海市生态环境状况公报》（2020 年 6 月）。

第二节　污水处理与污染源防治

一、污水处理设施日臻完善

新中国成立以来，上海作为全国重工业中心的功能得到进一步强化，大量未经处理的工业废水直接排入江河；同时，上海城市人口逐渐增加，城市污水和生活污水随之增加，但处理率却相对较低。这些造成了上海水环境的严重污染，最典型的标志事件是 1963 年黄浦江首次出现的长达 22 天的黑臭，自此以后黑臭几乎年年出现。

改革开放以来，随着工业进一步快速发展和城市的膨胀，上海污水排放总量整体呈逐年递增趋势，从 1981 年的 17.9 亿吨增加到 2010 年的 24.82 亿吨。不过，整体增长速度相对较为缓慢，29 年间年平均增长率仅为 1.13%。[①] 这要归功于上海对工业废水的控制和治理。上海工业废水排放量 1981 年为 14.11 亿吨，1985 年达到最高值 14.99 亿吨，之后呈逐年下降趋势，自 2016 年起，每年为 3 亿多吨，约为 1985 年最高峰的五分之一。

与之相反，随着城市的发展和人口的增长，城市生活及其他污水的排放自 1981 年以来逐年增加，并在 1996 年超过工业废水，成为上海污水排放的最主要来源。2010 年，上海生活及其他污水的排放量已高达 21.15 亿吨，是工业污水排放量的近 6 倍，占上海废水总排放量的 85.2%（见图 7-1、附表 7-1）。

巨量的污水给上海城市水生态带来极大的压力，造成了严重的水污染。为此，上海加大了污水处理力度，并取得了较好的效果。1985 年，上海市区建成污水处理厂 10 座，日处理污水量达 21.3 万吨；泵站 108 座，总排

---

① 2012 年《上海统计年鉴》载："自 2011 年起，废水排放总量中增加了农业源和集中式治理设施排放的废水。"但统计数据上 2011 年上海废水排放总量为 19.86 亿吨，反而骤降了近 5 亿吨，至 2017 年为 21.2 亿吨，也比 2010 年少 3 亿多吨，由此导致计算出来的污水处理率自 2011 年起骤增至 97.38%，2016 年、2017 年则分别为 121.33%、124.39%。据此笔者认为应该是统计中自 2011 年起上海废水排放总量中"减少"了，而非增加了农业源和集中式治理设施排放的废水，否则数据完全不合逻辑。

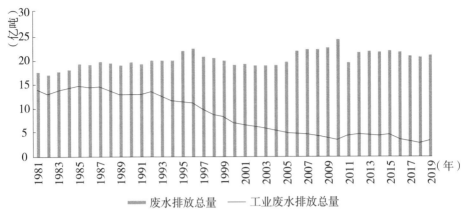

图 7-1　1981—2019 年上海污水排放情况

资料来源：附表 7-1。

水量 380.3 立方米 / 秒。1986 年底，龙华污水处理厂建成通水。该污水厂位于漕溪路以东、龙漕路以南，占地 5.6 公顷，服务面积 1200 公顷，设计污水日处理能力 10.5 万吨，是当时上海市区规模最大的污水处理厂。龙华污水处理厂的建成，为上海西南地区高新技术工业区的发展和高密度住宅群的建设奠定了坚实的环境基础。该厂投入使用后，污水处理能力逐步提高，悬浮物去除量达到 70%，并随着田林、康健住宅区污水管道的完善，上海污水处理量逐步增加。此外，当年还基本建成了程桥、吴淞（一期）、泗塘等 3 座小型污水处理厂。

郊区城镇污水处理设施也在改革开放后逐步推广。1979 年嘉定县污水处理厂建成通水，日处理能力 1 万吨，对嘉定的水质改善发挥了很大作用。在取得经验的基础上，"七五"期间（1986—1990 年），上海又在郊县建成了松江、安亭、周浦、朱泾、南桥 5 座污水处理厂，使郊县污水日处理能力达到 9.2 万吨。实践证明，采用小型分散的方式，在郊县逐步建设污水处理厂，对改善当地城镇水质是切实有效的。[①]

总之，改革开放以来，上海城市污水治理基础设施建设提速，在市区建成了一批中小型污水处理厂，并在郊县新建了一批小型污水处理厂。仅

---

① 《上海建设》编辑部编：《上海建设（1986—1990）》，上海科学普及出版社 1991 年版，第 95、96 页。

"七五"期间，上海建成的污水处理厂设计日污水处理能力就达到 25.2 万吨。苏州河合流污水工程（一期），也在这一时期动工兴建，这是当时上海投资最大的市政工程，让市民看到了改善苏州河水质的希望。

经过不断努力，上海市的住宅区、开发区和工业园区已逐渐建立起较为完备的污水处理设施系统。至 2008 年底，上海城镇污水处理格局基本形成：拥有 50 座城镇污水处理厂，包括 17 座一级 B 标准以上的污水处理厂，污水日处理能力达到 672 万吨。2019 年，上海日处理污水 834 万吨，城市排水管道长度为 28233 公里，而 1977 年仅为 1295 公里，40 余年增长了近 22 倍（见图 7-2、附表 7-2）。

2011 年，上海实现建成区污水收集管网全覆盖。① 上海尾水直排水体的城镇污水处理厂（站）和企业自建污水处理设施共 174 座，处理总规模 721.09 万吨 / 日，年处理量 23.4 亿吨。其中城镇污水处理厂（站）共 63 座，设计规模 698 万吨 / 日，年污水处理量 229788.56 万吨；企业自建污水处理设施 111 座，设计规模 23.08 万吨 / 日，年污水处理量 4301.41

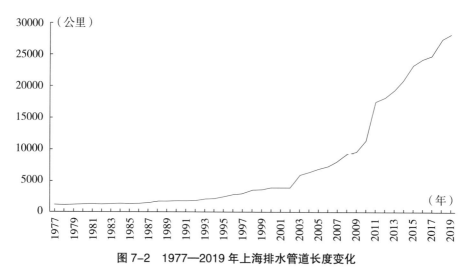

图 7-2　1977—2019 年上海排水管道长度变化

资料来源：附表 7-2。

---

① 刘新宇、刘婧：《水环境与河道治理的成就、挑战与对策》，周冯琦主编：《上海资源环境发展报告（2012）：河口城市生态环境安全》，社会科学文献出版社 2012 年版，第 97 页。

万吨。①

随着污水处理厂（站）和管网体系日臻完善，上海的污水处理率逐年走高，特别是进入 21 世纪以来更是显著提高。1981 年，城市日处理污水 17.2 万吨，处理率仅为 2.91%；2000 年，城市污水日处理量达到 463 万吨，处理率首次超过 10%，达到 11.87%。至 2010 年，上海污水排放量 24.82 亿吨，污水厂处理量 18.97 亿吨，城市污水日处理能力 684 万吨，处理率已达 76.43%。这为上海水质环境的好转打下了坚实的基础（见附表 7–1、7–2）。自 2016 年开始，上海市城镇污水实现 100% 处理。

二、污染源控制

改革开放初期，工业废水是上海水环境污染的主要来源，据统计，1981 年工业废水占上海废水排放总量的 78.83%（据附表 7–1 计算）。面对严峻的形势，上海通过合理工业布局、调整产品结构、采用先进生产工艺及综合利用等途径，结合强化污染治理、提高管理水平等措施，加强对工业污染源的管理。

1985 年，上海焦化总厂、宏文造纸厂、上钢三厂、中药制药三厂、第二冶炼厂、上海电机厂等 2500 多家企业通过产品结构调整、工艺改革、综合利用和安排各类治理措施，完成治理项目 3100 项，每天处理废水量达 300 万立方米，废水处理率提高到 90%，每日废水排放量比 1980 年减少了 30 万立方米，工业废水治理达标率达 75%，废水循环利用率达 70%。

自 1986 年起，上海对黄浦江上游水源保护地区的水污染排放实行总量控制，并学习国外的经验推行排污许可证制度，即在控制地区允许排污总量的前提下，企业之间可以将部分排污指标有偿转让。另外，通过调整企业空间布局对水污染进行集中治理。

20 世纪 90 年代初，上海进一步改变工业污染防治方式，即由末端控制转为生产全过程控制，由分散治理转为分散与集中治理相结合，由浓度控制

---

① 刘晓涛主编：《上海市第一次全国水利普查暨第二次水资源普查总报告》，中国水利水电出版社 2013 年版，第 86 页。

转为浓度和总量控制相结合。防治方式的转变，使水污染防治效率更高，更加科学化。1995 年，上海工业企业废水中主要污染物排放量比 1990 年又有较大幅度下降，其中，化学需氧量下降了 49.7%，石油类下降了 38.7%，挥发酚下降了 56.3%，六价铬下降了 51.9%，氰化物下降了 44.2%。

总之，通过对工业污染源治理和废水循环利用，自 1988 年起，上海工业废水排放量逐年下降。2010 年上海工业废水排放量为 3.67 亿吨，比 1988 年（14.02 亿吨）下降 73.82%。与之同时，工业废水排放量占上海污水排放总量的比重下降，由 1981 年的 78.83% 下降到 1996 年的 49.93%，工业废水从此不再是上海污水排放的主要来源。至 2019 年，上海废水排放总量 21.42 亿吨，其中工业废水 3.41 亿吨，仅占 15.92%（见附表 7-1）。经过系统综合整治，半个多世纪以来危害上海城市水环境的工业废水污染逐渐得到有效的控制。

第三节　水环境治理与修复

一、合流污水治理工程

合流污水治理工程是为解决上海中心城区的水污染而进行的污水治理工程。该项工程规模庞大，共分三期建设：一期工程目标是治理苏州河，二期工程目标是治理黄浦江市区段上游，三期工程目标是治理上海北部和东北部污水，从而彻底解决上海市区的污水出路问题。

合流污水治理一期工程主要为治理苏州河的污染问题。这是当时我国规模最大的污水治理工程，也是第一个利用世界银行贷款的重大市政工程和第一个按照国际惯例进行招标和施工监理的市政工程。该工程总投资约 16 亿元人民币，其中 1.45 亿美元为世界银行贷款。一期工程服务范围 70.57 平方公里，服务人口 255 万，包括 44 个排水系统，设计平均旱流污水量 140 万立方米 / 日，雨天最大设计合流污水量 44.9 立方米 / 秒。在排放口再接纳浦东外高桥地区的污水 30 万立方米 / 日，污水集中后经预处理，通过深水扩散管排入长江口，依靠大水体混合、稀释、扩散、自净。工程自 1983 年开始研究设计，于 1993 年竣工投入运行。

一期工程共完成管道长度 53.74 公里，其中截流总管长度 33.42 公里；彭越浦泵站上游的重力流总管长度 9.11 公里，管径 1200—5000 毫米；彭越浦泵站下游的压力箱涵长度 23.23 公里，采用双孔结构，现浇钢筋混凝土制作，每孔宽 4.25 米、高 3.5 米；过黄浦江的倒虹管为 2 根直径 4000 毫米的管道，长 1.08 公里；污水连接管长 20.32 公里，管径 600—2000 毫米；大型污水泵站 2 座（彭越浦泵站和出口泵站，设计流量分别为 40 立方米 / 秒、45 立方米 / 秒）；于长江口南岸竹园处设预处理厂 1 座（设计平均旱流污水量 140 万立方米 / 日）；2 条直径 4200 毫米的排放管，分别长 1420 米、1258 米。相应改建和新建一批污水截流设施，并建立了中央监控系统。一期工程的建成有效缓解了苏州河两岸工业废水污染问题，对苏州河的治理起到了带动作用。

合流污水治理二期工程是继一期工程后上海兴建的又一项大型环境保护工程。二期工程主要解决黄浦江上游吴泾、闵行、徐汇、卢湾和浦东新区陆家嘴、金桥、张江等地区的污水出路问题。该工程总服务面积 271.7 平方公里，服务人口 335.76 万，设计旱流污水量约 172 万立方米 / 日，雨天截流总量 29.67 立方米 / 秒。工程总管沿中山南路、中山西路、宛平路等敷设，穿越黄浦江后沿外环线、龙东路一直向东，污水经中途泵站提升、预处理厂处理，最后排放至长江。二期工程总投资约 48 亿元人民币，于 1999 年 12 月 25 日建成通水。二期工程中有多项技术为国内首次应用，如三维曲线顶管、中途泵站的虹吸出水断流工艺等。二期工程荣获第四届詹天佑土木工程大奖。

三期工程是继合流污水治理一、二期工程后又一项重大的污水治理建设工程，主要是解决上海北部和东北部的污水，它是上海实施水环境保护的重大战略措施。该工程主要由污水总管系统、竹园第二污水处理厂和收集系统组成，其中污水总管系统旨在解决浦西苏州河以北，蕴藻浜以南、浦东赵家沟以北污水出路问题，总服务面积 171.68 平方公里，服务人口 243.10 万，污水量约 109 万立方米 / 日；污水收集系统旨在解决宝山、浦东等地尚未形成完善污水收集系统的地区，总服务面积 132.56 平方公里，服务人口 161.67 万，污水量约 76.8 万立方米／日。[①] 三期工程总投资 47 亿元人民币，于 2006 年 7 月建成，获得全国优秀工程设计奖二等奖。

通过建设并运行合流污水治理一、二、三期工程，上海城区污水出路问题基本得到解决，城市污水集中处理率提高到 70% 以上，污水基本得到了有效处理，这对中心城区水环境的改善起到决定性的作用，中心城区河道，如黄浦江，因此基本消除黑臭。

二、苏州河环境综合整治

合流污水治理一期工程建成后，苏州河的污染问题大为改善，但由于历史欠账太多，苏州河的黑臭现象并没有消除，依旧是制约沿河地区乃至全市在经济、社会和环境方面协调、可持续发展的一个突出问题。上海市政府对苏州河的治理，不是局限于河道治黑治臭、沿岸除乱除脏等简单要求，而是要将苏州河打造成一张风景名片，使之成为上海这个现代化国际大都市的标志，为子孙后代的生存和发展提供良好的自然环境和空间。苏州河环境的综合整治是世纪之交上海最大的环境保护整治工程，是上海坚持可持续发展战略、走生态文明之路的重要措施，也是上海努力向全球城市迈进的重大工程之一。

上海历届市委、市政府都十分重视对苏州河污染的治理。1995 年 12 月，上海市政府正式提出要把苏州河作为"上海环保重中之重"，开展全面综合治理。1996 年，苏州河环境综合整治正式启动。市政府成立了领导小组，由市长担任组长，20 多个政府部门和区县政府领导为小组成员，下设办公室，专门负责苏州河整治工作的组织、协调、督促和检查，全面推进苏州河整治工作。整个苏州河整治工程历时 12 年（1998—2008 年），项目总投资约 140 亿元。苏州河环境综合整治按照"以治水为中心，全面规划，远近结合，突出重点，分步实施"的工作方针，共实施了 3 期工程。

---

① 俞士静、羊寿生：《上海市污水治理三期工程简介》，《上海建设科技》2004 年第 2 期，第 11 页。

1. 苏州河综合整治一期工程

一期工程总投资约 70 亿元，从 1998 年到 2002 年，按照标本兼治、重在治本的原则，以改善水质、陆域环境、相邻水系为目的，以消除苏州河干流黑臭以及与黄浦江交汇处黑带，整治两岸环境的脏乱，建设滨河绿地为目标，主要实施了 10 项工程。

（1）苏州河 6 支流污水截流工程。苏州河的彭越浦、真如港、新泾港、木渎港、申纪港、华漕港 6 条支流水质污染非常严重，工程建设了截流管道，对直排支流的污水进行截污纳管。

（2）石洞口城市污水处理厂建设工程。工程建造规模为 40 万立方米 / 日，采用二级生化处理，污水达到国家一级排放标准后在长江口近岸排放。

（3）综合调水工程。通过对苏州河吴淞路桥闸进行改造，建设彭越浦泵闸，利用闸门的启闭和潮涨潮落的自然条件，增大流量，加快流速，调活水体，提高水体的置换速度。

（4）支流建闸控制工程。工程在木渎港及上游的西沙江、小封浜、老封浜、黄樵港、北周泾、顾港泾 6 条支流河口建闸，控制支流输入苏州河干流的污染负荷。

（5）苏州河底泥疏浚处置工程。工程疏浚清除苏州河上游和部分支流的底泥，增加过水断面，阻遏水质恶化的趋势。

（6）河道曝气复氧工程。工程通过建造人工曝气复氧船，向河流曝气冲氧，提高水体溶解氧的浓度。

（7）环卫码头搬迁和水面保洁工程。工程包括建设生活垃圾中转站、粪便预处理厂，搬迁苏州河市区段沿岸环卫码头，实施苏州河水面保洁等。

（8）防汛墙改造工程。工程通过对苏州河防汛墙急、难、险段的改造，满足防汛安全的要求。

（9）虹口港、杨浦港地区旱流污水截流工程。工程通过建设污水截流管道，把虹口港、杨浦港两港流域的旱流污水纳入合流污水治理一期工程的污水总管，减少了进入苏州河的污水总量。

（10）虹口港水系整治工程。工程通过疏浚河道，修建防汛墙，增建泵闸，对虹口港水系实施两岸整治。

苏州河综合整治一期工程施工现场

资料来源：上海市地方志编纂委员会编：《上海市志·城乡建设分志·环境保护卷（1978—2010）》，上海辞书出版社 2021 年版，"插图"。

苏州河综合整治一期工程实施后取得了不错的效果。苏州河干流水质主要指标年平均值基本达到国家景观水标准。由于坚持了截污治污、重在治本的原则，苏州河干流在 2000 年基本消除黑臭。之后，苏州河水质主要指标逐年好转。同时，苏州河主要支流水质也有所改善，木渎港、真如港、华漕港以及虹口港、杨浦港水系旱天基本消除黑臭。2001 年，苏州河干流在实现基本消除黑臭阶段性目标的基础上，河道生态系统进一步改善。苏州河逐步发现昆虫幼虫的踪迹，底栖动物生物量和需氧物种明显增加，市区段发现了多种鱼类，生态系统逐步得到恢复。同时，苏州河水面已基本消除漂浮垃圾，航运秩序明显好转，河岸整洁，滨河绿地大幅增加，两岸居民生活环境明显改善。

2. 苏州河综合整治二期工程

综合整治一期实施后，尽管苏州河市区段主要污染源得到控制和治理，水质总体上呈改善趋势，但仍存在时空上的不稳定：一是易受沿岸市政泵站雨天放江的影响；二是受上游来水、中上游生活污染和农业面源污染的影响。每年春、秋两季苏州河干流和支流会出现大量浮萍和水葫芦，破坏了水面环境，成为新的环境问题。同时，苏州河水系支流污染仍十分严重。苏州河水系有纵横交错的大小支流约 60 条，许多支流水体黑臭，淤积严重，严重影响城市环境和沿线市民生活。此外，苏州河两岸陆域环境较差。苏州河沿线仍存在一定量的棚户区、外来人员集中居住区和旧厂区，缺乏必要的配套治污设施；市郊的支流脏乱差现象更为严重，环境问题突出。

为进一步发挥苏州河综合整治一期工程的效益，提高苏州河干、支流水质，改善苏州河水系生态功能及沿线陆域环境，按照新一轮"环境保护和建设三年行动计划"的要求，从 2003 年到 2005 年，上海实施了苏州河环境综合整治二期工程。二期工程总投资约 40 亿元，以稳定水质、环境绿化建设为目标，共涉及截污治污、两岸绿化建设、环卫码头搬迁等 8 项工程。

（1）苏州河沿岸市政泵站雨天放江量削减工程。工程新建 5 座雨水调蓄池，旨在削减初期雨水对苏州河的冲击污染。

（2）苏州河中下游水系截污工程。工程旨在建设和完善江桥镇、南翔镇和三门、江湾等地区的污水截流排水系统。

（3）苏州河上游——黄渡地区污水收集系统工程。工程通过建设黄渡镇污水收集处理系统，提高了苏州河上游水系水质。

（4）苏州河河口水闸建设工程。工程通过新建苏州河河口双向挡水水闸，提高了防汛标准，满足了综合调水的要求。

（5）苏州河两岸绿化建设工程。工程包括建设公共绿地，新建、改建滨河绿带等，实施后两岸环境面貌得到美化。

（6）苏州河梦清园二期工程。工程包括建造苏州河展示中心（梦清馆）、建设环境科普教育基地和休闲园区等。

（7）市容环卫建设工程。工程包括新建垃圾中转站和市容环卫执法管理基地、水域执法监察船舶，改建苏州河上游沿岸 10 个简易垃圾堆场等。

（8）西藏路桥改建工程。工程通过改建西藏路桥，改善了周边环境面貌。

2005 年底二期工程竣工后，苏州河水质比一期完工时又有了很大改善：上游化学需氧量、生物需氧量稳定达到 IV 类标准，下游化学需氧量、生物需氧量平均值也达到 IV 类标准。上下游河段之间水质差距在逐步缩小，上下游的化学需氧量、生物需氧量和氨氮浓度基本持平。苏州河不仅干流水质稳定达到景观用水标准，主要支流也基本消除黑臭。但是，由于上游来水水质不佳，2005 年，苏州河干流的氨氮浓度远远劣于 V 类标准；此外，下游溶解氧平均值还是超出地表水 V 类标准，上下游之间的溶解氧浓度仍存在较大差距。

3. 苏州河综合整治三期工程

经过一、二期的综合整治，苏州河水环境状况有了明显改善，但水质稳定的保障机制还很脆弱，自净能力的恢复也很有限；同时，随着城市的发展，人们对水环境的要求也越来越高。三期工程计划投资 37.5 亿元，2006 年启动实施，原计划 2008 年完成，由于受客观条件的影响，实际到 2011 年底完成。[①]工程以改善水质、恢复水生态系统为目标，包括 4 项基础设施项目。

（1）苏州河市区段底泥疏浚和防汛墙改建工程。工程包括加固改造苏州河河口至真北路桥市区段两侧防汛墙和该段底泥疏浚。

（2）苏州河水系截污治污工程。工程包括建设嘉定、普陀、徐汇、闵行、（原）闸北、虹口等区雨污水系统和截流设施工程，改造和完善苏州河支流排涝泵站污水收集管网等。

（3）苏州河青浦地区污水处理厂配套管网工程。工程包括建设青浦区华新镇、白鹤镇的白鹤和赵屯地区污水收集管网。

（4）苏州河长宁区环卫码头搬迁工程。工程包括建造长宁区生活垃圾中转站、粪便预处理厂和城市通沟污泥处理厂，搬迁万航渡路环卫码头。

苏州河综合整治三期工程于 2011 年完成。2012 年，苏州河水质稳定在 V 类标准，生态系统得到恢复，河里发现 45 种鱼。[②]

4. 苏州河综合整治四期工程

三期工程实施后，苏州河干流全部消除黑臭，但是干支流尚未达到 V

---

① 上海市城乡建设和交通委员会科学技术委员会、上海市苏州河环境综合整治领导小组办公室编：《苏州河环境综合整治二期、三期工程》，上海科学技术出版社 2012 年版，第 4 页。
②《苏州河整治走过 20 年！一图看懂苏州河治理的前世今生》，上观新闻，2018 年 11 月 30 日。

苏州河梦清园净水系统装置

上海市地方志编纂委员会编:《上海市志·城乡建设分志·环境保护卷（1978—2010）》,上海辞书出版社 2021 年版,"插图"。

类标准。2017 年 12 月,《苏州河环境综合整治四期工程总体方案》公布。方案提出,苏州河环境综合整治四期工程以"市区联动、水岸联动、上下游联动、干支流联动、水安全水环境水生态联动"为原则,通过落实点源和面源污染综合治理、防汛设施提标改造、水资源优化调度以及多功能公共空间集成策划和建设等措施,满足水功能区划要求,留足滨水空间,促进城市可持续发展。① 四期整治范围西自江苏省界,东至黄浦江,北起蕰藻浜,南到淀浦河,共 855 平方公里,总投资超过 250 亿元,涉及上海 12 个区 2012 条段中小河道的主要相关领域的 14 项工程。

经过 20 多年的大规模整治,苏州河实现了华丽转身。现今的苏州河,河道整洁,两岸滨河绿地、公园连绵不断,成为适合居住、休闲、观光的城市生活休闲区。普陀、（原）闸北等区纷纷打造沿河的文化走廊,兴建诸多博物馆、艺术馆、展示馆、亲水平台等。

---

① 《〈苏州河环境综合整治四期工程总体方案〉近日印发》,上海市水务局网站。

三、中小河道治理与万河整治行动

改革开放初期，由于城市的扩张、市郊工业的迅猛发展和外来人口的大量涌入，加上环境管理不善，上海城市中小河道填平、淤塞、黑臭等问题相当严重。如在工厂、房屋、道路等建设过程中与水争地，盲目填河、缩河，严重破坏了原有的自然水生生态。在村镇级中小河道中，由于未能建立长效的轮疏和管护机制，向河道随意倾倒垃圾杂物现象普遍，部分河道严重淤浅，排水不畅，调蓄能力锐减；同时，大量污染物直接排入村镇级河道，造成大量河道黑臭，约半数的村镇级河道水质低于Ⅴ类水。

苏州河环境的综合治理不仅带动了整个苏州河水系的建设，也推动了上海中小河道的治理进程。为解决中小河道污染问题，2001年，上海开始实施旨在加强对中小河道治理的举措，包括：因地制宜地建成了一批水质改善型、滨河景观型、生态环境型的样板河段；重点推进了淀浦河以北、蕴藻浜以南的骨干河道整治，以及中心城区主要河道"面清、岸洁"和郊区县级以上河道"面清、岸洁、有绿"的长效管理等。此次累计整治河道10069条（段），总长度达7398公里，新增河道岸边绿化294万平方米，疏浚淤泥7562万立方米。

2006年，上海市水务局发布《"万河整治行动"实施意见》，并于当年3月正式启动"万河整治行动"，《意见》要求在3年时间内，集中、全面整治总长约2万公里的村镇级河道。整治主要包括以下内容：

（1）截除污染源。对入河污染源实施有效控制，对沿河直排污水加以全面收集，有条件的地方要纳入郊区污水处理厂集中处置；如果确无条件纳入郊区污水处理厂集中处置，也应当因地制宜采取相应的收集处置措施。

（2）疏拓河道，沟通水系。疏浚河床淤泥，提高河道槽蓄容量，疏浚后河道底高程一般不高于0.5米（相对于上海吴淞口水面）；同时拆除阻碍水流的建筑物，使水系得以沟通，水动力得以增加，河道过流与自净能力得以提高。

（3）清理河岸与河面垃圾，消除沿河垃圾堆积现象，防止垃圾滑入河道。

（4）在河岸与水中进行绿化建设，在水中种植或放养能起到净水作用的无害动植物。

在开展"万河整治行动"的同时，上海市水务局等部门还整治了769公里的黑臭河道（以周浦、康桥、徐泾、九亭、南翔、江桥等近郊6镇的24条河道为重点），治理了1115公里的村沟宅河，建设涵盖1.85万户的农村生活污水处理工程，这也是2006—2008年上海市第三轮环保三年行动计划的重要任务之一。

截至2008年底，"万河整治行动"圆满完成既定目标，累计整治23245条段村镇级中小河道，总长度达17067公里，疏浚土方量达16863万立方米，完成原计划任务量的102%（见附表7-3）。上海郊区水环境的整体面貌因此得到显著改善。

2009年，上海市水务局根据与市财政局共同制定的《关于本市创建国家环境保护模范城市开展消除河道黑臭专项整治工程的实施意见》，新开工232公里的郊区城镇化地区黑臭河道全面整治工程，同时开展42公里的郊区骨干河道整治工程。进入2010年，上海为了做好世博会环境保障工作，重点整治中心城区、世博园区、虹桥交通枢纽等区域的水系及骨干河道。

随着持续不断加大的水环境整治力度，上海按照"三重三评"和"截污治污、沟通水系、调活水体、营造水景、改善生态"的工作方针，统筹城乡，全面推进河道整治工作，中心城区河道基本消除黑臭，郊区骨干河道实现了"流畅、面清、岸洁"；河道的防汛排涝能力得到了全面提高，水环境质量明显好转，河道长效管理机制逐步形成，有力地支持并服务了世博会环境保障工作。

2017年上海全面推行河长制，第二年全面建立了市、区、街镇、村居四级河长体系，共设立河长7787名，民间河长、河道监督员3441名。作为落实河长制的首场战役，2017年有1864条段1756公里中小河道基本消除黑臭现象。2017年启动的劣V类水体整治，至2018年底累计完成河道治理2040公里。

总之，在污染防治攻坚方面，上海市坚持以习近平新时代中国特色社会主义思想为引领，深入学习贯彻习近平总书记考察上海重要讲话精神和

张家浜整治前后（上海市绿化和市容管理局提供）

习近平生态文明思想，协同推进经济高质量发展、污染防治攻坚战和长三角一体化发展创新示范，各项工作进展顺利，水生态环境质量持续改善。2015 年 12 月 30 日，《上海市水污染防治行动计划实施方案》颁布实施。在全社会的共同努力下，上海实现了 2017 年基本消除黑臭河道，2018 年全面消除黑臭，2020 年基本消除劣 V 类水体的目标。

第八章　空气环境建设

在 21 世纪以前，上海的大气污染以煤烟型为主，治理烟尘污染是工作的重点。上海通过建立无黑烟区、烟尘控制区等方式来改善大气环境，提高城市空气质量。进入 21 世纪后，机动车尾气对城市空气的影响日益显著，上海的大气环境污染由单一型污染发展成复合型污染。与此同时，上海环境空气中的光化学污染和灰霾污染问题也日益突出，这对上海的大气污染治理工作提出了挑战。

第一节　上海空气环境状况

据《2011 年上海市环境状况公报》，2007—2011 年的监测数据表明，上海市空气环境质量总体稳中趋好，空气质量优良率连续 3 年超过 90%，其中 2011 年优良天数为 337 天，优良率达到 92.3%；同时，上海可吸入颗粒物、二氧化硫、二氧化氮均达到国家环境空气质量二级标准，且总体呈下降趋势。全年首要污染物为可吸入颗粒物的有 356 天，占总天数的97.5%；首要污染物为二氧化氮的有 8 天，占 2.2%；可吸入颗粒物和二氧化氮同为首要污染物的只有 1 天，占 0.3%。具体情况如下：

2011 年，上海空气可吸入颗粒物、二氧化硫、二氧化氮年日均值分别为 0.08、0.029、0.051 毫克 / 立方米。在酸雨和降尘方面，2011 年，上海平均区域降尘量为 6.6 吨 / 平方公里·月，道路降尘量为 10.7 吨 / 平方公里·月，与 2010 年相比，区域降尘量下降 0.4 吨 / 平方公里·月，道路降尘量下降 2 吨 / 平方公里·月。2011 年，上海降水 pH 平均值为 4.72，酸雨频率为 67.8%，较 2010 年下降 6.1%，连续两年下降。

2000—2010 年的监测数据也表明，上海空气环境状况总体呈现改善的趋势。10 年间，除酸雨频率有所增加之外，中心城区二氧化硫和二氧化氮年日平均值、可吸入颗粒平均浓度均呈下降趋势，环境空气质量优良率已经连续 10 年高于 80%。从 2013 年起，环境空气质量优良率以全国空气质量指数（AQI）评价，空气质量优良天数和优良率骤然降低，而后逐年增加和提高（见图 8-1、附表 8-1）。

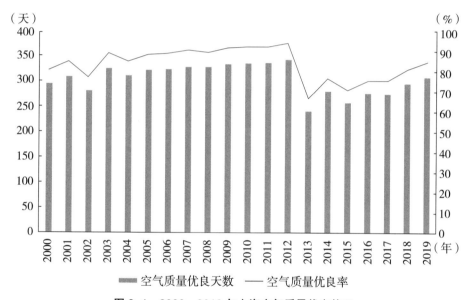

图 8-1　2000—2019 年上海空气质量优良状况

资料来源：附表 8-1。

然而，随着社会经济和城市的快速发展，特别是进入 21 世纪以来，上海机动车保有量迅速上升，机动车尾气对城市空气的影响日益显著。上海大气环境污染已经由 20 世纪的煤烟型污染发展成为现阶段煤烟型污染与石油型污染并重的复合型污染。这一时期，上海环境空气中光化学污染和灰霾污染问题也产生并日益突出。上述复杂的空气污染情况，对上海的大气污染治理工作提出了更高的要求，跨区域合作、联防联控的工作方式呼之欲出。

第二节　大气污染的防治

一、降（粉）尘治理：从基本无黑烟区建设到烟尘控制区建设

20世纪70年代，由于历史原因，上海市区降尘污染相当严重，年平均值都在30吨/平方公里·月以上，1977年达到41.0吨/平方公里·月。80年代初开始有所下降，但城区平均仍高达25.7吨/平方公里·月。

80年代，上海煤炭消耗量每年达1000万吨以上，大气污染以煤烟型为主，治理烟尘污染是工作的重点。这一时期，上海通过建立无黑烟区等方式来改善大气环境，提高城市空气质量。

建立基本无黑烟区从1982年开始实施，主要是改造使用量大、分布面广的小型燃煤炉灶。首先选择南市、静安、黄浦三区的"两街一场"，即南京东路、中山东一路和人民广场作为试点，经过一年多的努力，率先建成了基本无黑烟区，烟囱不再冒黑烟。之后，各区都把建设基本无黑烟区作为区域大气环境综合整治的重点，采取条块结合、以块为主的办法，一个街道一个街道地进行整治。到1985年底，市区全部实现了基本无黑烟区的目标。据统计，在此期间上海共改造炉窑灶21508台（眼），改造率95.65%，合格率达91.63%。[1]在实现基本无黑烟后，上海市区的粗颗粒物污染加剧情况得到有效缓解。

1988年1月12日，上海市政府发布本市烟尘排放管理办法，对烟尘排放进行全面管理。这是上海市第一个关于烟尘排放管理的政府规章制度，使上海烟尘污染治理及其管理在基本无黑烟区的基础上进一步迈入有序治理的法治轨道，也标志着上海烟尘控制进入新的阶段，即由基本无黑烟区建设转入烟尘控制区建设。

1989年，按照城市烟尘控制区建设的要求，上海市环保局对各区组织

---

[1]《上海建设》编辑部编：《上海建设（1949—1985）》，上海科学技术文献出版社1989年版，第109页。

验收确认，基本无黑烟区发展为烟尘控制区一期工程。1991 年，烟尘控制区继续巩固提高，创建了"烟尘控制达标街"。

1993 年 1 月起，上海开始建设烟尘控制区二期工程，1994 年 5 月完成并通过了市级验收。1997 年 12 月 19 日，上海市政府修改并发布了新的本市烟尘排放管理办法，提出对烟尘进行更加科学的管理。

1996 年结合城市功能布局和产业结构调整，上海继续搬迁和关闭市中心污染工厂和车间，提高居民燃气普及率，在此基础上，市区全部建成了烟尘控制区。

2002 年，上海又以优化能源结构、调整产业结构和加强机动车尾气、堆场扬尘执法为重点，积极推进大气污染防治。根据《上海市实施〈中华人民共和国大气污染防治法〉办法》规定，上海完成基本无燃煤区的规划。该规划共划定基本无燃煤区 659.77 平方公里，并分阶段实施。卢湾区建成上海第一个无燃煤区。随后，上海建成 12 个无燃煤街道、22 个基本无燃煤街道（镇）、2 个大气污染物排放达标镇、4 个烟尘控制达标镇，创建基本无燃煤区面积 116 平方公里，完成 400 台（眼）燃煤炉灶清洁能源替代改造任务。

通过不断努力，自 1992 年起，上海烟尘排放总量呈逐年下降趋势。2010 年，上海烟尘排放总量为 10.21 万吨，比 1992 年的 22.5 万吨下降了 54.6%。原因是越来越多的工厂企业采用了除尘设备，工业烟尘、粉尘去除量整体呈增加趋势。2010 年上海工业烟尘、粉尘去除量分别为 472.31 万吨、138.18 万吨，而 1992 年只有 258.49 万吨、117.86 万吨（见图 8-2、附表 8-2）。

随着工业烟尘、粉尘去除量的增长，上海工业烟尘排放量明显下降。2019 年，上海工业烟尘排放量仅为 1.33 万吨，不到 1992 年的十分之一。近年来，尽管人口持续增长，城市不断发展，但上海的生活及其他烟尘排放总量却呈现逐步降低的趋势，2019 年仅为 0.15 万吨（见图 8-3、附表 8-2）。

在积极防治烟尘的同时，上海也在推进扬尘防治工作。2004 年，通过卢湾、长宁、静安等 3 个区试点示范，扬尘污染控制工作以点带面，进一

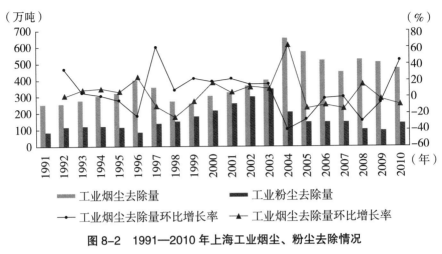

图 8-2　1991—2010 年上海工业烟尘、粉尘去除情况

资料来源：附表 8-2。

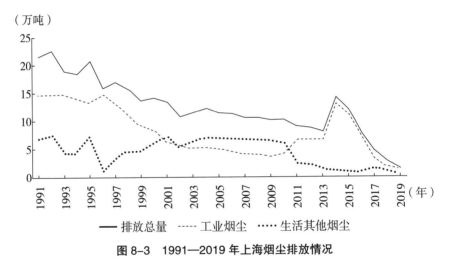

图 8-3　1991—2019 年上海烟尘排放情况

注：2011 年起，烟尘排放总量统计口径变更为烟（粉）尘排放量，2014 年工业粉尘排放量统计口径包括无组织排放量。

资料来源：附表 8-2。

步全面推进，效果明显。与 2003 年同期比，上海区域降尘量下降了 25%，内环线沿线道路降尘量下降了 23%。

至 2010 年底，上海外环线以外全面建成烟尘控制区，全市共创建扬尘控制区 728 平方公里。在城市经济快速发展的过程中，上海降尘量从 1991 年 17.23 吨 / 平方公里·月下降至 2010 年的 7 吨 / 平方公里·月，减少了

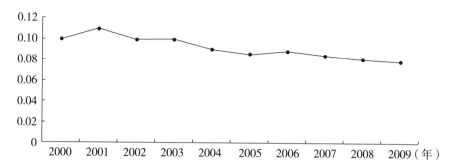

图 8-4　2001—2010 年上海中心城区可吸入颗粒物平均浓度（毫克 / 立方米）
资料来源：附表 8-1。

59.37%；可吸入颗粒物（PM10）浓度下降至 0.079 毫克 / 立方米。[1]上海中心城区可吸入颗粒物平均浓度整体呈下降趋势，从 2001 年的 0.1 毫克 / 立方米下降到 2010 年的 0.079 毫克 / 立方米，下降了 21%（见图 8-4、附表 8-1）。至此，上海大气污染中的粗颗粒物问题得到了较好的治理。

二、工业区治理与废气治理

中华人民共和国成立以来，上海作为全国工业中心的地位得到了进一步加强，集中了大量的重工业和化学工业。改革开放后，上海工业进一步迅速发展，废气排放量增长较快。1982 年，上海工业废气排放总量为 2440 亿标立方米，2008 年突破 1 万亿标立方米，达到 10436 亿标立方米。2010 年进一步增加，达到 12969 亿标立方米，是 1982 年的 5.3 倍。从历史数据来看，工业废气排放一直是上海废气排放的最主要来源。自 1991 年开始统计生活及其他废气排放量以来，工业废气排放量一直占上海废气排放总量的 85% 以上，2001 年以来更是达到 90% 以上。自 2011 年起，《上海统计年鉴》不再收入废气排放总量数据，仅列工业废气排放总量。2019 年，上海的工业废气排放总量高达 15016 亿标立方米（见图 8-5、附表 8-3）。因此，解决工业废气问题是治理上海空气污染的关键。

---

[1] 陈宁：《经济发展与上海的生态环境负荷》，周冯琦主编：《上海资源环境发展报告（2012）：河口城市生态环境安全》，社会科学文献出版社 2012 年版，第 48—49 页。

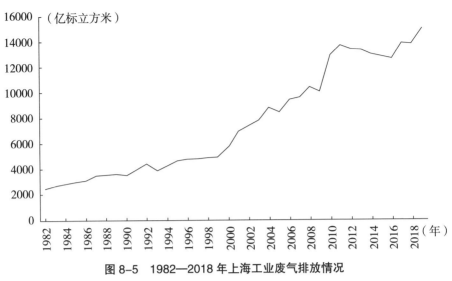

图 8-5　1982—2018 年上海工业废气排放情况

注：2008 年起工业废气排放量按新排放系数计算。

资料来源：附表 8-3。

基于上述情况，上海开始对工业区进行综合整治。

首先，通过企业的技术改造和调整生产场地以及采用吸附、吸收为主的净化处理方法来治理废气，工业废气污染治理取得较大成效。1991 年，上海安排废气治理项目 549 个。1992 年，上海安排废气治理项目 466 个，新增废气处理能力 308 万标立方米/小时。1993 年，第二次全国工业污染防治工作会议明确提出了 20 世纪 90 年代工业污染防治的基本方针，要求转变传统的发展战略，积极推行清洁生产，走可持续发展的道路。1994 年，上海继续积极开展污染源的治理，安排废气治理项目 413 个，当年竣工 882 个，新增废气处理能力 773 万标立方米/小时。据统计，从 1980—1994 年，上海完成各类废气治理项目 1800 余个，每天工业废气处理量从 1982 年的 5000 万标立方米增加到 1994 年的 1.09 亿标立方米，占上海工业废气排放总量的 90%。

其次，通过搬迁治理和综合整治的方法，对一些主要的废气污染企业和重点污染地区（如新华路、和田路、桃浦工业区、吴淞工业区等）进行综合治理，从根本上改善生产废气污染的状况。1994 年，搬迁治理列入上海市政府实事工程的污染工厂 10 家，此举削减废气量 0.9 亿立方米/日。

新华路地区环境综合整治项目，投资 1.6 亿元，历时 8 年，关、迁污染工厂 25 家，完成治理项目 406 个，空气总悬浮颗粒物和二氧化硫指标均达到国家二级标准，环境质量尤其是空气环境质量大为改善。和田路地区先后投入 10.8 亿元，历时 8 年，搬迁重污染工厂 14 家，动迁居民 2367 户，就地治理工业"三废"22 家工厂的 233 个项目，工业废气中污染物排放量削减了 87%，扭转了污染严重的状况。此举完成了上海市政府提出的整治任务，并在 1995 年"6·5"世界环境日摘掉了上海重污染地区的帽子。

1997 年，桃浦工业区摘掉了重污染帽子。作为上海市政府实事工程之一，桃浦工业区污染综合整治项目总投资达 7.3 亿元，历时 10 年，完成企业污染治理项目 112 个，治理工业废气 444.5 万标立方米/日，拔掉 50 根烟囱，拆除 34 台锅炉；建成 4 台 20 吨/小时集中供热蒸汽锅炉和 6.7 公里长的热力管网，动迁居民 867 户；种植绿化林带 44 公顷，绿化覆盖率达 25.9%。

1998 年，吴淞工业区综合整治工作启动，上海市政府成立了吴淞工业区环境综合整治领导小组，确定了分阶段治理目标和工作框架，安排治理项目 21 个，总投资超过 3000 万元。2004 年，吴淞工业区综合整治取得突破性进展，五钢公司化铁炉生产线、申佳铁合金公司锰系生产线全线关停，并确定了一钢公司 3 台转炉生产线的关停时间，建成工业区集中供热网，烟尘粉尘无组织排放整治工作有序推进。通过综合整治，吴淞工业区烟尘粉尘排放量削减近 70%，对周边地区的影响明显下降，主要环境质量指标有了较明显改善，居民信访投诉明显减少，厂群矛盾得到缓解。

三、电厂脱硫与酸雨治理

酸雨是指 pH 值小于 5.6 的雨雪或其他形式的降水，即雨、雪等在形成和降落过程中，吸收并溶解了空气中的二氧化硫、氮氧化合物等物质，形成了 pH 值小于 5.6 的酸性降水。酸雨主要是人为向大气中排放大量酸性物质导致的，各种机动车排放的尾气也是形成酸雨的原因之一。酸雨是全球三大环境危害之一，其危害是多方面的，包括对人体健康、生态系统和建筑设施都有直接和潜在的危害。具体来说，酸雨可使人免疫功能下降，慢性咽炎、支气管哮喘等呼吸系统疾病发病率增加；酸雨可导致土壤酸化，造成农作物大幅度减产；酸雨对森林和其他植物危害也较大，常使森林和其他植物叶子枯黄、病虫害加重，最终造成大面积死亡；由于酸雨的腐蚀作用，会增加建筑成本，加速建筑物老化，特别是文化古迹。由于煤炭在我国一次能源消耗中常年占 70% 以上，大量二氧化硫、氮氧化物排入大气，酸雨蔓延，至 20 世纪 90 年代，酸雨危害面积占全国国土面积的 40% 左右，成为世界第三大重酸雨区。[①]

近些年来，上海二氧化硫排放总量总体变化不大。1991 年，上海二氧化硫总排放量为 47.92 万吨，2007 年达到 49.78 万吨。2008 年，工业废气排放量按新排放系数计算后，二氧化硫排放量下降明显，当年为 44.61 万吨，2010 年则进一步降至 35.81 万吨。数据表明，二氧化硫的主要来源是工业排放。1991—2010 年，60% 以上的二氧化硫排放来自工业，最多时（1997 年）85% 来自工业。2016 年，由于非道路移动源排放量不再计入，二氧化硫排放总量急剧减少，至 2019 年仅为 0.76 万吨（见图 8-6、附表 8-2）。

鉴于酸雨导致的危害，上海加大了工业脱硫处理力度。1999 年，上海积极调整能源结构，完成了 576 台燃煤锅炉使用清洁能源的改造。电力行业燃料煤的含硫率控制在 0.8% 以下，其他行业基本控制在 1% 以内。石洞口等电厂的烟气脱硫工程完成前期准备工作，完成了 24 台中型燃煤锅炉脱硫装置安装工作。

2003 年，宝钢电厂 1 台 35 万千瓦燃煤机组和外高桥电厂 2 台 30 万千瓦燃煤机组的烟气脱硫工程进入招投标阶段，并于 2006 年顺利完成脱硫工程投入试运行，减排效果明显。"十一五"期间计划建设的燃烧电厂脱硫工程全部建成，并启动了电厂脱硝试点；112 台 10 蒸吨 / 小时以上工业锅炉二氧化硫治理达标工程已完成 86 台。

据统计，自"十五"计划以来，通过连续实施环保三年行动计划，上

① 孙崇基编著：《酸雨》，中国环境科学出版社 2000 年版，第 107—222 页。

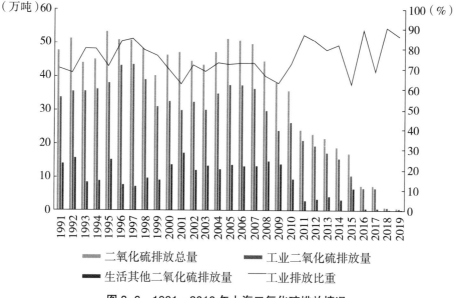

图 8-6 1991—2019 年上海二氧化硫排放情况

资料来源：附表 8-2。

海累计完成 1412.4 万千瓦燃煤机组脱硫设施建设，关停了 178.4 万千瓦中小燃煤机组，对近 6000 台燃煤设施实施清洁能源替代，减少用煤量超过 380 万吨，创建 682 平方公里基本无燃煤区，淘汰 3000 余家"两高一低"企业。[①]

　　通过上述种种措施，上海工业废气二氧化硫去除量增长迅速。1991 年，去除量仅 4.13 万吨，2010 年达到 34.98 万吨，19 年间增长了 7 倍多，年平均增长率 11.9%，增长迅速（见图 8-7、附表 8-2）。经过治理，上海二氧化硫排放总量自 2012 年不断下降，至 2017 年仅为 1.85 万吨，不到 1991 年的 5.3%，其中工业排放量 1.27 万吨、生活及其他排放量 0.58 万吨，成效显著。

　　随着工业脱硫脱硝工作的推进，上海二氧化硫、二氧化氮污染问题得到了一定程度的缓解。2000—2010 年，上海中心城区二氧化硫、二氧化氮年

---

　　① 陈宁：《经济发展与上海的生态环境负荷》，周冯琦主编：《上海资源环境发展报告（2012）：河口城市生态环境安全》，社会科学文献出版社 2012 年版，第 48 页。

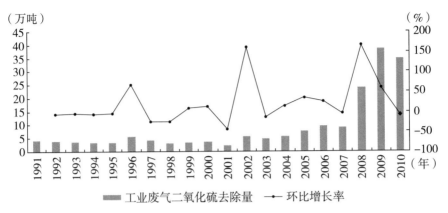

图 8-7   1991—2010 年上海工业二氧化硫去除情况

资料来源：附表 8-2。

日平均值整体呈下降趋势。二氧化硫年日平均值从 2005 年的 0.061 毫克 /
立方米降至 2010 年的 0.029 毫克 / 立方米，降幅达 52.5%；二氧化氮年
日平均值从 2001 年的 0.09 毫克 / 立方米降至 2010 年的 0.05 毫克 / 立方
米，降幅达 44.4%。2019 年，上海全市二氧化硫年日平均浓度为 7 微克 / 立
方米，已连续 4 年达到国家环境质量一级标准，各区二氧化硫浓度总体
较低；二氧化氮年日平均值 42 微克 / 立方米（见图 8-8、附表 8-1）。

图 8-8   2000—2019 年上海中心城区二氧化硫、二氧化氮年日平均值变化

资料来源：附表 8-1。

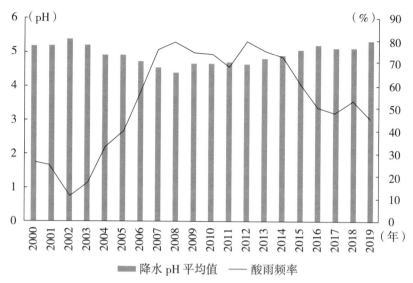

图 8-9　2000—2019 年上海降水 pH 平均值、酸雨频率变化

资料来源：附表 8-1。

　　然而，虽说近年来持续加大了治理力度，工业脱硫量有较大增长，二氧化硫、二氧化氮年日平均值也呈整体下降趋势，但从 2000—2019 年的统计数据来看，上海的酸雨治理还有很长的路要走，需要跨区域合作，特别是长三角地区。与 2000 年相比，2019 年上海降水的 pH 平均值没有太大的变化，还是偏酸性，其间还有起伏变化。尽管酸雨频率呈现先走高后降低的趋势，但 2019 年上海酸雨频率高达 44.5%，远高于 2000 年的 26%（见图 8-9、附表 8-1）。

四、机动车尾气治理

　　1949 年上海机动车保有量仅为 9997 辆，至 1980 年也只有 79753 辆，保有量低，对环境影响有限。改革开放后，上海机动车保有量增速加快，特别是进入 20 世纪 90 年代后增长迅速，1992—2004 年年增速基本都在 10% 以上。2000 年，上海机动车保有量突破 100 万辆，2004 年突破 200 万辆，2010 年达 309.7 万辆，是 1980 年的近 39 倍。1980—2010 年 30 年间，上海机动车保有量年平均增长率为 12.97%。从 2012 年起，上海民用车辆拥有量的数据统计不含强制报废量，当年为 260.9 万辆，虽说市中心城区有牌照限

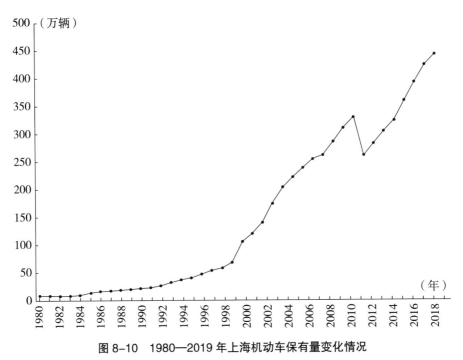

图 8-10 1980—2019 年上海机动车保有量变化情况

注：（1）数据不包括军用车辆和码头、机场等专用特种车辆；从 2012 年起，民用车辆拥有量的数据不含强制报废量。（2）2019 年底，上海新能源汽车保有量约为 30 万辆。

资料来源：附表 8-4。

制政策，但上海汽车保有量还在不断增长，至 2019 年为 442.55 万辆，其中新能源汽车约 30 万辆（见图 8-10、附表 8-4）。

随着机动车保有量的快速增长，机动车尾气带来的大气污染问题日益突出。其实，对于汽车尾气问题，上海市政府较早就有关注。1985 年，上海市环保局及其所属市环境监测中心、市环境保护研究所即对机动车排放废气的状况做了一些监测和调查研究工作。不过，此时废气的治理工作还基本处于空白状态，主要工作目标是加强对机动车的监督管理。

1987 年 10 月 20 日，上海市政府转发市计划委员会、市经济委员会、市交通办、市公安局关于《上海市汽车和摩托车报废更新实施办法》，规定排放废气超过国家排放标准，无法修复的车辆，可办理报废更新手续。1988 年 10 月，为贯彻国家大气污染防治法和上海市烟尘排放管理办法，上海市环保局和市公安局联合颁发《关于执行国家机动车排放标准的联合通知》。

1989 年，上海市环保局会同市公安局组织市环境监测中心、车辆管理所开展"上海市机动车排气污染防治管理对策"工作专题调查。对 11 个交通路口的车流量和空气污染物监测结果表明，上海交通路口车流量和高峰小时车流量明显增加，高峰流量的时间分布延伸，相应道路大气中污染物浓度也增高，污染物浓度与车流量随时间变化相同，均呈双峰型，即上午 9—11 点、下午 2—4 点为高峰时间。报告认为，市区外围的中山环路及通往新客站的主要路口和闹市区由于车流量大，污染较严重。这些路口的一氧化碳、氮氧化物的日均浓度均超过国家大气环境质量二级标准，碳氢化合物和铅的浓度也较高。据 1989 年初步估算，上海汽车排放的一氧化碳和氮氧化物分别约占大气污染物中相应总量的 46% 和 4.6%；在主要交通路口，汽车废气在大气污染中所占比例还要高，一氧化碳和氮氧化物分别高达 77% 和 72% 以上。

1990 年 10 月 16 日，上海市环保局转发关于实施国家标准《汽车曲轴箱排放物测量方法及限值》的通知，开始探索汽车减排。1992 年 3 月，上海市环保局会同市公安局报经市政府批准，联合颁发关于执行上述标准的通告，规定自当年 3 月 1 日起，在东风、解放等主要车型强制安装曲轴箱通风装置，治理汽车曲轴箱排放的碳氢化合物。至 1993 年 3 月，上海约有 6 万辆汽车安装曲轴箱强制通风装置。

1994 年 12 月，上海市环保局委托市环境监测中心组织汽车净化器的推荐评选工作。1995 年，上海第一次推荐磁化净化器、点火器、清洗机 3 种类型 5 种产品的汽车净化装置，并与市公安交警总队研究决定采取产品推荐目录方法，凡选用的净化装置产品必须是经由市环保局评审通过的推荐目录产品。为贯彻国家 7 项汽车排放标准，1994 年末，上海市环保局还会同市公安局、市交运局和市公用局提出若干意见，强调要加强路检和对新车、在用车的抽检。上述工作后经上海市政府同意，于 1995 年贯彻执行。

不过，这一时期机动车尾气治理成效还相当有限。据上海市环境科学院承担的"上海市汽车排气污染现状及在大气污染的分担率""上海市区域性光化学污染研究""减少上海城市车辆排污危害的战略"等课题报告，1989—1995 年的臭氧监测结果表明，上海中心城区局部地区光化学污染已有迹象，控制汽车排气污染刻不容缓。

1996 年初，上海市环保局第二次推荐 2 种类型 2 种汽车净化装置，分别为上海交通大学动力机械工程公司的多功能高效净化器和上海东方电子工业公司的增力环点火器。当年 10 月，上海市政府把为 10 万辆汽车安装净化装置列为实事工程之一，11 月完成约 13 万辆，开创了上海在加强汽车废气排放监督管理的同时，对汽车废气净化进行治理的新时期。1999 年，上海市环保局、市公安局和上海商检局等 7 家单位联合发出执行《上海市轻型汽车排气污染物排放标准》的通告，当年 7 月 1 日起实施。此后上海市内生产和运行的机动车辆均须安装电子喷射和三元催化装置，以基本消除汽车排放中的氮氧化物、一氧化碳和碳氢化合物等有毒有害气体的污染。

1997 年，为治理机动车铅污染，上海自当年 10 月 1 日起实施汽车用汽油无铅化工程；12 月 1—15 日，上海市环保局对 526 家加油站供应的汽油含铅量进行了抽样监测，合格率为 100%。

汽车尾气治理的另一项重要措施是对汽车尾气排放标准的严格规定。2003 年，上海机动车尾气治理取得实质性进展。经国务院批准，从 2003 年 3 月 1 日起，上海提前实施国家第二阶段机动车排放标准（等效于欧 II 标准）。随后，上海中心城区公交车和出租车更新加快，2003 年，上海在 228 条公交线路中有 1657 辆公交车完成更新任务，达到了欧 II 标准，约占总数的 26.3%；出租车有 3 万辆达到了欧 II 标准，约占总数的 75%。

进入 21 世纪，随着上海汽车保有量的激增，汽车尾气导致的空气污染问题越来越严重。研究表明，机动车排放的氮氧化物、挥发性有机物和颗粒物在上海中心城区所有污染源中的占比分别达到 66%、90% 和 26%，机动车排放已经成为影响城区环境空气质量和居民健康的主要污染源。

为此，上海对机动车尾气排放管理采用更加严格的标准。2008 年 1 月 1 日开始，上海所有重型车正式执行国 III 标准；7 月 1 日起，所有新轿车执行国Ⅲ标准，不达标的一律不得销售、注册登记和投入使用。国Ⅲ排放标准等效采用了欧洲第三阶段机动车排放控制标准。达到国Ⅲ标准的车辆有两大突出特点：一是可大幅度削减单车的污染物排放，其排放污染物总量比国Ⅱ标准的车辆减少30%以上；二是加装了车载排放诊断系统。

按照国家减排规定，全国范围内最迟于2011年实施国Ⅳ标准。但为尽快改变机动车尾气带来严重大气污染问题的现状，从2009年11月1日起，上海在新车登记注册时，对所有轻型汽油车以及公交、环卫、邮政车辆，实施国家第四阶段机动车排放标准（等效于欧Ⅳ标准），并对高污染车辆进一步实施限行和淘汰政策。国Ⅳ标准对机动车排放控制更加严格，需要在满足国Ⅲ标准基础上再进一步降低30%—50%的污染物才能达标。实施国家第四阶段排放标准后，轻型汽车单车污染物排放进一步降低50%左右，重型汽车单车排放进一步降低30%，颗粒物排放更降低80%以上，这对上海的机动车污染减排起到了至关重要的作用。从国Ⅰ标准到国Ⅳ标准，上海只用了10年时间。实施国Ⅳ标准后，机动车单车排放累计降低了97%以上，大大推进了机动车污染控制工作的进程，污染减排的环境效益明显。

为进一步控制汽车尾气污染，2014年5月1日，上海正式实施国Ⅴ标准。国Ⅴ标准指的是2013年9月环保部发布的《轻型汽车污染物排放限值及测量方法（中国第五阶段）》。国Ⅴ标准大幅度加严了污染物排放限值，以轿车为例：汽油车的氮氧化物排放限值加严25%，柴油车的氮氧化物排放限值加严28%，颗粒物排放限值加严82%。对汽车污染控制装置的耐久性里程，由8万公里增加到16万公里，即在16万公里以内，汽车污染物排放应达到本标准限值要求。国Ⅴ标准的技术水平和欧洲正在实施的第五阶段排放法规相当。

2016年12月23日，环保部发布《轻型汽车污染物排放限值及测量方法（中国第六阶段）》。2020年7月1日，上海实施国Ⅵa阶段排放标准，汽油车的一氧化碳排放量降低50%，总碳氢化合物和非甲烷总烃排放限值下降50%，氮氧化物排放限值加严42%，其标准全面达到欧盟现阶段油品标准，甚至个别指标还要超过欧盟标准。

随着近些年全方位的大气污染治理，上海全市大气环境质量明显改善，主要污染物浓度进一步下降。2020 年，上海环境空气 6 项指标实测浓度首次全面达标，空气质量优良天数 319 天，优良率 87.2%。

第九章　城市固体废物处理

城市固体废物包括工业固体废物、危险废物、城市生活垃圾等，它具有隐蔽、滞后、累积、连带等特性，如不及时进行有效处理与回收，易对居民的身体健康和城市的生活环境造成危害。上海作为特大城市，同样面临城市固体废物的处理问题。新中国成立以来，上海对城市固体废物的处理方式进行了不懈探索，取得了不小的成绩。

第一节　工业固体废物的综合利用

工业固体废物是指在工业、交通等生产活动中产生污染环境的固态、半固态废弃物质，主要包括金属冶炼厂的冶炼渣，发电厂的粉煤灰，炉、窑、灶的煤渣，化工厂的化工渣等。由于经济发达，工业门类齐全，自20世纪60年代以来，上海工业固体废物的产生量和种类就不断增加。改革开放以后，伴随经济迅猛发展，上海工业固体废物产生量增加问题日益突出。1980年，上海工业固体废物产生量582万吨，至2010年高达2448.4万吨，30年间增加了3倍多（见图9-1，附表9-1）。

改革开放前，上海对工业固体废物的处理方式较为简单粗放，主要是堆放、倒入长江口或者填海。改革开放后，上海开始越来越多采取综合利用的方式来处理工业固体废物，最大限度发挥它们的经济价值，减少它们对生态环境的影响。

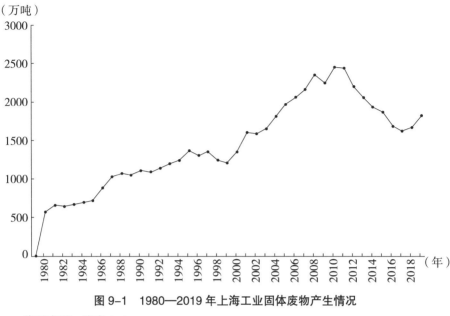

图 9-1　1980—2019 年上海工业固体废物产生情况

资料来源：附表 9-1。

　　上海是我国的钢铁冶炼中心之一，每年都会产生大量冶炼渣。在冶炼渣综合利用方面，20 世纪 80 年代末，上钢五厂投资 288 万元在宝山杨行镇建立上海五洋冶金废钢渣利用厂。该厂有一套年处理能力 17 万吨的处理转炉钢渣装置，采用热钢渣喷水余热自解工艺，每年可回收钢渣 1.5 万吨、粉渣 15.5 万吨，其中粉渣大部分用于筑路。至 1995 年，上钢一、三、五厂每年可综合利用转炉钢渣 67 万吨。同年，上海冶炼渣产生量 614 万吨，利用量 565 万吨，利用率 92.0%。

　　粉煤灰主要来源于发电厂。20 世纪 70 年代末，上海每年向长江口浅滩倾倒粉煤灰约 36 万吨。1986 年，投资 5000 万元的上海电力灰场建成。该灰场位于上海奉贤海边，占地 226 万平方米，总容量 779 万立方米，可供上海各发电厂储灰 15 年以上。1989 年 7 月 1 日起，上海各发电厂停止向长江口水域倾倒粉煤灰。各发电厂所产生的粉煤灰，除了综合利用之外，全部就近被收集到上海电力灰场、石洞口电厂灰场或宝钢灰场。

　　粉煤灰的综合利用有多种途径，主要为：（1）工程回填。如外高桥港区 10 万平方米的地基就是由 22 万吨粉煤灰回填而成的。（2）路基和高路堤工程。如在莘松高速公路新桥立交工程中，共用粉煤灰 5 万余吨，节约造价约 300 万元。（3）建筑混凝土、预制水泥、砌筑砂浆。混凝土中掺粉煤灰对其自身而言益处很多，不但能改善流动性，提高可泵性，而且可降低水化热，防止开裂。因市政建设大量用灰，20 世纪 90 年代，上海粉煤灰综合利用重心转移到市政建设领域。1995 年，上海粉煤灰产生量 360 万吨，利用量 302 万吨，利用率 83.9%。

化工渣主要来源于化工原料、塑料、农药、涂料、橡胶、化肥、化工装备、化学试剂、炼焦、焦炭化学等行业。它主要包括硫铁矿渣、电石渣和铬渣等，其中前两者占总渣量的 80%。化工渣中有部分是属于危险废物，如电石渣、铬渣。这些废渣在 20 世纪 60 年代以前以堆存为主，70 年代开始综合利用。硫铁矿渣用于生产水泥，电石渣用于中和酸性废水和制砖，铬渣用于玻璃瓶着色剂。1995 年，上海化工渣产生量 80 万吨，利用量 74 万吨，利用率 92.5%。

炉渣来源于燃煤的炉、窑、灶，主要用于生产煤渣砖、筑路等。1978 年起，上海炉渣由市、区、县石油煤炭公司统一收集、分配、利用、管理。1986—1990 年，上海共回收利用炉渣 827 万吨，以渣代煤，节约原煤 165 万吨。进入 20 世纪 90 年代，由于城市煤气化步伐的加快，炉渣产生量大幅下降。与此同时，原材料、成本涨价等因素导致煤渣砖厂生产不景气，综合利用量有所下降。1990 年，上海炉渣产生量 239 万吨，利用量 207 万吨，利用率 86.6%；1995 年，产生量 151 万吨，利用量 118 万吨，利用率 78.1%。

总之，随着固体废物综合利用体系的日臻完善，上海工业固体废物综合利用率逐年走高。1981 年，综合利用率仅 51.6%，至 1987 年已达 80% 以上，1997 年后更是达到 90% 以上。2011—2017 年，产生量逐年下降，综合利用率均超过 94%。这说明，这一时期上海的工业固体废物处理工作是卓有成效的。然而，2018 年、2019 年出现了产生量增加、综合利用率下降的情况，说明上海在这一领域的工作还有加强提高的空间（见图 9-2、附表 9-1）。

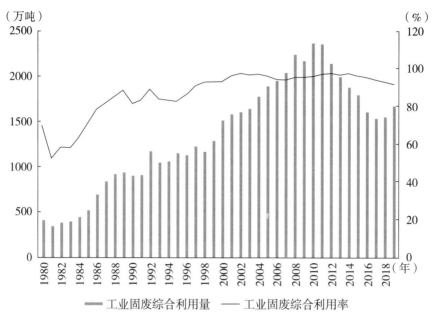

图9-2　1980—2019年上海工业固体废弃物产生量及综合利用情况

资料来源：附表9-1。

第二节　工业危险废物的利用与处置

《国家危险废物名录（2021年版）》规定了危险废物的特征：一是具有毒性、腐蚀性、易燃性、反应性或者感染性一种或者几种危险特性的；二是不排除具有危险特性，可能对生态环境或者人体健康造成有害影响，需要按照危险废物进行管理的。工业危险废物主要包括废酸、废碱、废油、废有机溶剂、金属废渣、电镀缸脚、污泥等。

上海工业门类齐全，产生的危险废物的种类相对也较多。《控制危险废物越境转移及其处置巴塞尔公约》中列举了45类危险废物，上海就有39类。据1991年固体废物申报登记统计资料，上海产生危险废物的企业将近1100家，分属化学、冶金、医药、金属加工、石油化工、机械、纺织等39个行业。随着上海化工等工业的进一步发展，危险废物产生量总体呈上升趋势。2000年，上海工业危险废物产生量28.32万吨，2019年增至123.98万吨，增长3倍多（见图9-3、附表9-2）。

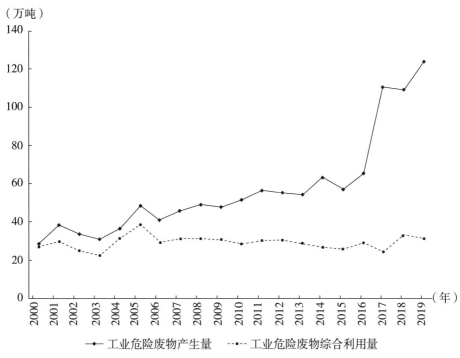

图 9-3　2000—2019 年上海工业危险废物产生量及综合利用量

资料来源：附表 9-2。

上海对工业危险废物的处置始于 20 世纪 80 年代，处理方式包括综合利用和安全处置。综合利用方面，通过企业内部推行清洁生产，减少危险废物产生，同时对电镀污泥、有色金属、有机溶剂、废矿物油等危险废物实行资源化综合利用。综合利用是上海工业危险废物的主要处理方式之一，平均每年综合利用量二三十万吨（见图 9-3、附表 9-2）。安全处置方面，对不能进一步利用的固体废物通过焚烧、安全填埋等方式实施无害化处置，实现源头减量化、综合利用资源化、最终处置无害化。

上海工业危险废物的综合利用对象主要包括废酸、废碱、废油、废有机溶剂、金属废渣等。对于危险废物主要构成的废酸和废碱，主要通过废物交换作为废水处理药剂加以利用，利用率在 90% 以上。如杨浦区于 1989 年 8 月成立了废酸碱调节中心，以社会化服务的方式来解决中小型企业的废酸碱问题。到 1990 年 9 月，废酸碱调出单位 9 家，调进单位 14 家，运输废酸 1676 吨、废碱 1996 吨，共计 3672 吨。这一数值在 1992 年、

1993 年、1994 年分别达到 7280 吨、6811 吨、9365 吨，服务企业 30 余家。相关工厂也从中得到实惠，如中国纺织机械厂在一年多时间里共运出废酸 165 吨，按 1:1 消耗计算，若加碱中和需 1.1 万元，而废酸外运仅需支付运费 0.1 万元。

其他废渣综合利用，如 1991 年，上海延中化工厂建成一套每年能回收非含氰热处理废渣 1000 吨的装置，生产硝酸钾、亚硝酸钠、氯化钠、氯化钡。1992—1995 年，该厂共回收非含氰热处理废渣 1800 余吨，生产产品 500 余吨。

综合利用由于存在经济成本及二次污染等问题，近年来人们越来越多地倾向于对危险废物进行更加科学的安全处理。上海于 1997 年积极推行固体废物转移联单制度和危险废物经营许可证制度，从危险废物的产生源头、运输环节到最终处理处置阶段实行"从摇篮到坟墓"全过程管理，同时加强了新建项目审批中的危险废物管理，严格审核危险废物流向、利用和处置。

1999 年，上海全面推行危险废物管理转移联单制度和危险废物经营许可证制度，对危险废物的产生、储存、运输、利用、处理、处置全过程进行跟踪管理。这一年，上海有 370 家企业执行危险废物转移五联单制度；上海市环保局向 43 家企业颁发了危险废物经营许可证，全年处理处置危险废物 33831 吨。2005 年，上海具有危险废物经营资质的企业有 60 余家，主要包括 1 家安全填埋场、19 家焚烧处理企业、6 家废有机溶剂回收企业、6 家有色金属回收企业、6 家油污泥处理、4 家废乳化液与钝化液处理企业、4 家砖瓦厂处理电镀污泥等，初步建立了危险废物专业收集服务网和较为完善的社会化处置系统。这一年，上海危险废物转移联单开具量达到 2 万份。[①]

随着处置系统的建立与完善，上海工业危险废物处置率有了较大提高。2000 年，上海工业危险废物处置量 1.08 万吨，处置率仅 3.81%；至 2019 年，处置量 93.16 万吨，处置率达到 75.14%（见附表 9–2）。上海市生态环

---

① 高欣：《固体废物循环管理研究——基于上海市循环经济发展》，中国环境科学出版社 2008 年版，第 21 页。

境局公布的统计数据显示，2021 年，本市工业危险废物处置量达到 140.1 万吨，处置率接近 100%，成效显著。

为更有效和安全解决固体废物，特别是危险废物处置问题，上海开始筹划建立上海市固体废物处置中心（以下简称"固废处置中心"）。本着对上海市民负责原则，经过 8 年的选址，2001 年固废处置中心在嘉定区朱家桥雨花村开工建设。该项目总投资 3.6 亿元，占地 150 亩，建造 21 个填埋库，总填埋处置容积 88 万立方米，可连续使用 47 年。2002 年 7 月，一期工程建成并投入试运营，总建筑面积 3342 立方米，建造填埋库 3 个，地下填埋净深度 10 米，有效容积 10 万立方米，危险废物年填埋处置量 2.5 万吨。2005 年，一期工程通过竣工验收，并移交至上海市城市建设投资开发总公司，由上海城投环境投资有限公司经营管理。

固废处置中心是上海市行政区域内唯一一家集医疗废物、危险废物和一般工业固体废物于一体的集约化、市场化、专业化处理处置单位，可满足全市生活垃圾焚烧设施的除尘灰渣、工业危险废物、日常生活中产生的危险废物处理需要。固废处置中心建有国内规模最大、综合处置能力最强、资源利用率最高、技术工艺水平最先进的集填埋、焚烧、利用于一体的危险废物综合型处理处置示范基地，拥有上海市唯一的医疗废物专用焚烧线、医疗废物与危险废物混合焚烧线、危险废物填埋场、一般工业固废填埋场、医用一次性塑料输液瓶（袋）回收利用处理线、飞灰制备生态水泥资源化科研示范装置、危险废物等离子体固废气化科研中试装置和危险废物应急处置队伍与装备。

固废处置中心具有较强的危险废物源头管理、收集运输、处理处置及应急处置等能力，可依托医疗废物、危险废物和一般工业固废处理处置项目的技术研发、工程建设和运营管理等三支团队，提供危险废物处理处置项目技术咨询、工程建设和运营管理的全过程专业服务，先后取得一系列营运资质。如：2007 年通过 ISO 9001 质量管理体系、ISO 14001 环境管理体系、OHSAS 18001 职业健康安全管理体系国际认证，2008 年获得环保部颁发的首批环境污染治理设施运营（工业固体废物甲级）资质。

第三节　城市生活垃圾处理

城市生活垃圾是指在城市日常生活中或者为城市日常生活提供服务的活动中产生的固体废物，包括：有机类，如瓜果皮、剩菜剩饭；无机类，如废纸、饮料罐、废金属等；有害类，如废电池、荧光灯管、过期药品等。改革开放以来，随着城市的发展，人口的增加，生活水平的提高，上海生活垃圾产生量逐年走高。1977 年，上海城市生活垃圾清运量为 92 万吨，至 2019 年已达 1038 万吨，是 1977 年的 11 倍多（见图 9-4、附表 9-3）。

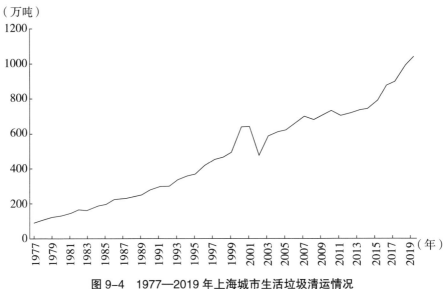

图 9-4　1977—2019 年上海城市生活垃圾清运情况

资料来源：附表 9-3。

面对巨量生活垃圾给生态环境带来的极大压力，上海主要探索采取了堆放、卫生填埋、高温堆肥、焚烧等方式。2019 年，上海通过垃圾分类从源头上管控垃圾产生量，取得了一定成效。

一、堆放

市区垃圾清除后堆放在空地、河边或填埋沟、浜、洼地，这是出现较早，最常见、最容易的一种垃圾处理方式。20 世纪 80 年代，上海市区的生活垃圾主要堆放在江苏、浙江和上海郊县垃圾滩地，但垃圾的堆放必然会影响环境卫生。1986年，上海市环卫局对生活垃圾的堆放管理作出新规定，要求做到：选点合理，堆放场地既要远离主要公路、城镇，又要交通便利；倾卸合理，有机质多的垃圾放在下面，少的放在上面；平整合理，堆放垃圾的面既要平整，又要有适当的坡度，缩小新鲜垃圾的暴露面；每年4—10月喷洒药物，灭除蚊蝇。

80年代上海垃圾堆放管理的另一项重要工作是兴建三林塘垃圾堆场防污染工程。三林塘垃圾堆场自1941年起就开始堆放上海市区的垃圾，到80年代后期，每年接纳垃圾50万—70万吨，一直是市区稳定的、主要的垃圾堆放和中转场地。但由于堆场地处浦东黄浦江边，距黄浦江上游的临江泵站取水口仅2公里，存在污染水质的风险。为保护饮用水源，防止临江泵站取水口受到污染，1989年初，投资678万元的三林塘垃圾堆场防污染工程动工。该工程采取"围起来、打出去"的方法，在堆场周围设防渗、防汛墙，截断垃圾渗滤液流进黄浦江。防污染工程主要由4个部分组成：一是地下防污墙工程。在3块沿黄浦江的垃圾堆放场地岸线旁建筑防渗墙1561米，墙体高出黏土层1米，使整个垃圾堆放区形成封闭式的地下防渗帷幕，防止垃圾渗滤液进入地下水和黄浦江。二是防汛墙工程。护岸防汛墙按千年一遇的高潮位设计，标高5.3米、长1730米，隔断垃圾堆与潮水的接触，消除了因涨落潮挟带垃圾而对黄浦江产生的污染。三是截水沟和集水池工程。在垃圾堆场旁沿黄浦江一侧建40厘米高的挡土墙与截水沟连成一体，截水约宽40厘米、长1535米，垃圾堆放过程中产生的污水经截水沟流入集水池，集水池容量按照污水产生量设计建造，3只集水池容量为3250立方米，待污水流进集水池后，再将污水抽到船上送污水处理厂，或用泵往垃圾堆上输送进行喷淋蒸发。四是道路与绿化工程。沿防汛墙建成宽4—7米、长1436米的水泥路面，使垃圾堆场形成环形道路，在防汛墙与道路之间，建25米宽、2000米长的绿化地带，既防止垃圾吹入江中，又美化了周围的环境。

1989年底，三林塘垃圾堆场防污染工程竣工，一方面使上海市区垃圾有了一个稳定的堆放场地，缓解了垃圾出路难的问题；另一方面消除了垃圾堆放过程中对黄浦江水的污染风险，提高了水源厂的水质，保证了市区居民的饮水卫生，取得了显著的社会效益。①

二、卫生填埋

所谓卫生填埋是指，为防止生活垃圾对环境造成污染，根据排放的环境条件，在填埋场底部铺垫一定厚度的黏土层或高密度聚乙烯材料的衬层，并具有地表径流控制、浸出液的收集和处理、沼气的收集和处理、监测井及适当的最终覆盖层的设计，达到被处置废物与环境生态系统最大限度的隔绝。用填埋的方法处理生活垃圾，改变了分散、裸露的简易堆放处理方式，有效地减少了污染。由于垃圾堆放过程中会产生一些环境问题，如臭味、污水等，进入 20 世纪 90 年代后，上海开始越来越多地采用卫生填埋方式来处理生活垃圾。这一时期，上海在老港建立了废弃物处置场。

上海废弃物老港处置场位于距上海市中心东南约 60 公里的东海之滨，长江口和杭州湾之间的南汇县（2001 年撤县设区）境内，系利用长江流沙淤积形成并逐年扩张的滩涂，经围坝筑堤而成，不占用农田。处置场工程由围堤、码头、河道、港池、桥梁、道路和生产、生活基地以及绿化林带等项目组成。按设计，卸堆垃圾由滩涂（标高为 4 米上下）填至堤顶高度（标高为 8 米），以平均厚度 4 米计算，容积达 1040 万立方米，可使用 15 年以上。

1985 年 12 月，上海废弃物老港处置场破土动工，一期项目总投资 10494 万元，设计日处置生活垃圾 3000 吨，高峰时可达 4200 吨。1989 年 10 月一号码头建成并投入试运转；1990 年 7 月二号码头完工，两个码头同时投入试生产。1991 年 4 月第一期工程竣工并通过市级验收，转入正式投产。

上海废弃物老港处置场生活垃圾填埋处理分推铺、压实、覆盖 3 个环节。（1）推铺：垃圾倒卸后，由推土机从上往下交替推送，推铺成 0.3 米

---

① 中共上海市委党史研究室编：《上海社会主义建设五十年》，上海人民出版社 1999 年版，第 839—840 页。

的薄层。（2）压实：每个垃圾面层经过推土机4次碾压，然后再推铺，再碾压，每堆至0.9米厚度，再用压实机压实，增加垃圾密实度和容量，控制臭气散发和苍蝇孳生，如此重复操作至4米高度。（3）覆盖：首先是在压实的生活垃圾裸露面上，及时用熟化垃圾覆盖，厚度0.15米；然后用熟化垃圾细料覆盖，最终用吹泥法覆盖0.3米厚的泥浆或泥土，达到造田复垦之目的。

同时，为进一步减少对环境的影响，上海废弃物老港处置场采取了较有效的环境保护措施：对生产区内污水和码头污水，通过地下排污管道流入集水井，排入氧化塘；对垃圾渗沥水设置收集井，用泵打入氧化塘，经净化处理符合排放标准后，排入纵深近千米的芦苇荡进行芦苇湿地净化，然后流入东海稀释；定期疏浚港地，在水质下降时，实施换水；营造绿化隔离林带，改善生态环境和观瞻；掌握苍蝇习性，有针对性地实施药物灭蝇；设立环境监察室，建立经常性的监察制度；在垃圾填埋区内埋管收集沼气，进行点燃和导排，预防燃烧或爆炸事故发生等。

1991年1月，上海废弃物老港处置场被国家科委社会发展科技司和建设部科技发展司评为"第一届全国垃圾处理及试点推广技术项目"。同年8月，被国家环保局和建设部评为"全国城市环境综合治理优秀项目"。

1992年底，上海废弃物老港处置场实施第二期工程，总投资5676万元，于1996年9月竣工并通过市政验收，日处置生活垃圾6000吨。1998年起又实施第三期改扩建工程，总投资1.6亿元，于2000年建设完成，日处置生活垃圾9000吨。2004年7月1日起，上海废弃物老港处置场由事业单位转制为企业，更名为上海老港废弃物处置有限公司，现为上海环境实业有限公司控股的国有独资企业，担负着上海市区约70%城市生活垃圾的起卸、运输任务。

三、高温堆肥

高温堆肥是上海尝试的实现城市垃圾资源化、减量化的一条途径。1980年，经上海市政府批准，上海第一座生活垃圾无害化处理场在嘉定县安亭镇附近开工建设。1981年，有关部门专门成立了垃圾无害化处理小组，对垃圾高温堆肥发酵处理进行小型模拟试验。

安亭生活垃圾无害化处理场于 1983 年底基本建成，它是上海第一座采用高温堆肥发酵的生活垃圾处理场，占地 30 亩，建有堆肥仓 60 座，有效容积 200 立方米。每只仓底设有通风槽，与仓外鼓风机连接；仓顶有水泥仓盖，使堆仓密封；设有活性污泥处理污水系统。生活垃圾进入堆肥仓后，立即加上仓盖防止臭气外溢，经过 25—30 天的高温发酵和熟化阶段，排出的污水流入活性污泥处理系统处理。经高温堆肥发酵处理的生活垃圾再经过磁选，选出金属类的回收利用；经过振动筛筛选的堆肥细粉作为农肥；其他如石块等粗大料就近填埋。至 1990 年底，该处理厂日处理生活垃圾近百吨。

安亭生活垃圾无害化处理场采用高温堆肥的处理方法，尽管可以实现一定程度的垃圾无害化，但成本较高，并不具备推广价值。如处理 1 吨生活垃圾需处理费用 40 余元，处理 3 吨垃圾产生 1 吨细粉，售价约 15 元。1992 年，该处理场实现日均处理垃圾 98 吨，后提高到 150 吨，但仅占上海市区垃圾清除量的 1.2% 左右。1994 年，安亭生活垃圾处理场停用。

四、焚烧

2010 年，上海日产生活垃圾超过 2 万吨，垃圾处置压力剧增。由于卫生填埋需用大量的土地，而上海又是一个土地资源十分有限的城市，人们开始探索使用焚烧发电的处理垃圾方式。经过试用，焚烧发电具有节省土地、减少对水体等的污染破坏、充分利用再生资源、保护生态的功能，被确认是一种有效的减量化和资源化的处理方式。

上海御桥生活垃圾发电厂是国内第一座日处理千吨以上的大型现代化生活垃圾发电厂，位于浦东新区北蔡镇的御桥工业区，占地 8 万平方米，总投资 6.7 亿元，拥有 3 座焚烧炉、2 台 8500 千瓦汽轮发电机组，每天可处理 120 万—150 万吨生活垃圾。2002 年 9 月 20 日，经上海市环保局批准，御桥生活垃圾发电厂投入试生产，每天焚烧垃圾 1000—1100 吨，发电 30 万—35 万千瓦时。该发电厂是我国第一个达到并低于欧洲污染排放标准的生活垃圾发电厂，一年"吃掉"垃圾 40 万吨、发电 1 亿千瓦时。

2005 年建成的上海江桥生活垃圾焚烧厂是当时国内建成的日处理垃圾

量最大的现代化垃圾焚烧厂，日处理量 1500 吨。该厂占地 200 余亩，总建筑面积约 3.5 万平方米，绿地率 42%。主要处理黄浦区、静安区的全部生活垃圾及普陀区、闸北区、长宁区、嘉定区的部分生活垃圾。该厂的建成有效缓解了上海的生活垃圾处理问题，也延长了老港填埋场的使用期限。

上海江桥生活垃圾焚烧厂工艺主要由以下几个系统构成：垃圾称重及卸料系统、垃圾焚烧系统、助燃空气系统、余热锅炉系统、出渣系统、烟气净化系统、汽轮发电机系统、自动控制系统、公用系统等，生产线配置为三炉二机。焚烧炉采用德国斯坦米勒公司往复顺推式机械移动炉排，该排炉技术为国际上著名的先进炉排技术之一，配置两台额定功率为 12 兆瓦的中压凝汽式汽轮发电机组。烟气净化采用"半干法 + 喷活性炭 + 袋式除尘器"相结合的工艺，并预留了脱氮装置。烟气通过该系统处理后，其有害物的含量远低于我国国家标准《生活垃圾焚烧污染控制标准》所规定的限值，其中二噁英的含量低于 $0.1ng/Nm^3$（国家标准为 $1ng/Nm^3$）。

在垃圾没有做到有效分类回收和循环利用的情况下，焚烧是现阶段中国大城市垃圾处理的方向，也是国家大力支持的发展方向。2010 年 8 月，上海老港再生能源利用中心开工建设。该项目是上海市政府重点工程，一期设计日处理生活垃圾规模为 3000 吨，二期为 6000 吨。一期、二期分别于 2013 年 5 月、2019 年 9 月运行。至 2020 年，年发电量达 15 亿千瓦时。该项目是目前国内最大的生活垃圾处理设施之一，也是环保要求最高的设施之一，实现了资源循环利用，达到了绿色环保要求，是我国建设生态文明美好家园的典型案例。

为从源头上加强对垃圾产生量的管理，减少垃圾产生量，便于回收处理，2019 年 7 月 1 日《上海市生活垃圾管理条例》正式实施。上海将生活垃圾按照可回收物、有害垃圾、湿垃圾、干垃圾四类标准分类。可回收物指废纸张、废塑料、废玻璃制品、废金属、废织物等适宜回收、可循环利用的生活废弃物；有害垃圾指废电池、废灯管、废药品、废油漆及其容器等对人体健康或者自然环境造成直接或者潜在危害的生活废弃物；湿垃圾即易腐垃圾，指食材废料、剩菜剩饭、过期食品、瓜皮果核、花卉绿植、中药药渣等易腐的生物质生活废弃物；干垃圾即其他垃圾，指除可回收

上海小区生活垃圾分类投放点〔梁志平　摄〕

物、有害垃圾、湿垃圾以外的其他生活废弃物。实施垃圾分类以来，上海垃圾分类实效显著提升。2020年6月，上海生活垃圾清运总量96.86万余吨，与去年同期相比，四分类垃圾实现"三增一减"目标：可回收物回收量6813.7吨/日，增长71.1%；有害垃圾分出量3.3吨/日，增长11.2倍；湿垃圾分出量9632.1吨/日，增长38.5%；干垃圾处置量15518.2吨/日，下降19.8%。大多数居民已养成自觉分类的习惯，垃圾全程分类体系基本建成。[1]

上海关于城市生活垃圾处理和管理方式的探索，走在了全国前列，起到了示范作用。与此同时，生活垃圾得到及时有效的处理，还市民优美的生活环境，也是上海世博会的主题"城市，让生活更美好"的理念得到落实的一个体现。

---

[1]《上海实施垃圾分类一年了 效果如何?》，《光明日报》2020年7月3日。

第十章　噪声、放射性污染治理

　　由于历史原因，上海的工业布局有欠合理，一些工厂与住宅区杂处，由噪声污染引发的矛盾较多。为此，上海对工厂机器设备噪声进行重点治理，并逐步发展到建设固定源低噪声控制区。进入 20 世纪 90 年代，随着机动车保有量增多，交通噪声问题突出，上海通过划定禁鸣区和建设防噪声屏障等途径，使市区的交通噪声问题得到了一定程度的缓解。在辐射环境监管方面，上海一直都有严格的管理体系，走在全国的前列。

第一节　噪声治理

一、声环境质量现状

1. 区域环境噪声

　　2017 年，上海区域环境噪声昼间时段的平均等效声级 55.7 分贝，较 2000 年下降 0.9 分贝；夜间时段的平均等效声级 48.8 分贝，较 2000 年下降 0.4 分贝。2000—2019 年的监测数据表明，上海区域环境噪声昼间稳定在 56 分贝左右，夜间稳定在 49 分贝左右，达到相应功能的标准要求（国际标准为居住商业工业混杂区昼间 60 分贝、夜间 50 分贝），总体情况良好（见图 10-1、附表 10-1）。

2. 道路交通噪声

　　2000—2019 年的监测数据表明，上海道路交通噪声总体保持稳定：昼

（分贝）

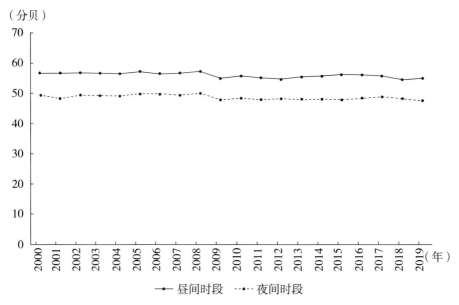

图 10-1　2000—2019 年上海区域环境噪声变化状况

资料来源：附表 10-1。

（分贝）

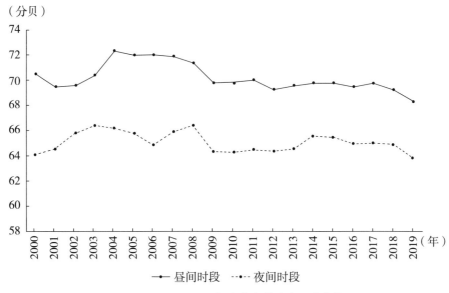

图 10-2　2000—2019 年上海市道路交通噪声状况

资料来源：附表 10-1。

间在 69 分贝左右，夜间在 65 分贝左右。夜间时段未能达到相应功能的标准要求（国家标准 55 分贝），昼间也只是基本达到相应功能的标准要求（国家标准 70 分贝）（见图 10-2、附表 10-1）。原因是 2017 年上海机动车保有量接近 400 万辆（见附表 8-4），主要道路交通干线昼间和夜间时段的平均车流量比较大。

二、噪声污染治理

1. 低噪声控制区建设

上海工业布局与全国很多城市一样，存在一些工厂与住宅区杂处的情况。20 世纪 70 年代末，上海因噪声污染引起厂群矛盾的信访不断增多，有时甚至引起冲突，迫使工厂停产。为缓解厂群矛盾，推进工厂有序生产，上海开展了重点针对工厂机器设备噪声的治理工作，并探索建设固定源低噪声控制区等。

1986 年，上海开展了以街道为单位创建固定源低噪声控制区（又称"安静小区"）的活动。当年 2 月，上海市政府出台《上海市固定源噪声污染控制管理办法》和《上海市区域环境噪声标准》，使上海固定源低噪声控制区建设进入法治轨道。

按照创建低噪声控制区街道的要求，各单位根据上海市区域环境噪声标准中不同适用区域，对超过标准的噪声源采取治理措施，使之达到等效噪声级限值。一般声级限值为一类混合区，白天低于 60 分贝，早晚低于 55 分贝，深夜低于 50 分贝。对于治理难度大的街道暂作为二类混合区，白天低于 65 分贝，早晚低于 60 分贝，深夜低于 55 分贝。控制区内的固定源噪声，合格率达到 90% 以上，才能通过低噪声控制区的验收。在验收时，还需召开座谈会，进行群众评议，广泛听取意见。

各单位降低噪声主要采取了以下措施：

一是对噪声源本身的控制，主要是通过改进机械设备的结构、提高精度等措施来降低机器噪音。例如：中国船舶总公司上海第九设计院与江宁木器厂开发了多种圆锯、带锯、平刨、压刨等低噪声木工机械，比原木工机械降低了 10 分贝以上。在电机设备中，上海交通大学研制出各类低噪声风机、低噪声淋水塔等，这些技术和产品广泛应用于噪声治理中，取得了很好的效果。

二是采用隔声、消声、吸声、减振、阻尼等技术的综合性措施。空压机组、冷冻机组、织布车间等噪声一般采取以隔声为主，吸声、减振为辅的综合手段。对风机的气流噪声，则采用各种类型的消声器。例如：上海广播器材厂和上海橡胶制品研究所的锅炉鼓风机，安装盘式消声器后，噪声分别从 97 分贝降至 80 分贝和 101 分贝降至 89 分贝，降幅分别达到了17.5% 和 11.9%，效果明显。上海绣品厂的织机车间、上海绳网厂的编织车间均采用车间内部大面积吸声窗、门隔声措施，较大幅度降低了噪声对周边环境的影响。上海北站医院的锅炉房采用隔声和消声措施后，周边居民区夜间噪声从 65 分贝下降到 45 分贝，降幅达 30.8%，减少了噪声对附近居民的影响。

1986—1991 年，上海低噪声控制区创建活动连续六年列入市政府为民办实事项目，保证和加速了这一活动的顺利开展，使原定七年的创建计划提前一年实现。至 1991 年，上海共投入治理经费 12837.24 万元，全市 146个街道（镇）全部建成固定源低噪声控制区，覆盖面积 338.34 平方公里、人口 755.08 万；噪声治理单位 4763 个，治理项目 11491 个，直接受益居民 73639 户。

为进一步巩固治理成果，1991 年 2 月，上海市环保局颁布了本市固定源噪声污染控制管理办法实施细则，使固定源低噪声控制区的创建活动更具操作性，有效促进了工厂、企业单位的噪声治理。

20 世纪 90 年代，随着改革开放的步伐加快，特别是浦东的开发，上海城市布局发生了很大变化，具体表现为：大量工厂向近郊迁移，建筑工地、餐饮业、文化娱乐业、集市商贸等噪声扰民现象日益突出。为适应城市结构和功能的变化，扩大固定源低噪声控制区的成果，经上海市政府同意，1992年 2 月，上海市环保局发布了《上海市环境噪声达标区标准及验收办法（试行）》和《上海市环境噪声达标区监测细则（试行）》，要求各区开展创建环境噪声达标区活动。

《上海市环境噪声达标区标准及验收办法（试行）》规定：建设环境噪

声达标区的噪声源控制对象包括工业噪声、交通噪声、建筑施工噪声、社会生活噪声等，对超标的噪声源均应采取技术性和管理方面的措施，并保证 90% 以上的固定源噪声达到所在区域的噪声标准；环境噪声达标区内的区域环境经网格法测试不得超过相应的环境噪声标准，环境噪声达标区外围的道路出入口必须设立禁鸣和解鸣标志，要求机动车在本区域内禁止鸣喇叭等。

1994 年 3 月，《城市区域环境噪声标准》发布实施，同年 6 月，上海市政府出台本市区域环境噪声标准适用区域划分的意见，划定一类区 22 个、二类区 15 个、三类区 15 个，规定建成区内干线道路、高架道路、铁路（含轻轨）、内河航运河流及其两侧一定范围的区域为四类区，4 个类区共约 400 平方公里。

在环境噪声达标区创建中，1992—1995 年，上海共投入 2767.4 万元，在全市范围内共建立了 27 块环境噪声达标区，累计面积 164.47 平方公里，占城区面积的 42.4%；覆盖人口 599.23 万，占城区人口的 62.6%；完成治理项目 1023 个。通过上述综合整治措施，上海城区的噪声污染问题得到了较好的控制。

之后，上海又开展了环境噪声达标街道（镇）的创建工作。2000 年，38 个环境噪声达标街道（镇）创建完成。2001 年，市中心城区环境噪声达标区的连片复验，金山区枫泾镇、崇明县新河镇两个环境噪声达标街道（镇）的创建均完成。

2003 年，为了在炎热的夏季夜晚给市民创造一个安静的休息环境，上海市环保局、市建委、市公安局和市容环卫局联合发布了《关于调整上海部分道路建筑垃圾、工程渣土运输时间的通知》，市环保局下发了《关于进一步加强上海建筑工地夜间施工作业审批及管理工作的通知》，并通过严格执法，强化建筑施工噪音管理。

同年，上海开展"安静居住小区"创建试点工作，同济新村、华能城市花园等 9 个小区成为首批命名的"安静居住小区"。此外，郊区环境噪声达标镇创建工作进一步深化，金山区朱行镇建成环境噪声达标镇。2004 年，上海区域环境噪声达到相应功能的标准要求，全年创建市级"安静居住小区"13个。2007年，普陀区新长小区等15个小区被命名为"安静居住小区"；金山区山阳镇、亭林镇成为"环境噪声达标镇"。通过以上措施，上海居住区的噪声问题得到了较好解决。至2010年，上海共创建市级"安静居住小区"120个，创建面积约1192万平方米，受益群众30余万人。

2. 交通噪声治理

交通噪声的治理首先是对汽车喇叭限值进行规定。1978年6月，上海市革委会转发了市公安局、市环境保护办公室、市三整顿办公室联合向其提交的《关于严格控制城市噪声》的报告。市公安局会同上海市政工程研究所、上海市交通电器厂等单位，在进行充分调查研究后，将汽车喇叭的限值定为90—105分贝。

另一项重要措施是设立城区禁鸣区域和时段。1980年10月，上海市公安局和市环保局联合发布了《严格控制、降低机动车喇叭和行驶噪声，确保城市环境安静》的通告，对喇叭声级的限值和扩大市区道路禁鸣办法等作出了规定。1987年7月，上海市环保局根据群众对夜间交通噪声的反映，向市政府办公厅写了《关于开展夜间运输必须控制交通噪声的报告》，报告中提出要严格进行夜间道路交通管理，对道路、时间、车型等应作出切实规定，要继续实行夜间运输禁鸣喇叭，以灯光代替鸣喇叭的规定，要落实管理力量，确保有关规定的实施。1991年10月，上海市公安局规定，虹桥路、北京东路、北京西路及部分新村道路禁止机动车鸣喇叭；1992年，已建成达标区内的道路交通实行机动车辆全日禁止鸣喇叭。

自实行夜间运输后，夜间道路交通噪声问题渐趋严重，1993年达到最高值，上海道路交通噪声平均昼间73.8分贝、夜间70.8分贝，大大超过夜间标准值55分贝。根据监测，在上海183.46公里道路中，昼间超标率为41.5%，夜间超标率高达99.7%。1994年5月，上海市公安局、市环保局规定，自1994年7月1日起在内环线以内道路上行驶的机动车辆，全天禁止鸣喇叭，夜间用灯光示意。据统计，1995年徐汇区共处罚违章鸣喇叭6000起。由于市公安局和市环保局采取的一系列防治措施，在机动车保有量逐年递增的情况下，上海城区道路交通噪声仍得到了有效控制。这一年，上海道路交通噪声平均昼间71.7分贝、夜间65.4分贝，比1993年分别下降了 2.1 分贝、5.4 分贝。

1996 年，上海进一步加大了对交通噪声的整治力度。环保部门通过报刊、电视等媒介对公众进行禁鸣宣传教育，公安部门严格禁鸣执法，以控制中山环路内的机动车鸣号率。1997 年，上海环保部门与公安交警联合执法，加强内环线机动车禁鸣管理力度，并建成 6 条 10.32 公里长的禁鸣达标路段。

1999 年，上海的机动车禁鸣范围从内环线扩大到环线外的部分环境噪声达标区，全年机动车鸣号率控制在 5% 以内。为进一步巩固和提高禁鸣工作成果，上海市政府规定，自 2001 年 6 月 1 日起，禁鸣范围由内环线以内区域扩大到外环线以内区域和外环线以外的环境噪声达标区，鸣号率控制在 3% 以下。

除了禁鸣，上海还通过建造防噪声屏障设施降低交通要道对周边居民的影响。1993 年，为了解决高架道路交通噪声对沿途居民的影响，政府投资 1000 万元，在内环高架道路和成都路南北高架道路 18 处敏感路段建造防噪声屏障设施，累计长度约 8 公里，起到了一定的降噪声效果。1996 年，上海继续在内环线高架和成都路高架敏感路段安装隔声屏，以减轻道路噪声对周边地区的影响。

2007 年 5 月 22 日，上海市公安局、市环保局联合发布《关于禁止机动车和非机动车违法鸣喇叭的通告》，规定自 2007 年 6 月 1 日起，上海外环线以内区域全天禁止机动车、非机动车（包括电动自行车、助动自行车）鸣喇叭。外环线以外设有禁止鸣喇叭交通标志的道路，全天禁止鸣喇叭；外环线以外的其他道路，每日 22 时至次日 6 时禁止鸣喇叭，警车、消防车、工程救险车、救护车以及经部队车辆管理部门核准安装警报器的悬挂部队号牌的车辆，每日 22 时至次日 6 时不得使用警报器，其他时段在执行非紧急任务时不得使用警报器。

自 2017 年 3 月 25 日起施行的《上海市道路交通管理条例》规定：本市外环线以内以及公安机关规定的其他区域为机动车禁止鸣喇叭区域。为加大治理力度，上海交管部门除了对机动车乱鸣喇叭易发、高发区域和时段科学部署警力，采取"守点、巡线、控面"的方式外，还增设抓拍违法鸣喇叭电子警察，一些驾驶员恶意、长时间鸣喇叭的陋习得到了整治。

总之，通过对汽车喇叭的限值进行规定，设立城区禁鸣区域和时段，建造防噪声屏障设施等，上海市区的交通噪声问题得到了一定程度的缓解。正因如此，尽管近年来机动车保有量激增（见附表 8-4），上海的交通噪音情况仍基本稳定。

第二节　辐射环境监管与治理

一、辐射环境质量状况

近些年的统计资料显示，上海辐射环境质量总体情况良好。在环境天然放射水平方面，大气、水体、土壤介质中的放射性核素浓度处于正常水平，各监测点的γ辐射空气吸收剂量率与历年的监测结果相当。

核与辐射技术应用方面。有关专业机构对上海伴生放射性矿物利用设施、医院核医学科、加速器使用场所、密封放射源使用场所及射线装置使用场所周围环境辐射水平进行监测，结果显示，核与辐射技术应用场所周围环境中的γ辐射符合国家标准。

电磁辐射环境方面。2017 年，有关专业机构对上海动物园、共青森林公园、龙华烈士陵园、世纪公园、上海滨海森林公园、人民公园、奉贤古华园、嘉定孔庙、商业区（人民广场）、工业区（青浦工业区）、住宅区（中远两湾城）及交通干线（轨道交通 3 号线）12 个背景点的电磁辐射水平进行监测，结果显示，与历年相比，电磁辐射环境背景水平无明显变化。

电磁辐射设施方面。专业人员对东方明珠等广播发射塔、500 千伏南桥变电站等 4 个变电站、500 千伏桥行输电线等 4 条输电线、卫星地球站、浦东机场雷达站、移动通信基站、磁悬浮列车及电气化铁路周围环境电磁辐射水平进行监测，结果显示，主要伴有电磁场或产生电磁辐射的设施对周围环境中的工频电场、工频感应强度和综合电场强度均符合国家规定。

二、放射性污染治理

放射性污染治理，主要是对放射性同位素和射线装置应用单位的放射性"三废"和漏射线的污染治理。放射性同位素在应用中会不断产生放射性废物，这些废物长期以来一直分散贮存在各产生单位内部，存在影响周围环境的风险。1978 年，上海放射性固体废物已达 19 吨，废渣 7000 余吨，环境风险极大，亟须处理。当年，上海市计划委员会批复同意市卫生局通过建造放射性废物沉井和放射性废物焚烧炉来处理放射性废物的决定。同年 11 月，上海市工业卫生研究所、上海冶金设计院等单位试制完成了放射性可燃废物实验焚烧炉，经焚烧试用证明采用干式静电除尘装置可避免二次废物的产生，烟囱排出的放射性气体达到了放射防护规定的要求。随后，上海各有关单位积存了近 20 年的放射性可燃废物陆续进行了焚烧处理。在此基础上，相关部门又提出新建一座采用防腐蚀材料、设备好、自动化程度高的放射性可燃废物焚烧炉。通过一系列举措，上海的放射性可燃废物的问题得到缓解。

随着生产和科研的发展，上海产生的放射性废物量越来越大。据统计，至 1982 年上海分散积存在各单位的放射性废渣约 1.5 万吨，放射性固体废物 300 余吨，其中中科院上海分院系统的放射性废物如工作服、废油、实验用具、废放射源等有 152 吨多，不仅污染环境，影响职工和周围居民的健康，而且影响生产科研的发展。

为加强对放射性废物的管理和处理，1984 年上海市计划委员会批准了市环保局关于建立城市放射性"三废"实验处理基地的决定。1985 年 8 月，经上海市编制委员会批准，上海市放射性"三废"实验处理站成立，编制 40 人。1987 年 6 月，上海市放射性"三废"实验处理基地一期放射性可燃废物焚烧炉、废水处理设施和废物贮存库完工，可以进行放射性"三废"处理。至 1989 年底，处理基地的建设工程全部完成。该处理基地具有各类处理设施，放射性废物通过各类处理设施进行浓缩、减容、综合处理，使之成为体积最小、物理状态最稳定的物质，以便长期安全贮存。上海市放射性"三废"实验处理站根据《城市放射性废物管理办法》，对上海的放射性废水、废物进行集中收集处理。到 20 世纪 90 年代，除具有废水治理设施的单位，废水处理后达标排放和部分废放射源继续贮存在原使用单位内部外，上海的放射性废水、废物实现了集中收处。

在上海市放射性"三废"实验处理站和市辐射环境监理所基础上，上海又成立了上海市辐射环境监督站。该站为上海市环保局直属的行政事业单位，编制43人，负责对上海核与辐射环境实施监督、管理、监测。上海市辐射环境监督站拥有放射化学、核物理实验室1600平方米，具备辐射环境监测能力和核与辐射事故应急监测能力。

1998年，上海市辐射环境监督站通过国家级实验室计量认证初审，获得了国家级实验室计量认证资质证书，后又分别于2003年和2008年通过了复审、2005年和2006年通过了监督评审，通过资质认定的项目涵盖了电磁辐射、电离辐射、噪声3大类共23项。2009年，上海市辐射环境监督站还通过了环保部组织的全国辐射环境监测项目绩效考核，获得优秀。

建成之后，上海市辐射环境监督站陆续增添了固体样品预处理装置、超大流量气溶胶采样器、高纯锗γ能谱仪、超低水平α/β计数器、液体闪烁计数器、热释光剂量仪、便携式监测仪、现场能谱仪、搜源系统、机械手等实验室分析和野外应急监测处置先进设备。市辐射环境监督站现拥有133台（套）主要仪器设备，形成了以国内领先、国际一流的仪器设备为主体的装备体系，同时建立了辐射监测数据采集和处理系统，做到随时掌握辐射环境的变化。

2010年上海世博会召开，为实现"平安世博"的工作目标，在上海市环保局的领导下，市辐射环境监督站制定了《上海市放射性同位素世博管控检查工作方案》及相关的6大环节管控工作实施方案，对检查范围、检查职责分工、联合检查组成、时间节点、检查内容及检查要求等作出具体、明确的规定，并对上海所有同位素应用单位实行全覆盖地毯式检查。世博会期间，市辐射环境监督站共成功处置12起突发事件，处置程序规范、反应迅速到位，成功排除了可能存在的安全隐患。

在严格的放射性物质监管体系下，2011—2020年，上海市辐射环境背景值和辐射设施周边的辐射强度均处于正常水平。

近年来，上海在完成辐射安全管理数据库的基础上，进一步加强了放射源安全专项工作，查漏补缺，完善国家放射源信息库与上海辐射安全管理数据库对接工作，开展对不同类别核技术利用单位不同频次的日常检查，加大对违法行为的处罚力度和对整改单位的督查。

第十一章　产业新生态：循环经济

　　循环经济是可持续的生产和消费范式，它的运行遵循"减量化、再利用、资源化"原则。发展循环经济是各个国家寻求可持续发展的必然选择。上海作为最早把循环经济理论引入我国的城市，在发展循环经济方面应该说取得了很大的成绩。上海化学工业区在循环经济实践方面走在了行业的前列，对同行业发展起到了示范作用。

第一节　循环经济概况

　　循环经济即物质循环流动型经济，是指在人、自然资源和科学技术的大系统内，在资源投入、企业生产、产品消费及其废弃的全过程中，把传统依赖资源消耗的线性增长的经济，转变为依靠生态型资源循环来发展的经济。它是一种以资源的高效利用和循环利用为核心，以"减量化、再利用、资源化"（3R）为原则，以低消耗、低排放、高效率为基本特征，符合可持续发展理念和生态文明的经济增长模式，是对"大量生产、大量消费、大量废弃"传统增长模式的根本变革，从而形成一种与地球和谐发展的经济增长模式。

　　减量化原则主要针对输入端，旨在减少进入生产和消费过程中的物质和能源流量。换句话说，对废弃物的产生，是通过预防方式而不是末端治理的方式来加以避免。

再利用原则属于过程性方法，目的是延长产品和服务的时间长度。也就是说，尽可能多次或多种方式地使用物品，避免物品过早地成为垃圾。

资源化原则是输出端方法，能把废弃物再次变成资源以减少最终处理量，也就是通常所说的废品的回收利用和废物的综合利用。资源化能够减少垃圾的产生，制成使用能源较少的新产品。[①]

因而，发展循环经济就是要取代生产过程末端治理模式，转而对污染实行全程控制和总量控制。通过推行清洁生产、生态工业和生态农业，最大限度地提高能源和原材料的使用效率，形成"低开采、高利用、低排放"的结果，使社会、经济和环境协调发展，走可持续发展之路。

我国循环经济始于上海。从 20 世纪 90 年代开始，上海即开展清洁生产宣传和试点工作。1995 年，上海召开了清洁生产国际研讨会。当年，在英国国际发展署的资助下，经国家有关部门批准，上海实施了中英合作的"上海环境管理支持项目"，建立清洁生产示范项目。1999 年，上海被正式列入国家清洁生产试点城市。在此背景下，上海循环经济全面展开，发展迅速，节能减排工作在全国处于领先地位。[②] 在不断实践的基础上，2009 年 1 月 1 日，循环经济促进法实施，旨在促进循环经济发展，提高资源利用效率，保护和改善环境，实现可持续发展。

循环经济是上海城市未来发展的必由之路。近年来，随着经济社会的持续快速发展和城市的不断扩张，上海面临着日益增长的资源需求和废弃物排放压力。据相关统计资料，2004 年，上海废水排放量 19.34 亿吨（其中，工业废水 5.64 亿吨，生活及其他废水 13.7 亿吨），工业固体废物产生量 1810.8 万吨，废气排放量 9466 亿立方米（其中，工业废气 8834 亿立方米，生活及其他废气 632 亿立方米）。2005 年，上海被列为全国首批循环经济试点城市，随后设立了上海化学工业区、上海漕河泾新兴技术开发区

---

① 蒋应时主编：《上海循环经济发展报告（2005）——上海发展循环经济、建设资源节约型城市研究》，上海人民出版社 2005 年版，第 15—17 页。

② 高欣：《固体废物循环管理研究——基于上海市循环经济发展》，中国环境科学出版社 2008 年版，第 8 页。

和浦东新区 3 个示范区，推进循环经济的发展。[①]

第二节 循环经济示范园区：上海化学工业区

上海化学工业区（以下简称"化工区"）位于上海市南翼，金山、奉贤两区的交界处，规划面积 29.4 平方公里，于 2001 年开工建设，是以炼化一体化项目为龙头，打造"1+4"产业组合，发展以烯烃和芳烃为原料的中下游石油化工装置以及精细化工深加工系列，形成乙烯、丙烯、碳四、芳烃为原料的产品链。化工区是"十五"期间我国投资规模最大的工业项目之一，一期项目总投资达 1500 亿元，是改革开放以来我国第一个以石油和精细化工为主的专业开发区，同时也是上海六大产业基地的南块中心，被誉为"上海工业腾飞的新翅膀"。化工区的建设目标是成为亚洲最大、最集中、水平最高的世界一流石化基地之一。

2009 年底，化工区一体化管理范围扩大至 36.1 平方公里，将金山分区纳入管理范围。其中奉贤分区重点发展精细化工、化工机械装备和高分子材料等产业，金山分区重点发展化工物流、化工检测维修和化工品交易等产业。

化工区按照循环经济理论进行布局，在节能减排、可持续发展方面上成绩突出，先后被评为国家级经济技术开发区、国家首批新型工业化示范基地、国家生态工业示范园区、全国循环经济先进单位。

化工区在开发建设之初就引入了世界级大型化工区的一体化先进理念，通过对区内产品项目、公用辅助、物流传输、环境保护和管理服务的整合，为进驻园区者提供最佳的投资环境。

化工区是具有石油化工行业特色的循环经济试点工业园区。它以鼓励企业开展清洁生产、使用清洁能源，提高土地、石油、天然气、水、电等资源的使用效率和减少各种废弃物的排放，综合利用各种副产品和废弃物

[①] 蒋应时主编：《上海循环经济发展报告（2007）》，上海人民出版社 2007 年版，第 73 页。

节水型化学工业区

资料来源：上海市地方志编纂委员会编：《上海市志·城乡建设分志·环境保护卷（1978—2010）》，上海辞书出版社 2021 年版，"插图"。

等为指导思想。同时，在发展基本原则上强调以企业为主、政府支持、市场引导，并采取各种有效手段进行导向、鼓励和支持，形成有效促进循环经济发展的氛围。自开发建设以来，化工区认真落实科学发展观，围绕节能减排、节约利用土地、环境保护、安全生产等方面，大力发展循环经济，在实现经济增长的同时，保证能耗、排污得到有效控制。

化工区在创新工业区发展模式上进行了积极探索，并取得了一定的成效。

首先，开展清洁生产，园区能耗、水耗、主要污染物排放控制均处于国际国内先进水平。

2006 年，化工区完成生产总值 315 亿元，在产值翻番的情况下，产值能耗控制在 0.3 吨标煤／万元，折算成工业增加值能耗为 1.58 吨标煤／万元，约为上海市同行业平均能耗水平的 35%、全国同行业平均能耗水平的 25%。全年用水量为 3195 万吨，约为原规划用水量 5840 万吨的 55%；万元产值的总体水耗为 9.16 吨，约为上海同行业平均水平的 65%。大气二氧化硫实际排放 1273 吨，为全年可排放量的 64%；化学需氧量实际排放量

433 吨，为全年可排放量的 76%。

其次，按照石油化工产品链的上下游关系，通过构建循环经济产业链，努力实现生产过程中物质、能量和污染物减量化、再利用和资源化的目标。化工区是以石油化工行业为主的生产乙烯、烧碱以及氯气等基础化工原料以及异氰酸酯、聚碳酸酯等应用材料的生产基地。化工区坚持按照"五个一体化"（产品项目一体化、公用辅助一体化、物流转输一体化、环境保护一体化和管理服务一体化）的开发理念，突出产品一体化，以产品链上下游关系布局，按照产品链上下游关系开展招商，努力使上游产品、副产品和废弃物作为原料继续生产新化工下游产品，以实现资源的减量化、再利用。目前化工区的产品之间的关联度已达到 80% 以上，已投产的企业中形成了以乙烯为主的乙烯产品链和以氯气为核心的氯化工产业链。

再次，在招商引资过程中，强调节能降耗、环境保护、节约利用土地、安全控制、产品链关联和技术先进性，把好项目准入关，实现工业园区经济发展向资源节约、环境友好模式的转变。

化工区在开发建设之初即开展区域规划环境评估，所有项目均严格按照环境评估制度的要求开展项目环境评估，已投产企业均达标排放。园区各类环保设施均已配套到位，部分设施引进了外资参与建设和管理，并选用了高于国内标准的欧洲标准。为达到生产与生态的平衡，化工区在引进的近百亿美元的投资项目中，环保概算占总投资的 12% 左右。[1] 在节约利用土地方面，化工区不搞低地价吸引投资，土地转让费用不仅包括各类土地开发成本，而且包括相关环境基础设施配套费用。

最后，通过资源的优化配置，在保证企业正常生产的前提下，实现能源的节约和资源的综合。

化工区管委会在天然气供应不足的情况下，充分利用园区内已经形成的产业链体系和公用工程一体化理念，合理调度与配置资源，达到了节约能源的目标。2006 年，化工区减少使用天然气 7.5 亿立方米，其中利用产

---

① 《上海高筑环保门槛　引来百亿美元投资》，2008 年 1 月 22 日，新浪财经网，http://finance.sina.com.cn/roll/20080122/06161950784.shtml。

业链副产品替代天然气 1.57 亿—1.67 亿立方米，折合标煤 20.39 万—21.69
万吨，占化工区总能耗的 22% 左右。[1]

在循环经济理念带动下，近年来上海万元 GDP 综合能耗下降明显。
1985 年，上海能源消耗总量折合标准煤 2553.21 万吨，万元 GDP 综合能耗
折合标准煤 5.47 吨，2005 年起降至 1 吨以下（0.889 吨）；2019 年，能源
消耗总量折合标准煤 11696.46 万吨，是 1985 年的 4.58 倍，万元 GDP 综合
能耗折合标准煤 0.337 吨，仅为 1985 年的 6.1%。上述数据表明，34 年间，
上海工业节能成效显著（见图 11-1、附表 11-1）。

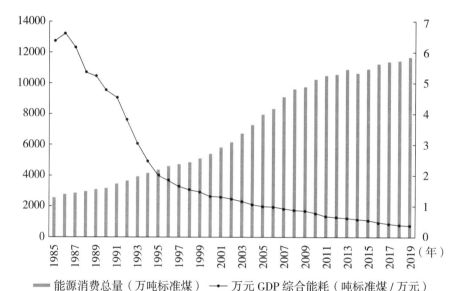

图 11-1　1985—2019 年上海能源消耗总量及万元 GDP 综合能耗

注：单位能耗 2005—2010 年按 2005 年可比价计算，2011—2015 年按 2010 年可比
价计算，2016 年按 2015 年可比价计算。

资料来源：附表 11-1。

总之，在发展循环经济方面，上海走出了一条特色之路，这些先进经
验值得宣传和推广，是未来上海传统工业园区转型发展的方向。

① 王鸿钧：《发展循环经济实现节能减排——上海化学工业区发展循环经济的理论和实践》，华
东理工大学出版社 2008 年版，第 13—18 页。

第十二章 人居生态：城市园林绿化建设

社会主义建设的目的就是让广大人民过上更加美好的生活，这需要建设好人居环境。人居环境是人类工作劳动、生活居住、休憩游乐和社会交往的空间场所，随着人口迅速增长、城市的扩张，人居环境问题越来越受到人们关注。上海从"见缝插绿"到"规划建绿"，城市绿地、森林公园、郊野公园不断增加，人居环境不断改善。

第一节 城市绿化规划：从"见缝插绿"到"规划建绿"

"文化大革命"期间，上海一些绿地被毁，树木遭破坏，损失严重。1977 年，上海城市绿地总面积为 729 公顷，人均公共绿地面积仅 0.47 平方米，[①] 严重落后于城市的发展。1978 年后，城市绿化被重新纳入上海城市建设规划，上海市政府将城市绿化作为为人民办实事内容之一重点办理。1981 年 2 月，国家城市建设总局发出关于大力开展城市绿化工作的通知。通知要求，把普遍绿化作为城市园林部门工作的重点，制订好城市绿化建设的近期规划。上海积极响应国家号召，利用每年的植树节开展群众植树活动，这一时期上海城市绿化建设的主要特点是"见缝插绿"。上海，特别

[①] 上海市统计局、国家统计局上海调查总队编：《光辉的六十载（1949—2009）——上海历史统计资料汇编》，中国统计出版社 2009 年版，第 229—231 页。

是中心城区，土地十分稀缺、金贵，说是要"见缝插绿"，其实并没有多少空闲的土地。当时一个典型做法就是"破墙透绿"，淮海公园成了最先"破墙透绿"的公园，具体方法是，将公园临近淮海路一侧的围墙往里推移，公园绿地"暴露"在围墙之外，硬生生地腾出了一块街头绿地。这一"创举"收获了不少好评，此后，静安公园、中山公园等也都如法炮制，类似做法很快在全市推广开来，成了常态。再往后全部拆除围墙，全面开放，同时一些星级宾馆也跟进"破墙透绿"。①进入 90 年代以后，上海绿化建设逐步转化到"规划建绿"，即有计划、有步骤地从未来城市发展的高度通盘考虑城市绿化问题。

所谓"规划建绿"是指根据生态学的原理，改变传统的绿化观念，确立"城乡一体化"和"生态城市"发展绿化的新思路。上海园林绿化建设从纯游览观赏逐渐转向在城市构建绿地系统，增强城市绿地系统，增强城市生态系统的自净能力，改善城市生态环境。

在"规划建绿"理念的指导下，上海市园林部门紧紧依靠市、区（县）两级政府，全方位发动，形成"环、楔、廊、园"全面推进，平面绿化和立体绿化并举，城乡一体的多层次、多立面的绿化格局。绿化建设按照城市绿地系统规划设计的"一心两翼、三环十线、五楔九组、星罗棋布"的格局展开，即市中心绿色核心、浦东和浦西联动发展、三圈绿色环带、十条放射绿线、五片楔形绿地、九组风景游览区（线）、各种绿地星罗棋布。市中心以人民广场、人民公园、东西外滩、苏州河绿化、3000 平方米大型公共绿地等多种绿化形式实施增绿，大力发展屋顶绿化、垂直绿化，增加城市绿视率。以环线道路绿化为基础，发展环线两侧绿带。内环线、成都路、延安路等高架桥下分段实施阴生植物绿化和桥墩垂直绿化，发展沪青平、莘松、沪宁、沪杭等 10 条放射干道两侧绿带，形成进入上海的绿色走廊。建成龙潭、嘉定、浦江、青浦等多条风景游览线。配合居住区建设，园林部门辟建了众多的小区公园和市风景公园。同时，郊县也增建了许多公园，

---

① 张载养：《上海是如何从"小绿化"变成"大绿化"的》，http://www.oldkids.cn/blog/view.php?bid=1578852。

在实现每个郊县县城有一座公园的基础上，向"一镇一园"的目标迈进。从 1998 年起，围绕改善城市生态环境，发挥绿地的生态效益和景观效益，市园林部门开始实施"大树引入城市"计划，三年内要在市中心城区移植大规格乔木 10 万株。

为从根本上改善生态环境，1994 年 10 月，上海规划、土地、园林等部门合作编制本市城市环城绿带总体结构规划，提出：沿着规划的外环线道路外侧布置环城绿带。该绿带由 100 米林带、400 米绿带和主体公园组成，是上海"环、楔、廊、园"绿化系统中的重要组成部分，也是上海发展绿色产业的重要基地。绿带全长 97 公里，总面积 7241 公顷，总投资约 139 亿元。规划形态为"长藤结瓜"式，即沿外环线道路一条宽 500 米的环状绿带为"长藤结瓜"，沿途再结合规划的楔形绿地，在用地条件较好的地方适度放宽，布置了 10 个大型主题公园，即为"瓜"。上海环城绿带全面建成后，粗略估算其在保护环境、改善生态方面所发挥的效益每年达 132 亿元。

上海环城绿带工程于 1995 年 12 月正式启动，1997 年被上海市政府列为重大实事工程，1998 年被列为市政府第二号重大工程与实事工程。经过不断努力，至 1998 年上海完成了 139 公顷的建设任务以及各项指标，并超额完成了 16 公顷的建设任务，共深埋垃圾土约 60 万立方米，进种植土约 25 万立方米，种植乔木约 52 万株、灌木约 142 万株及地被草坪 47 万平方米，3 米便道约 1.6 万米，1 米明沟约 1.45 万米，5 米明沟约 8400 米。在市委、市政府的重视和相关部门的努力下，上海环城绿带工程极大地改善了上海的城市景观。

与此同时，为提高人居生态环境水平，上海推行了绿化 500 米服务半径的措施，提高了绿化服务的覆盖率。20 世纪 90 年代中期，上海依据以人为本的理念和生态学理论，提出了 500 米绿化服务半径的城市绿化发展思路，让有限的绿化面积发挥最大生态服务效益，逐步建成可持续发展的、以促进人的全面发展为中心的现代城市绿化体系。根据市总体规划和市绿化系统规划，在参照国外先进分级理念的基础上，上海根据自身特点，设置了绿地分级系统，并将完善 3000 平方米以上公共绿地的服务网络作为一个时期的工作重点。

2000 年，上海新增绿地 1457.8 公顷，城市绿地总量达到 12501.4 公顷。其中，市区新建公共绿地 828 公顷，中心城区公共绿地总量达到 4071 公顷，市区人均公共绿地从 1999 年末的 3.5 平方米提升到 4.6 平方米，市区人均绿化覆盖率从 20.34% 提高到 22.2%。建成 3000 平方米以上的景观绿地 30 幅，使上海 3000 平方米以上景观绿地达 89 幅，基本实现了每个街道有一块 3000 平方米景观绿地的目标。

2002 年，上海市政府发布环城绿带管理办法，并通过建立绿化信息管理系统，开展城市绿化遥感调查，启动古树名木测绘，成立市园林绿化行业协会，举办"古树名木冠名权"拍卖，召开城市绿化国际论坛和全国部门绿化工作会议等举措，大力推进城市绿化工作。与此同时，上海积极在绿化领域开展科技创新活动，推广大苗移植、新优品种、古树复壮等一批应用性科研成果，香樟树的黄化病因此得到有效治理。园林部门组织对"一线、两环、三纵三横、六条通往市郊要道、十二个绿地景观区域及一百余条道路"进行绿化整治，调整改造绿地 100 万平方米。在此基础上，上海还推行绿地花境，引进行道树新品种，启动森林林相改造项目试点，制作发行全国首张绿化地图。通过园林绿化法规体系的完善和执法力度的加大，上海园林绿化法治得到较大的改善，实现了依法行政、以法管理，从而保障了上海城市园林绿化事业的迅速发展。

2003 年，经上海市政府批准，《上海城市森林规划》正式出台。该规划突出城市森林与中心城区公共绿地布局、城市交通和景观廊道、城市发展布局、农业结构调整四个方面的结合，布局框架以大型片林为核心，以森林廊道为脉络，形成"两环十六廊、三带十九片"的城市森林空间布局结构，大大提高了上海城市森林覆盖率。

为了营造大都市良好的生态环境，建设宜居城市，2009 年，按照上海市政府的部署，市规划国土局会同市绿化市容局等部门组织开展《上海市基本生态网络结构规划》的编制工作。2012 年 5 月，《上海市基本生态网络规划》获得市政府批复，明确"多层次、成网络、功能复合"目标要求和"两环、九廊、十区"总体生态格局，规划生态用地 3500 平方公里。该

青西郊野公园（梁志平　摄）

长兴岛郊野公园（李世红　摄）

廊下郊野公园一隅（上海廊下郊野公园提供）

广富林郊野公园（张伟然　摄）

规划在明确全市生态网络框架格局的基础上，遵循"聚焦游憩功能、彰显郊野特色、优化空间结构、提升环境品质"的基本思路，聚焦自然资源较好且具有一定规模的地区，聚焦对生态功能有影响的重要节点地区，优先选择毗邻新城和大型居住社区的地区，优先选择交通条件较好的地区，在郊区初步选址 21 个郊野公园，从而给自然留下更多生态空间，给农业留下更多优质良田，给市民提供更多休闲游乐的好去处、"后花园"，给子孙后代留下天蓝、地绿、水净的美好家园。

至 2018 年，上海已开放了六家郊野公园，它们是：青西郊野公园、长兴岛郊野公园、廊下郊野公园、上海浦江郊野公园、嘉北郊野公园、广富林郊野公园。这些公园各有特点，青西郊野公园以远郊湿地型为特色，长兴岛郊野公园以远郊生态涵养型为特色，廊下郊野公园以农为特色，上海浦江郊野公园以近郊都市森林型为特色，嘉北郊野公园以近郊休闲型为特色，广富林郊野公园以遗址文化、生态、休闲为核心。六个郊野公园都成了都市居民休闲的好去处。

第二节　园林绿化

改革开放以来，上海越来越重视城市园林绿化。在这一领域，投资虽有波动，但整体呈增长趋势，特别是在 20 世纪 90 年代末以后增长较快，其中 2000 年园林绿化投资占市政建设总投资额的近 24%。2010 年，城市园林绿化投资 35.87 亿元，超过 1986 年 0.43 亿元的 83 倍；2017 年为 112.03 亿元，31 年间增长了近 260 倍（见图 12-1、附表 12-1），增长迅速。

在市委、市政府的重视下，上海城市绿化大步向前。上海市政府每年都号召机关单位和人民群众大力植树，植树数量整体呈逐年增加趋势，特别是从 20 世纪 90 年代末开始增长迅速。2000 年以后，上海每年植树数量均超千万株。1977—2008 年，31 年间上海共植树 2.3754 亿株（见图 12-2、附表 12-2）。行道树数量也从 1977 年的 14 万株增加到 2010 年的 81 万株（见附表 12-2），基本实现道路两旁绿树成荫。

图 12-1　1986—2017 年上海市园林绿化投资情况

资料来源：附表 12-1。

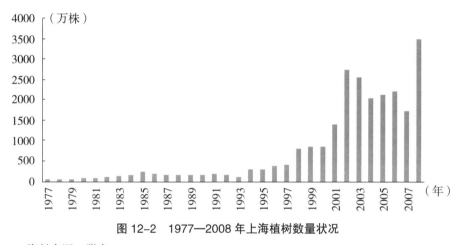

图 12-2　1977—2008 年上海植树数量状况

资料来源：附表 12-2。

　　园林绿地方面，1980—2019 年，上海公共绿地（公园和街道绿地）、专用绿地（城市中行政、经济、文化、教育、卫生、体育、科研、设计等机构或设施，以及工厂和部队驻地范围内的绿化用地）面积分别由 390、970 公顷增加到 21425、27353 公顷，分别增长了 54、27 倍（见图 12-3、附表 12-2）。[①]

　　[①] 根据《城市和村镇建设统计报表制度》，2009 年上海对绿地分类进行了调整，城市绿地由公园绿地、生产绿地、防护绿地、附属绿地和其他绿地五大类构成，故 2009 年后上海城市绿地总面积激增（参见附表 12-2），但与居民日常生活更加密切相关的是公园绿地和附属绿地。

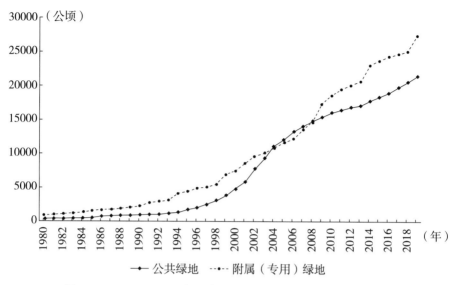

图 12-3　1980—2019 年上海城市公共绿地和专用绿地增长情况

资料来源：附表 12-2。

　　随着城市绿化面积的增加，上海绿化覆盖率逐年提高。1978 年仅为 8.2%，1995 年达到 16%，至 2008 年已达到 38%，之后一直保持在这个数值之上，2017 年为 39.1%。正因如此，改革开放以来，虽说上海城市人口倍增，1978 年户籍人口 1098.28 万，2010 年常住人口 2302.66 万（户籍人口 1412.32 万），但人均公共绿地面积却由 1978 年的 0.47 平方米增加到 2014 年的 13.79 平方米。自 2015 年起，人均公园绿地面积由原先的根据非农户籍人口计算调整为根据常住人口计算，2015 年上海人均公园绿地面积为 7.6 平方米，2019 年为 8.4 平方米（见图 12-4、附表 12-2），整体呈不断增长趋势。

　　公园建设方面，1978 年后上海进入持续稳定发展的新阶段。1981—1985 年，上海在整修原有公园的基础上，在市区新建东安、彭浦、内江等公园，郊县新建古钟、瀛洲、川沙等公园，使一些没有公园的地区有了绿色的游憩场所。从 1986 年起，上海公园建设实行统一规划，分级负责，结合城市环境综合治理，建设速度加快，特别是和居住区配套的公园数量激增。同时，按照城乡一体化和"大园林"的思路，公园建设由市区向郊县扩展，新建了仿古园林上海大观园、具有自然景观的东平国家森林公园和

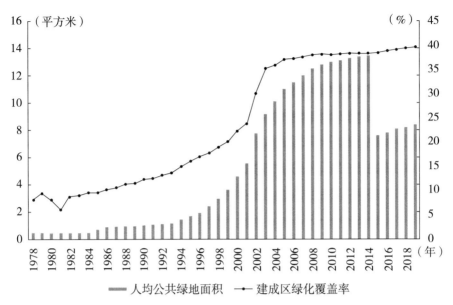

图 12-4 1978—2019 年上海人均公共绿地面积及绿化覆盖率情况

注：2015 年起，人均公园绿地面积由原先的根据非农户籍人口计算调整为根据常住人口计算，故 2015 年人均公园绿地面积骤降。

资料来源：附表 12-2。

体现田园风光的浏河岛游览村，等等。

20 世纪 90 年代后，按照《上海城市总体规划方案》，上海公园类型增多，规模扩大，功能多样，社会效益明显。2009 年，上海已经完成内环线以内 3000 平方米以上公共绿地的 500 米服务半径全覆盖，达到了较高的为市民服务的水平。[①]1977 年上海公园数量为 41 个，至 2017 年发展至 243 个，增长了近 5 倍；2020 年为 406 个，较 2017 年增长 67.1%。游园人数也呈逐年增多趋势，1977 年为 3568 万人次，2017 年达 26019 万人次，增长 6 倍多（见图 12-5、附表 12-2）。

① 马云安、凌耀初：《建设近自然框架下的绿色城市空间》，王泠一主编：《上海资源环境发展报告（2009）：生态文明的新进展》，社会科学文献出版社 2009 年版，第 58 页。

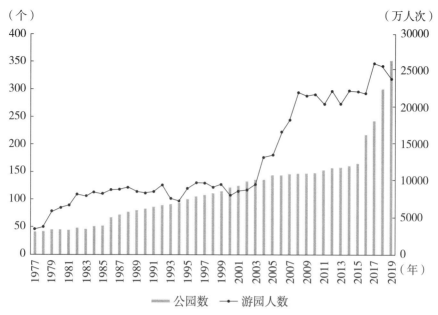

图 12-5　1977—2019 年上海公园数量及游园人数

资料来源：附表 12-2。

第三节　绿化新亮点：森林公园

　　森林是陆地生态系统的主体，是生命支持系统的主要组成部分，是实现环境与发展相统一的关键和纽带。从 20 世纪 60 年代中期开始，一些发达国家把对林业研究的重点转向城市，城市生态环境建设开始向森林化方向发展，实现从绿化层面向生态层面的提升，逐步形成了现代林业的一个重要的专门分支——城市森林。城市森林的出现受到了世界各国的普遍重视，并在城市生态环境建设及城市可持续发展中发挥着越来越重要的作用。城市森林的发展是传统林业的提高和升华，是城市实现可持续发展和林业向以生态效益为主战略转型的重要体现，是 21 世纪城市生态环境建设的主要趋势。[①]

---

　　① 彭镇华：《上海现代城市森林发展》，中国林业出版社 2003 年版，第 1 页。

一、上海森林概况

上海地跨中亚热带、北亚热带，水热条件也有一定的差异，其植被类型和区系成分有所不同，基本上以长江南支流为界，崇明属北亚热带，其余为中亚热带。反映在植被上，崇明一带落叶阔叶林的成分大为增加，典型的代表植物有银杏、白榆、苦楝、刺槐等。其他地区的气候为中亚热带，受东南季风和海洋性影响，气候更温暖湿润，形成以喜温暖湿润的樟科、山毛榉科、山茶科为主的常绿阔叶林和亚热带的竹林，代表属有香樟、润楠、木荷、柃木、青冈以及毛竹、水竹等。而随着水分从东向西逐渐递减，植被也相应地发生了变化。大金山，四面受海包围，形成独特的气候条件，植被所反映的特征是以喜温湿的种类为主，这里的常绿阔叶林代表属是青冈、红楠、木荷、柃木以及禾本科的水竹等。东、西佘山，植被所反映的特征与大金山有所不同，基本是常绿阔叶林，以苦槠、香樟、冬青、石楠、毛竹为主，同时落叶树亦占相当高的比例，如壳半科的栎属、榆科的一些属以及胡桃科的化香属等。

据上海市农林局 2001 年的统计，上海有林业用地 371.93 平方公里，其中，有林地 309.33 平方公里，占林业用地的 83.2%；苗圃地 61.3 平方公里。在有林地中，林分面积 118 平方公里，经济林面积 152 平方公里，竹林面积 38 平方公里。上海四旁树共 7082 万株，其中郊区 6957.2 万株（折合 361.77 平方公里），市区 124.8 万株（折合 6.49 平方公里）。至 2001 年，上海的森林覆盖率为 10.4%。从 2016 年到 2020 年末，上海的森林覆盖率提高了 3.5 个百分点，到达 18.49%，森林面积达 1172 平方公里；森林生态系统服务价值更是从 117.43 亿元增加到 165.50 亿元，增加了 48.07 亿元，增长了 40.94%；每公顷森林产生的价值从 12 万元增加到 14 万元；人均森林生态福祉由 486 元增加至 665 元。[①]

从分布格局看，2001 年上海成片的林地不多，有一定规模的林地主要分布在松江境内的佘山、天马山等低丘上，以及大治河等河流两侧的人工

---

①《覆盖率达 18.51%：聊聊申城森林那点事》，上观新闻，2023 年 3 月 12 日。

林，南汇、嘉定、长兴岛、崇明岛区域内果园，其他主要为分布在农村居民点周围等的四旁树，总体分布零散，无大型森林。[①]

二、主要森林公园

森林公园是以大面积人工林或天然林为主体而建设的公园。普通只采用抚育采伐和林分改造等措施，不进行主伐；也可以是开展森林旅游与喜悦休闲，并按法定程序申报批准的森林地域；或是经过修整可供短期自由休假，以及经过逐渐改造使它形成一定的景观系统的森林。因而，森林公园是一个综合体，它具有建筑、疗养、旅游、林木经营等多种功能。上海目前有国家森林公园四处，分别是佘山国家森林公园、东平国家森林公园、共青国家森林公园、海湾国家森林公园。

1. 上海佘山国家森林公园

该公园位于上海市郊西南松江境内，距市中心 30 公里，地跨佘山、天马、小昆山 3 个镇境，包括自东北向西南延伸的北竿山、厍公山、薛山、凤凰山、东佘山、西佘山、辰山、钟贾山、天马山、机山、横山、小昆山等大小山峰 12 座，其中天马山最高，海拔 98.2 米，佘山居其次，海拔 97.2 米。整个佘山长约 13 公里，山地总面积 4.01 平方公里。佘山地区对外开放的景区有东佘山园、西佘山园、天马山园、小昆山园等，各景区各具风采，又交相辉映，已成为"山、水、林相协调，人、景、物融为一体"的休闲旅游胜地。

佘山诸峰形成于 7000 万年前中生代后期，12 座山峰形态各异，海拔均在 100 米以下。佘山地区属中亚热带季风气候，其典型地带性森林植被是常绿阔叶林和常绿落叶阔叶混交林。佘山森林环境优美，绿化覆盖率达 81.2%，植物资源丰富，有低等植物 104 种、高等植物 788 种，涉及 216 科 578 属。树龄百年以上的香樟、枫杨、麻栎等古树名木 147 株，其中天马山古银杏树龄有 700 多年。林茂竹修的环境给野生动物提供了良好的栖息环境。经多年观测，佘山地区的留鸟和候鸟有 250 多种。

---

① 彭镇华：《上海现代城市森林发展》，中国林业出版社 2003 年版，第 32、37 页。

上海佘山国家森林公园风光

资料来源：上海市地方志编纂委员会编：《上海市志·绿化市容分志（1978—2010）》，上海辞书出版社 2020 年版，"插图"。

为加强对佘山的保护与开发，1985 年上海市淀山湖风景区管理委员会办公室建立，有关部门遂开始对佘山风景区进行规划。1993 年 8 月，经林业部批准，佘山国家森林公园成立，占地 360 公顷。1994 年，国家旅游局批准佘山地区成立佘山国家旅游度假村。

作为上海唯一的自然山林胜地，佘山国家森林公园每年吸引了大量上海市民与外地游客前来休闲，森林公园的建设也不断上台阶。2000 年，佘山国家森林公园被国家旅游局批准为首批 4A 级旅游景区；2002 年被评为全国文明森林公园；2006 年成为首批获得中国国家森林公园专用标志使用授权的国家级森林公园；2008 年荣获全国农林水利行业五一劳动奖状；2007—2008 年度获得上海市文明单位称号；2008 年被国家林业局评为首批全国生态文化教育基地；2012 年被国家林业局森林公园管理办公室评为"全国最具影响力森林公园"。

2. 上海东平国家森林公园

公园位于崇明区中北部，距区城区 15 公里，东西长 1700 米，南北宽

1400—2800 米，总面积 358 公顷。其前身是 1959 年建成的东平林场，为华东地区最大的平原人造森林，也是上海规模最大的森林公园。

公园植被资源丰富，有乔灌木、藤本类、水生植物、陆上野生植物近千种，其中药用植物有 100 余种。园中林木以水杉、柳杉、白杨、刺杉、棕榈、刺槐、连树、银杏、香樟为主。其中素有"活化石"之称的水杉，高大挺拔，树形优美，种群庞大，为公园的主要树种，几乎遍布每一个角落。水杉树极少病虫害，游人多喜爱在树下行走、散步。

公园内野生动物资源也极为丰富，有蛙、蛇、獭、兔等几十种爬行类、两栖类、哺乳类动物，更有近 160 种候鸟、留鸟栖息于丛林中，特别是白鹭、灰鹭、中华白鹭等鹭鸟种群规模庞大，更有凶猛的鹰、隼等时常出没。

为更好地服务人民群众，自 1987 年起，东平林场开发了森林旅游项目，1989 年作为旅游景点对外开放。1990 年建设了一个西班牙建筑物群。1993 年建设"巾帼世界"旅游风景区，初步成为游览、疗养、度假、会议和学术研究活动地。同年 8 月，林业部正式批准成立东平国家森林公

上海东平国家森林公园风光

资料来源：上海市地方志编纂委员会编：《上海市志·绿化市容分志（1978—2010）》，上海辞书出版社 2020 年版，"插图"。

园。该公园 1997 年被评为上海十佳旅游休闲新景点，2002 年被国家旅游局评为国家 4A 级旅游景区。与佘山国家森林公园一样，2006 年经国家林业局批准，东平国家森林公园亦获得了中国国家森林公园专用标志使用授权。

3. 上海共青国家森林公园

公园位于上海市杨浦区，东濒黄浦江，西临军工路，总占地 1965 亩，开放公共绿地 1870.6 亩（其中，北园为共青森林公园，占地 1631 亩；南园为万竹园，占地 239.6 亩），是上海第一个模拟森林的公园，也是上海城区唯一的森林公园。

公园所在地原为浦江滩地，1956 年上海市政府疏浚河道，取泥围垦，辟为苗圃；1958 年春，共青团中央书记胡耀邦带领在上海开会的全国青年积极分子栽植果树，在圃内建立了青春实验果园，取名"共青苗圃"。1982 年初，作为市政府扩大公共绿地面积的重点实事工程之一，共青苗圃北块改建为共青森林公园。1986 年 3 月，中共上海市委书记江泽民至共青森林公园栽树，并挥笔写下"绿化上海，造福于民"，自此该公园即作为上海的

上海共青国家森林公园风光（张伟然　摄）

一片都市绿洲正式对外开放。1995 年底，共青苗圃南块改建为万竹园并开放。2006 年 1 月，国家林业局正式批准共青森林公园为国家森林公园，将其定名为"上海共青国家森林公园"。

共青国家森林公园以植物造景为主，内有树木近 20 万株，品种 200 多种，配以丘陵、草地、湖泊、溪流、密林、竹丛等，构成了富有野趣且幽深的自然空间，形成了"松涛幽谷""丛林原野""秋林爱晚""水乡映秀""植树纪念林"等 12 大景区，呈现了以"自然、野趣、宁静、粗犷"为特色的森林景观。

万竹园以竹文化为主题，拟造了一个"江南竹韵、清清通幽"的秀丽竹景。竹园地势起伏、青冈林茂、清溪悠悠、小桥流水、翠竹送香，形成了一派"日出清清秀、月照清清影"的竹趣盎然的自然风光，颇具江南水乡风情。

共青国家森林公园以其独特的自然景观为上海市民营造了一个不出市区就能领略野外风光和竹景观园林的综合性度假胜地。公园已被评为上海市文明单位和上海优美新景点。

4. 上海海湾国家森林公园

公园位于上海市奉贤区海湾镇五四农场内，距市中心 60 公里，是以森林为主体，融苗木生产、休闲观光、科学研究和科普教育为一体，模拟自然的大型人工城市生态森林，于 1999 年 5 月由光明食品集团有限公司与上海城投总公司共同出资建设。公园占地面积 16000 亩，其中开园面积 4500 亩，水域面积约 1274 亩。

公园是在模拟自然、回归自然的基本理念指导下，通过人工营造形成的近自然形态的森林。园内种植了浑厚而又凸显自然的复合混交林群落，将观花、观叶、观果有机地结合在一起，用各种彩叶树种星点在绿色的本底之中，已经形成了以森林生态为基础的多彩的城市森林景观。园内植树 420 多万株，植物种类达 79 科 342 种。其中，梅花 100 亩，30 个品种，1 万余株；竹类 26 种，30.4 万株；另有沉水樟、舟山新木姜子、黄檗等多种国家珍稀濒危树种。

2001—2004 年度，公园获得上海市绿化先进集体称号。2004 年 12 月，国家林业局批准成立上海海湾国家森林公园，2005年上海市政府正式批准了项目的总体规划。2010年4月28日，公园举行上海世博会世博观光农园揭牌暨上海海湾国家森林公园正式开园仪式。2015年，公园被国家旅游局和环境保护部联合评为国家生态旅游示范区。

第十三章　农村环境整治与新农村建设

　　1978年党的十一届三中全会之后，我国乡镇企业异军突起，迅猛发展，成为农村经济的主体力量，在支持农业发展、增加农民收入、吸纳农村剩余劳动力、壮大农村集体经济实力、支持农村社会事业、逐步实现城镇化等方面发挥了重要作用。但乡镇企业受技术水平、规模的限制，污染往往比较大，上海也不例外。上海通过农村环境综合整治，整顿乡镇企业重点污染行业和农业面源污染，建设现代农业园区，发展生态农业，农村人居环境整体水平得到不断巩固和提升，农村整体面貌向优化美化转变。

第一节　农村环境污染问题

　　上海农村环境污染主要来自乡镇工业"三废"和城镇生活废弃物、农药化肥、畜禽排泄物三个方面。

　　乡镇工业"三废"和城镇生活废弃物的污染。工业"三废"污染方面：20世纪70年代，上海乡镇企业开始迅速发展，至1989年，郊区乡镇工业企业达16800家，是1976年的3.3倍。乡镇工业企业中的化工、电镀、喷漆、造纸、印染、淀粉、制革、水泥、金属冶炼等行业污染排放量都很大。加上这些企业规模小，"三废"治理率很低，致使农村环境受到污染。80年代以后，郊区水体、土壤、大气的污染加剧。进入90年代后，郊区河流除个别河道与少数河段外，水质大都低于IV类标准。城镇生活废弃物污染方面：上海郊区农村除了郊区城镇自身产生的生活废弃物，每年还要接纳来自市区的生活废弃物。生活废弃物20世纪50年代主要作为农田的有机肥来使用，60年代用来填埋沟、塘及断头小河。至70年代，已填90万亩，农村已无沟、塘可填，上海生活废弃物的去向成为一个大问题。到80年代，矛盾更加突出。同时，长期简单直接填埋，将农村当作垃圾场，造成上海农村垃圾填埋点周围地下水、土壤受到严重污染，还不时散发恶臭。

农业生产过程中施用农药化肥导致的污染。上海郊区农业生产自然条件优越，1994年有耕地29.38万公顷，主要种植水稻、麦子、棉花、油菜、瓜果等。为了提高产量、消除病虫害，化肥、农药使用量逐年增加。1993年上海市郊每公顷化肥施用量537公斤（纯量），是1950年的53.7倍；1994年每公顷农药施用量7.98公斤（纯量），是1964年的3倍。农药虽然多为低毒品种，但品种已由之前的数种发展到数十种，影响环境不可控因素增加。故而，化肥、农药的流失和沉积，是造成郊区河流和农田污染的又一重要因素。

畜禽饲养业排泄物污染。上海郊区畜禽饲养历来都以农户饲养为主，畜禽粪尿是种田的良好肥源。1988年起上海开始实施"菜篮子工程"计划，新建了一大批畜禽副食品基地。1991年，上海有各种畜禽场2587个，其中大中型畜禽场729个。这些具有一定规模的畜禽场，建场时没有配套的畜禽粪尿处理设施，加上随着郊区生产结构的调整和农村劳动力的转移，畜禽粪还田量减少，大量的畜禽粪尿只能堆放，污染了农村环境。

据黄浦江污染综合防治相关研究，在上海黄浦江上游水源保护区和准水源保护区内，工业污染源仅占黄浦江污染的10%左右，由农药化肥所造成的地表径流污染、畜禽粪尿污染和城镇生活废弃物污染各占三分之一左右。[①]

---

① 俞菊生：《中国都市农业：国际大都市上海的实证研究》，中国农业科学技术出版社2002年版，第26页。

第二节　农村环境综合整治

自 20 世纪 80 年代开始，上海各级政府非常重视农村环境的综合整治，先后开展了乡镇企业重点污染行业整顿、畜禽粪污染综合整治等工作。与之同时，相关部门加快了农村环境保护的法治建设工作，制定了一批有关乡镇企业和畜禽污染防治方面的行政法规。农村环境综合整治执法管理力度的持续加大，抑制了环境的进一步恶化，使农村局部地区环境质量有所提高。

一、乡镇企业重点污染行业整顿

上海郊区绝大多数乡镇电镀厂（点）厂房简陋，工艺落后，设备陈旧，管理混乱，污染严重，同时缺乏"三废"治理设施。1981 年上海乡镇电镀行业工业废水排放量约有 400 万立方米，其中 85% 未经任何处理就直接排放到附近河流、农田。这些含有大量氰化物、重金属离子的工业废水严重污染了所在地农村的生态环境。如宝山罗泾办了 12 家电镀厂，在不到 3 公里的长浜河上就有 5 家电镀厂，每天排放几百吨含铬、氰等的废水，致使该河中含铬量超过地面水标准数十倍。

1982 年，根据国家经委、计委关于对电镀等四个行业实行全面整顿的指示精神，上海市机械工业专业化协调小组与市环保局等部门共同对电镀行业实行全面整顿，实施电镀生产许可证制度。1983—1985 年，上海市、县环保局会同有关部门对乡镇电镀厂（点）进行整顿和发放电镀生产许可证，对布局不合理、厂群矛盾尖锐、环境污染严重而又无发展前途的电镀厂（点）加以迁并，电镀厂（点）由 352 家压缩至 210 家。同时，投资 1250 万元进行电镀废水治理，每年治理电镀废水约 400 万立方米，治理率由 1980 年的 15% 提高到 1985 年的 85% 以上。1989 年上海乡镇电镀厂（点）进一步削减为 193 家，当年还投入环保治理费 4955.24 万元，先后建成废水治理设施 293 台（套），年处理工业废水 690.5 万立方米，废水处理率 90.57%，废水处理达标排放量 403.4 万立方米，处理达标率 58.42%。尽管废水处理力度不断加大，但由于上海电镀厂（点）设备简陋，工艺落后，污染问题依然严重。1989 年，上海乡镇电镀行业工业总产值达 7 亿元，废水排放量 762.40 万立方米。工业废水中 pH 值超标排放量 228.4 万立方米，占上海乡镇企业该项总排放量的 21.8%；氰化物的年排放量 1.756 吨，占 98.9%；六价铬年排放量 3.838 吨，占 99.2%。乡镇电镀行业的氰化物、六价铬排放量在上海乡镇企业的主要排放中仍占比很高。

除电镀行业外，上海在热处理、铸造和锻造行业也实行了生产许可证制度。热处理生产许可证发放工作从 1986 年开始，1987—1988 年为全面发证阶段，1988 年基本结束。铸造和锻造行业生产许可证从 1989 年开始，1990—1991 年为全面发证阶段，1993 年基本结束。1995 年，上海乡镇工业废水污染物中的镉、铬、挥发酚的排放量都有明显的下降，并且消除了砷污染，乡镇工业重复用水率达 34.2%，比 1989 年的 27.5% 有较大提高。①

二、农业污染源治理

1991 年，上海市政府提出畜禽粪尿污染治理任务，并把其列入环保实事项目，计划在五年或更长一点时间内基本上解决大中型畜禽场的粪便污染问题。同年，市政府将上海县申宝鸡粪处理厂、宝山区庙行大康和前进沼气站以及上海县塘湾生态工程建设共 4 个项目列入实事工程，投资 835 万元，采取沼气工程等措施进行治理，日处理畜禽粪尿 200 吨左右。

上海市政府之所以如此重视畜禽粪尿污染治理问题，除了改善农村生活环境之外，还有一个很重要的原因是保护市区的饮用水源。黄浦江上游地区是当时市区的主要饮用水水源地，然而在黄浦江上游及其支流地区分布着大量畜禽场，且多数无粪尿处理设施。

1992 年，上海有 38 个畜禽场列入治理计划，除崇明 1 个外，其余 37 个均位于黄浦江上游地区（其中上海县 15 个、松江区 11 个、青浦区 5 个、

---

① 陈倩、李锦菊、郑坤：《上海乡镇工业废水污染情况及防治对策》，《新疆环境保护》1998 年第 4 期，第 43 页。

奉贤区 4 个、川沙县 1 个、金山县 1 个）。这些治理项目中有 10 个被列入当年上海市政府实事工程。治理以还田型为主，计 27 个；生产沼气、制作有机复合肥料及再生饲料等工程措施为辅，计 11 个。全部项目当年均通过市级验收。

1993 年，上海又有 35 个畜禽场列入治理计划，其中闵行区 10 个、奉贤区 4 个、松江区 10 个、青浦区 11 个。这些治理项目中有 10 个同时被列入当年上海市政府实事工程。治理过程中主要以因地制宜、节省投资和有效治理为原则，以还田型为主，计 29 个；工程型为辅，计 6 个。

大泖港是黄浦江上游主要来水通道，受畜禽粪尿的污染，水质不断恶化。1995 年为进一步保护黄浦江上游水源，上海相关部门开展了针对大泖港沿岸畜禽场污染的治理工作。大泖港地区共有 33 个大中型畜禽场，且绝大多数无处理设施，直接影响大泖港水质的主要为泖港奶牛场、泖港种畜场、金山县种畜场、兴塔种畜场，这 4 个大中型畜禽场的畜禽粪治理项目均被列为 1995 年度市政府实事工程。

"八五"期间，上海共安排大中型畜禽粪治理项目 86 个，总投资 3341 万元，每年处理粪尿 27.29 万吨，年削减化学需氧量 8951.9 吨、氨氮 1535.76 吨。其中列入市政府实事工程的 28 个大中型畜禽场总投资 1270 万元，年处理粪尿 8.54 万吨，年削减化学需氧量 3675.48 吨、生物化学需氧量 4104.74 吨、氨氮 624.67 吨。这些治理项目的竣工为有效遏制郊区水环境恶化和改善黄浦江上游水源水质起到了积极作用。

进入 21 世纪，为减少农村面源污染，上海市政府对养殖场的数量进行了控制。2000 年，相关部门制定了畜禽粪便综合治理规划，按资源化、减量化、无害化和生态化原则，将上海规模养殖场从 1600 个削减到 1000 个以内，并建立了长效管理机制。2003 年，上海外环线以内关闭了 33 家畜禽场；完成了黄浦江上游水源保护区内 6 个区 178 个畜禽场关闭、搬迁的前期准备工作；开工建设了 4 个有机肥加工利用中心项目。2004 年，农业污染治理重点关闭了一批禁养区畜禽牧场，禁养区内 259 个畜禽牧场已关闭 156 个，其中黄浦江上游水源保护区 173 个畜禽牧场已关闭 84 个。宝山、奉贤、崇明、农工商集团等 4 个畜禽粪便有机肥加工利用中心基本建成，新增有机肥生产能力 7 万吨，带动了一批畜禽牧场的综合治理。通过推广施用有机肥、实行绿肥养地轮作休耕制度、推广各类新型高效农药等措施，减少化肥施用量 3.2 万吨，减少化学农药使用量 325 吨。2019 年，种养结合、生态还田等绿色治理模式的推广实施，使畜禽粪污综合利用率达到 96% 以上。通过以上措施，上海基本解决了农业生产过程中的面源污染问题。

第三节　生态农业：现代农业园区建设

一、上海现代农业园区发展概况

二战后，经济发达国家和地区认识到传统农业的局限性，开始大力发展现代农业。所谓现代农业，是指应用现代科学技术、现代工业提供的生产资料和科学管理方法的社会化农业。现代农业在突出现代高新技术的先导性、农工科贸的一体性、产业开发的多元性和综合性的基础上，强调资源节约、环境零损害的绿色性，是生态农业，是资源节约和可持续发展的绿色产业，担负着维护与改善人类生活质量和生存环境的使命。在现代农业理论的指引下，20 世纪 90 年代，欧美等地区的一些发达国家在现代农业基础上进一步发展出现代农业园区的形式，这为我国生态平衡的保护和农业的可持续发展提供了新的启示。

现代农业园区以技术密集为主要特点，以科技开发、示范、辐射和推广为主要内容，以促进区域农业结构调整和产业升级为目标，是适应新阶段农业发展需求，以现代农业科技成果的组装、集成与示范、推广为手段，通过土地、资本、技术、人才的高度集中与高效管理，促进传统农业向现代农业转变，大幅度提高农业整体效益、可持续发展能力、农业和农产品国际竞争力的新型组织形式。除了产业化、集约化的农业农村科技园区之外，许多园区还变身为都市新型农业，成为具有观光、休闲、采摘等功能的农业旅游园区、农业生态园区，成为城市居民的生态农园。因此，现代农业园区不仅推动了农业生产、经济、环境、社会功能协调发展，同时实现了农业生产、经济、社会和环境效益的共同提升，为城市发展提供了绿色屏障和生态空间。

1994 年，上海孙桥现代农业园区成立，这是中国第一个综合性现代农业开发区。按照市委、市政府关于加快建设都市型现代农业的要求，上海积极探索现代农业发展的新模式。自 1999 年下半年起，上海郊区分批有序地建成了 12 个市级现代农业园区。这些园区在实施科教兴农战略、改变小而全的生产方式、创新农业功能、推动土地集约化经营、扩大农村就业、改善农村生态环境等方面做了大量探索性实践。据 2008 年调查，自 1999 年来，上海市园区经过两次调整，规划面积不断扩大，由建设初期的 288 平方公里扩展到 349.33 平方公里，增加 61.33 平方公里。随着园区规划面积增加，园区有了更大的建设空间，开发规模随之不断扩大。截至 2007 年底，园区已开发利用面积 203.7 平方公里，综合开发利用程度达 58.3%，比上年提高 3.2 个百分点。从各园区来看，奉贤、上实和松江 3 个园区开发面积超过 70%，开发利用程度分别为 88.5%、87.6% 和 73.9%；开发面积超过一半的还有崇明、嘉定、闵行和南汇 4 个园区，开发利用程度分别为 57%、52.4%、51% 和 50.4%。[①]

现代农业园区依靠科技，对农药化肥的使用有严格的限制，最大程度地保护了自然生态环境。同时，一些园区进一步发展为休闲农业、观光农业、都市农业，成为上海居民放松休闲的新去处。

2022 年 7 月 4 日，《上海市产业地图（2022）》发布，为上海市产业经济发展提供新指引。其中，上海市现代农业地图聚焦了 13 个绿色田园先行片区。

浦东生鲜蔬菜产业片区：规划范围涵盖宣桥镇的腰路村、季桥村和张家桥村，面积约 13.52 平方公里。该片区聚焦浦东新区北部蔬菜生产保护镇建设，依托清美、浦商等龙头企业，集成物联网系统等智能化设施装备技术，着力打造上海绿色蔬菜产业先行片区、长三角蔬菜智能化产业高地、

---

① 国家统计局上海调查总队：《上海现代农业园区建设成就显著》，上海统计网，2008 年 4 月 30 日，http://www.stats-sh.gov.cn/fxbg/201103/91679.html。

全国蔬菜全产业链发展先行区。

浦东品牌瓜果产业片区：以新场、惠南、老港等传统种植区作为核心节点，规划面积 21.85 平方公里。厚植南汇 8424 西瓜和南汇水蜜桃等产业优势，打造特色高效的农业品牌价值新高地、品质卓越的特色瓜果原产新片区、田水环绕的休闲度假生态新田园。

金山特色果蔬产业片区：以吕巷水果公园、金石公路万亩特色果园和廊下郊野公园为核心，规划面积 106.34 平方公里。围绕"上海湾区，金山味道"，该片区着力打造长三角中央厨房链条式产业集聚区、全国果蔬标准化种植示范区，实现果蔬产业"生产 + 科技 + 加工 + 品牌 + 营销"的全产业链发展升级。

金山农旅融合产业片区：围绕"上海湾区，金山如画"，依托 G320 文旅连廊，以绿色有机水稻、蔬菜为重点，结合枫泾镇及周边休闲农业旅游资源，以乐高乐园、花开海上生态园为核心资源，着力在 174.99 平方公里的规划范围内，打造国际大都市的后花园、长三角乡村"微度假"的首选地、全国产城融合的样板区。

崇明现代畜禽养殖产业片区：聚焦新村乡 34.67 平方公里的行政范围，整体构建以正大现代畜禽养殖产业为驱动、以水稻种植为保障的种养循环田园综合体，努力建设成为国家现代农业产业示范区、华东生态循环农业样板区。

崇明高端设施农业产业片区：以崇明现代农业园区和港沿地区为核心，规划总面积 63.65 平方公里，全力打造国内一流的高端设施和花卉产业高地。该片区通过集成应用绿色生产技术，重点建设一批集花卉、蔬菜为一体的智能化、工厂化生产基地，建设绿色农产品加工示范基地。

嘉定数字化无人农场产业片区：位于嘉定区外冈镇西北部，涉及葛隆村、古塘村等 12 个行政村，总面积 27.03 平方公里。该片区围绕外冈镇1.7 万亩粮田和 2.5 万头生猪养殖场，依托无人化生产技术及创新，推进无人农场建设，致力于打造上海卓越全球城市现代农业智能化生产集成区。

松江优质食味稻米和花卉产业片区：利用浦南黄浦江水源保护区的生态优势，致力于在稻米区、花卉区共计 22.12 平方公里的规划范围内，建成集现代农业观光、农业休闲、文化创意于一体的农业高质量发展区，做精做优松江大米区域公用品牌和浦南花卉旅游品牌等。

奉贤东方桃源综合产业片区：东起沿钱公路，西至金汇港，南接吴房村村界，北邻浦南运河，规划总面积约 14 平方公里。该片区以奉贤黄桃国家地理标志产品为重点，结合乡村振兴示范村建设以及蔬菜等农产品生产基地，打造一批集休闲观光、农事体验、乡旅文创为一体的规模型田园综合体。

青浦绿色生态立体农业片区：以练塘镇朱枫公路沿线的万亩良田和青浦现代农业园区核心区为依托，构建高质量、绿色发展的青浦"三水融合"绿色生态立体农业片区，努力建成现代化生态立体农业公园。区域总面积 24.57 平方公里，覆盖徐练村、东庄村等 7 个行政村和农业园区核心区。

宝山乡村康养产业片区：联动罗泾镇北部 5 村，规划范围共计 12.92 平方公里，致力于建设上海卓越全球城市城乡一体融合发展示范区、乡村母婴康养示范区；依托优质生态资源，打造塘湾村母婴康养基地、洋桥村当季食材的乡肴基地、新陆村森林中的新鲜蔬菜基地、花红村生态绿色的米食基地、海星村鲜活渔味 + 运动森林基地。

闵行区都市农业片区：规划面积约 8.48 平方公里。依托浦江郊野公园、召稼楼古镇、首批乡村振兴示范村革新村，以高新农业科普体验为发展理念，调动古镇、农宅、农田三大资源联动开发，致力于为上海市民打造近距离休闲农业融合发展的第三生活空间。

光明现代种养循环产业片区：规划范围为 10.28 平方公里的农业产业片区。以种养生态循环、农旅产业循环为特色，构建世界级农场—生态农业循环链的重要空间，为全球卓越城市现代精致化绿色农业发展提供示范。

这 13 个绿色田园先行片区规划定位明晰、资源要素集聚、品牌优势突出、生产方式绿色、技术装备先进、产业融合创新，上海将以此示范引领都市现代绿色农业高质量发展。①

---

①《〈上海市产业地图（2022）〉发布，上海现代农业如何布局？》，上观新闻，2022 年 7 月 11 日。

二、典型案例：孙桥现代农业园区

孙桥现代农业园区的成立，旨在加速浦东乃至上海郊区农业的现代化和城乡一体化进程，并对全国广大农村地区的农业现代化产生示范、辐射作用。

孙桥现代农业园区地处上海浦东新区中心地带孙桥，地理位置优越，交通发达，最初规划面积 4 平方公里，1996 年正式对外开放。园区完全摆脱了传统农业劳作方式，采用现代高科技来经营农业生产，是农业生产向现代化迈进的重要实践。

园区自成立以来，先后被批准为国家农业科技园区（2001 年）、农业产业化国家重点龙头企业（2002 年）、国家级农业标准化示范区（2004年）、全国科普教育基地（2004 年）、全国工农业旅游示范点（2004 年）等，并且通过了 ISO 14001 环境管理体系认证，孙桥品牌成为上海市著名商标（2006—2008 年）。园区凭借一流的工厂化生产设施、先进的科学技术、优美的田园风光，寓教于学、寓教于乐，吸引了众多国内外宾客前来学习考察和旅游观光，每年约接待 20 万—40 万游客。成立以来，累计接待了数百万国内外游客，其中包括上百个各级政府考察团、数十位外国政要。

2006 年 6 月，胡锦涛考察园区并作出指示：建设社会主义新农村，最重要的是发展农业和农村经济；发展农业和农村经济必须依靠科技进步和创新，努力在农业科技上取得新突破，加快建设现代农业。

近年来，园区规模不断扩大，产业不断做强，表现为：园区面积扩大至 6 平方公里，重点发展了种子种苗、设施农业、农产品精深加工、生物技术、温室工程安装制造和旅游休闲观光等 6 大主导产业，成为浦东乃至上海现代农业的一颗璀璨明珠。

第四节　新农村建设

2005 年 10 月，党的十六届五中全会审议通过《中共中央关于制定国民经济和社会发展第十一个五年规划的建议》，提出要按照"生产发展、生活宽裕、乡风文明、村容整洁、管理民主"的要求，扎实推进社会主义新农村建设。其中村容整洁是展现农村新貌的窗口，是实现人与环境和谐发展的必然要求。农村的脏乱差状况从根本上得到治理，人居环境明显改善，农民安居乐业，是新农村建设最直观的体现。

2006年，按照中央关于建设社会主义新农村的要求，上海市委、市政府坚持城乡统筹发展，稳定和完善各项支农惠农政策措施，推动新农村建设。同年，按照城乡规划体系，确定金山廊下、青浦金泽、嘉定华亭、奉贤庄行、浦东合庆、松江新浜、南汇书院、崇明绿华和陈家等9个镇为新农村建设试点先行区。以清洁家园为抓手，选择嘉定毛桥村、奉贤腾家村、南汇桃源村、崇明华西村、松江曹家宅村等一批村进行试点。其中，毛桥村被列为全国35个新农村建设试点村之一。

2006年10月，上海市委、市政府发布《关于推进社会主义新郊区新农村建设的实施意见》，要求在上海新农村建设中，实施"清洁家园工程"，营造良好的郊区农村人居环境。年内，结合上海"1966"城乡规划体系要求，调整农村路桥布局规划，加快农村危桥改造和村镇公路标准化建设，全年新改建农村公路1352公里，完成公路危桥改造413座。组织实施"万河整治行动"，全年整治河道5002条段4733公里；推进"新三年环保行动计划"，加快郊区污水管网建设，全年完成投资约31亿元，完成1个污水厂和2个管网建设项目，新开工4个污水厂和20个管网建设项目。全面启动"整洁村"建设，先后安排83个村开展先行试点工作，主要解决农村环卫设施设备、保洁服务、生活垃圾收集等问题。整治农村生活环境，嘉定、崇明两区完成生活垃圾处理设施建设，使生活垃圾无害化处理率提高10%左右；金山、青浦两区生活垃圾综合处理设施启动建设；南汇、奉贤、青浦三区的生活垃圾转运站也同时启动建设。

在新农村建设中，上海金山区廊下镇的成绩尤为突出。金山（廊下）现代农业园区是上海市级现代农业园区，于2003年挂牌成立，地处廊下镇。规划总面积51平方公里，是上海市郊面积最大的综合性现代农业园区。园区东临同三国道（A30高速公路）、莘奉金高速公路（A4高速公路），北依 320 国道及亭枫、沪杭高速公路，距上海市中心 60 公里、杭州湾跨海大桥 25 公里。至 2006 年底，园区累计投入基础设施建设资金超过 2.11 亿元，"一心一环五区"（园区管理中心，外围生态片林环，农业科技孵化区、现代农业示范区、现代农业加工区、国际农业展示园区、农业生态休闲区）初具形态。累计引进各类项目 25 个，总投资 5.79 亿元。动植物优良品种繁育、生物高科技、蔬菜与花卉、畜禽养殖、农产品加工、绿色文化旅游等科技含量高、能耗低、无污染的都市型农业产业形成规模。

2006 年，金山（廊下）现代农业园区总体规划获上海市规划局批准，并纳入上海城市总体规划和土地利用规划。园区农产品加工区被农业部确定为全国农产品加工示范基地，农业示范区被国土资源部确定为国家级基本农田保护示范区，被国家旅游局评为国家级农业旅游示范区。当年投入 8991 万元，平整园区土地 200 公顷，修建沥青路 2.4 公里、砂石路 11.7 公里、混凝土明沟 14 公里，翻建桥梁 4 座、新建 2 座，建设灌溉泵站 2 座、连栋温室近 2.5 万平方米、单体管棚 37.7 万余平方米，埋设地下渠道 5.2 公里，疏浚河道 43 条（段）50.9 公里（开挖淤泥岸土 52.7 万立方米）等等。

2006 年，廊下镇开辟的"金山农村新天地——中华村农家乐"绿色休闲旅游项目被国家旅游局确定为全国农业旅游示范点，全年接待国内外游客近 5 万人次，其中外国游客多来自加拿大、芬兰、俄罗斯、荷兰、南非等 10 多个国家。中华村农家乐是上海锦江国际集团贯彻落实党中央、上海市委市政府提出的建设社会主义新农村建设方针，以及"城市支持农村、工业反哺农业"要求，联动当地政府、村民打造的具有浓郁江南乡间农家特色的集旅游、休闲、体验等为一体的新时代新郊区的代表作。农家客房在外观上保留了金山民居"白墙、黛瓦、观音兜"的原味风貌，内部由锦江国际统一装修，每个房间都配备了独立卫生间、有线电视，并提供 24 小时热水供应、免费有线宽带上网等服务，被上海市旅游行业协会评为农家乐最高星级三星级单位，也是上海郊区设施最完善、服务最规范的农家乐之一。

开发中华村农家乐旅游项目后，中华村"两委"经过研究，决定抓住这个机遇，从清理"三个乱堆"入手，整治村容村貌，还村民群众一个舒

上海金山区廊下镇中华村风光（余思彦　摄）

心、安心、放心的生活环境。2007 年，中华村农家乐开始自然村落改造试
点工作。村里把"道路硬化、墙面白化、河道净化、庭院绿化、路灯亮化、
环境洁化"的"六化"建设作为村落改造的重点来抓。改造后的村落整洁
干净，彻底改变了以前道路坑洼、河道黑臭、污水横流、垃圾乱倒、环境
脏乱的现象。环境改造后，中华村农家乐凭借原生态的江南农家庭院和自
然水乡意蕴，吸引世界各地游客纷至沓来。

　　与此同时，中华村投入大量人力物力，对全村河道进行了全面疏浚整
治，并在河边种植水生植物，岸上种植树木，美化河岸环境，使之呈现
"水清、面洁、岸绿"的优美河岸风光；现村庄绿化率达 38%。中华村先后
投入 50 多万元，铺设生活污水处理管道 13200 米，在农家乐区域建立农民
生活污水集中处理站，118 户村民生活污水纳管集中处理。建成"三格式"
化粪池 400 只、3 个总面积达 3000 平方米的生活污水处理池，彻底取缔了
小粪缸，无害化排放率达到 100%。中华村还加大投入对全村通往村宅的
道路进行硬化，白色路面通过各宅各棣，解决了村民出行难的问题。在道
路两旁种植树木花草达 12600 平方米，美化了乡间道路。村委会发动村民
对宅前屋后的庭院和零星空地进行整理，不仅美化了居住环境，还给村民

带来了实惠。村委会始终把环境卫生纳入日常重点工作，在订立村规民约、工作制度的同时，建立了以村委会主任为组长、卫生干部为副组长、条线干部为组员的卫生工作领导小组，开展环境卫生检查监督，还建立了12人的道路保洁队伍、8人的河道保洁队和村志愿者队伍，从而保证了"六化"建设的经常化和有效性。①

2015年，廊下郊野公园开园，作为公园的一部分，中华村的农家乐活力倍增。农家乐融入乡村旅游，民宿兴起，中华村也越来越美，当地农民收入不断增加，日子越来越好。

2021年，中华村农家乐向3.0版升级。中华村启动了乡村振兴示范村创建，通过农家乐整体风貌提升等项目，在保留"白墙、黛瓦、观音兜"原味风貌的基础上开展各项改造工程。在实施道路改造和景区标识提升项目的同时，新建桥路等基础设施，串联起核心区域多个重要节点，游览线路进一步优化。对农家乐核心区域道路两侧、房前屋后的树木、花草、盆景、农家乐店面门牌等进行统一设计引导。尤其是标志性的锦江小楼经过重新规划设计，整合村内资源，成为集红色主题教育、农家乐成果展示等为一体的综合性展示空间。同时，中华村鼓励村民自主创业，用差异化经营突出自身特色，自主创业的农户户均收入达30万元左右。②

---

① 卢连明：《偏远穷村怎样成为"美丽乡村"？——访农业部"美丽乡村"创建试点村——廊下镇中华村》，《东方城乡报》2014年3月6日。

②《金山中华村：村庄换新颜、保留烟火气，沪上老牌农家乐提质升级》，上观新闻，2023年2月28日。

第十四章　湿地与自然生态保护

　　上海坐落于长江口的滩涂湿地，随着长江三角洲的淤涨，逐渐形成了繁华的"上海滩"。湿地不仅具有生态服务功能，也是上海宝贵的基础生态空间，更是上海生态文明建设的重要内容。上海位于东亚—澳大利西亚迁飞路线中点，是亚太候鸟重要的中途停歇地和越冬地，在此基础上，上海建立了一系列相关自然生态保护区，如崇明东滩湿地、长江口中华鲟湿地等，湿地等生态系统得到有效保护和恢复。

第一节　上海湿地资源基本状况

　　湿地是地球三大生态系统（森林、海洋、湿地）之一。《具有国际意义的湿地，特别是作为水禽栖息地的湿地公约》（简称《湿地公约》）载："湿地系指天然或人造、永久或暂时之死水或流水、淡水、微咸或咸水沼泽地、泥炭地或水域，包括低潮时水深不超过六米的海水区。"湿地是一类水、陆两大界面交互延伸、内部长期为水所控制的生态系统，面积广阔，类型多样，资源丰富，环境效应巨大。作为陆地与水体之间的过渡地带，湿地是一种高功能的生态系统，具有独特的生态结构和功能，在提供人类必需的动植物资源、维持生态平衡和水平衡、调节气候、降解污染、提供珍稀动植物栖息地和保护生物多样性等方面起着不可替代的作用。同时，湿地和湖泊还是流域来水的调节库，具有蓄泄河川、维持流域水量平衡、降解污染物和提供旅游资源等功能，素有"地球之肾"的美誉。

上海位于长江口冲积平原，地势低洼、河网密布，拥有得天独厚的湿地，被誉为"建在湿地上的都市"，是典型的大河口都市型湿地城市。湿地作为重要的国土资源和自然资源，具有巨大的经济效益、生态效益和社会效益。湿地养育了上海 70%—80% 的野生动植物物种，同时为上海提供了丰富的湿地产品和洁净水源，并为上海的航运交通、农业生产、排水防涝、水体净化、气候调节、城市景观和旅游休闲等经济和生态服务。故而，湿地和郊区林地（农地）、城市绿地一起构成的城市基本生态网络，是上海建设生态宜居、美好家园、美丽上海的基础生态保障，是上海实现生态文明建设的载体。

上海有 5 个湿地类 13 个湿地型（不含水稻田湿地）。5 个湿地类为近海与海岸湿地、河流湿地、湖泊湿地、沼泽湿地、人工湿地。13 个湿地型为浅海水域、岩石海岸、淤泥质海滩、潮间盐水沼泽、河口水域、三角洲沙洲沙岛、永久性河流、永久性淡水湖、草本沼泽、森林沼泽、库塘、运河输水河、水产养殖种植塘。据 2011 年的调查，上海面积 5 公顷以上（含）的湿地斑块共 2998 块，总面积 376970.41 公顷（不含 112100 公顷水稻田湿地）。在所有湿地类型中，近海与海岸湿地面积最大，为 296735.5 公顷，占全市湿地总量的 78.71%；河流湿地 7241.46 公顷，占 1.92%；湖泊湿地 5795.16 公顷，占 1.54%；沼泽湿地 9289.2 公顷，占 2.46%。以上 4 类为自然湿地，总面积约 31.91 万公顷，占上海湿地总面积的 84.64%；人工湿地 57909.09 公顷，占 15.36%（各类型湿地面积详见附表 14–1）。

湿地资源分布方面，受特殊的地理位置、地形地貌和水文特征的影响，上海的湿地 90% 左右分布在浦东新区、崇明区和青浦区。湿地类型分布方面，近海与海岸湿地主要分布在长江口和杭州湾北岸区域；河流湿地、人工湿地在上海陆域内广泛分布，但分布不均；湖泊湿地主要分布于上海西部；沼泽湿地主要分布于长江口边滩地带，以及长江口一线大堤、杭州湾北岸大堤内。具体如下：

近海与海岸湿地：包括低潮时水深 6 米以内的海域及其沿岸海水浸湿

地带。主要包括两种类型，一种为岩石性海岸湿地，其基质为岩石，主要分布于金山三岛；另一种为滩涂湿地，其基质为泥沙，主要分布于长江口南岸、杭州湾北岸以及长江口的岛屿和沙洲，如崇明岛、长兴岛、横沙岛、九段沙等。其中崇明岛东部和北部、九段沙、南汇东滩地区均是水鸟的重要栖息地。

河流湿地：包括河流及其支流水系。上海的河流湿地均为黄浦江干流或支流，大体呈自西向东的流向。其中平均宽度大于或等于 10 米，长度大于或等于 5 公里的主要水系 4 级以上支流共有 9 条，均为永久性河流。

湖泊湿地：包括分布在上海西部太湖蝶形洼地边缘的永久性淡水湖，主要有淀山湖、元荡等 6 块。

沼泽湿地：草本沼泽主要分布在杭州湾北岸大堤内和长江口河口地带海堤内，上海西部的淀山湖区偶见分布。森林沼泽仅在上海北部崇明岛西端大堤外分布。

人工湿地：指通过人类活动而形成的湿地，主要包括水库、池塘沟渠、水产养殖种植塘、水稻田以及用作景观用途的湿地公园等。上海的永久性人工湿地有两处，是位于长江南支南岸边滩的宝钢水库和陈行水库，它们是宝钢工业用水和市区用水的源地。大部分水稻田和水产养殖种植塘为季节性的人工湿地。

根据最近十几年对湿地资源的两次调查，上海作为典型的河口湿地城市，湿地资源具有"三大、两快、一高"的特点。

"三大"：一是湿地类型丰富，湿地资源总量相对较大。这是上海城市基本生态网络体系的主要组成部分，也是上海城市生态文明建设的重要基础空间。据 2014 年 1 月公布的第二次全国资源调查结果，上海湿地总面积相当于陆域面积的 55.54%，比全国的湿地率（5.58%）高出近 9 倍。二是近海与海岸湿地比重较大。5 大类湿地中，近海与海岸湿地面积占上海湿地面积总量的比例，远高于全国同类数据 10.81%。三是湿地的生态效益、经济效益、社会效益对上海城市发展贡献巨大。根据调查，湿地在缓解上海土地紧缺、保障农业生产、稳定长江河势、优化生态环境等方面都有极其重要的作用。如以长江河口为依托的库塘人工湿地为上海 2000 多万人口提供饮用水水源，是上海饮水安全的重要保障。

"两快"：一是湿地保护面积增加较快。上海通过建设湿地自然保护区、湿地公园、湿地水源保护区等形式，湿地保护面积不断扩大。二是人工湿地面积增加较快。上海积极开展湿地建设工作，先后建成了崇明北湖、滴水湖、青草沙水库等一批库塘湿地。

"一高"：指湿地生物多样性高。湿地是上海生物多样性最丰富的区域，调查显示，上海有湿地植物 80 科 209 属 321 种（恩格勒系统），其中被子植物 68 科 195 属 304 种（含变种），裸子植物 2 科 3 属 5 种，蕨类植物 5 科 5 属 5 种，苔藓植物 5 科 6 属 7 种；大型底栖动物 144 种，鱼类 18 目 38 科 113 种，鸟类 16 目 47 科 182 种（其中包括国家一级重点保护野生动物白头鹤、东方白鹳 2 种，国家二级重点保护野生动物小天鹅、鸳鸯、灰鹤等共 10 种，属世界自然保护联盟濒危物种 2 种、易危物种 4 种、近危物种 4 种），两栖类 1 目 3 科 5 种，爬行类 1 目 3 科 3 种，哺乳类 4 目 4 科 4 种。[①]

上海的湿地资源尽管异常丰富，但也存在一些问题。近海与海岸湿地资源绝对比重大，容易受长江流域来水来沙、全球气候变化以及长江口人类开发活动的影响；同时，近年来人工湿地，特别是库塘量增长迅速，2013 年上海陆域范围内人工湿地比重高达 72.17%，受此影响，外来湿地植物入侵明显，如互花米草、水盾草、喜旱莲子草等外来物种在上海分布广泛。此外，受城市开发建设的影响，上海河流生态环境健康度总体不高。故而，上海的湿地资源及其生态环境保护、修复、重建任务依然迫切而繁重。2014 年 3 月，习近平总书记就湿地保护指出，要采取硬措施，制止继续围垦占用湖泊湿地的行为，实施湖泊湿地保护修复工程。2017 年，《上海市湿地保护修复制度实施方案》发布，这是上海市贯彻落实《湿地保护修复制度方案》的重要成果。这一年，上海的湿地面积达 46.46 万公顷（不含水稻田），比 2011 年增加了近 9 万公顷。[②] 这是进入新时代以来上海加大保护湿地力度的一个重要体现。

---

① 蔡友铭、周云轩主编：《上海湿地》，上海科学技术出版社 2014 年版，第 2 页。

②《第 24 个世界湿地日来临，沪上 46.46 万公顷湿地了解一下》，澎湃新闻，2020 年 2 月 2 日，https://www.thepaper.cn/newsDetail_forward_5739114。

第二节　湿地资源的保护与开发

　　湿地包含多项资源要素，因此对这一资源的保护管理涉及国土、林业、农业、环保、水利、海洋、建设等多个部门。为加强湿地保护管理的统一协调，上海市政府办公厅发布《关于加强本市湿地保护管理的通知》，规定建立由市发展改革委、市农委、市旅游委、市农林局、市房地资源局、市财政局、市环保局、市规划局、市水务局、市海洋局等部门组成的市湿地保护和合理利用联席会议制度，联席会议设在市农林局，负责全市湿地保护和合理利用日常工作。同时，要求有重要湿地分布的区县把湿地保护列入政府重要议事日程，建立健全管理机构，并在人员编制、经费方面予以落实。然而由于近年机构职责调整和酝酿湿地立法等，这一协调工作机制并未真正运行实施。

　　2008 年，上海市政府对各部门的湿地保护与管理职责进行划分：市林业局负责组织、协调本市湿地的保护，指导本市野生动植物、湿地类型自然保护区的建设和管理；市环保局负责协调、监督生物多样性保护、野生动植物保护、湿地环境保护；市农委负责水生野生动植物保护；市水务局（市海洋局）负责管理滩涂资源开发利用和保护的规划、年度计划并监督实施。至此，上海虽然没有专门赋予一个部门统一管理湿地资源的职能，但形成了统一组织协调前提下的多部门单要素管理的行政管理格局。

　　为加强对湿地的保护与管理，上海逐步建立起国际重要湿地—国家重要湿地—上海市级重要湿地—区级重要湿地等重要湿地分级管理体系。2014 年，上海划定了 2 块国际重要湿地、3 块国家重要湿地和 6 块其他重要湿地。这些重要湿地区域涉及崇明县、浦东新区、奉贤区、金山区以及青浦区 5 个区县，主要分布在上海东部、北部长江河口区域和南部杭州湾区域以及西部区域，即崇明岛、长兴岛、横沙岛三岛周缘、浦东新区东部南汇边滩以及青浦区金泽镇、朱家角镇，主要湿地类为近海与海岸湿地、湖泊湿地和人工湿地（详见表 14-1）。

表 14-1　上海市重要湿地区域名录　　　　　（单位：公顷）

重点湿地区域名称	所属湿地区	湿地面积	湿地类	湿地类面积	列入条件	行政区域
崇明东滩国际重要湿地	崇明东滩湿地区	25253.35	近海与海岸湿地	24075.72	国际重要湿地	崇明县
			人工湿地	1177.63		
长江口中华鲟国际重要湿地	崇明东滩湿地区	3977.62	近海与海岸湿地	3977.62	国际重要湿地	崇明县
崇明岛周缘湿地	崇明岛周缘湿地区	33211.04	近海与海岸湿地	33042.97	国家重要湿地	崇明县
			沼泽湿地	115.95		
			人工湿地	52.12		
长兴岛和横沙岛周缘湿地	长兴岛和横沙岛周缘湿地区	66636.87	近海与海岸湿地	66636.87	国家重要湿地	崇明县
金山三岛湿地	大小金山三岛湿地区	115.46	近海与海岸湿地	115.46	国家重要湿地	金山区
九段沙湿地国家级自然保护区	九段沙湿地区	39896.18	近海与海岸湿地	39896.18	国家级自然保护区	浦东新区
南汇东滩野生动物禁猎区	浦东新区零星湿地区	2087.95	沼泽湿地	1250.15	自然保护小区	浦东新区
			人工湿地	837.8		
崇明西沙湿地公园	崇明岛周缘湿地区	305.81	近海与海岸湿地	144.97	国家湿地公园	崇明县
			沼泽湿地	160.84		
淀山湖区	淀山湖湿地区	5584.51	湖泊湿地	5576.46	上海特殊意义	青浦区
			沼泽湿地	8.05		
青草沙水库	长兴岛和横沙岛周缘湿地区	6495.82	沼泽湿地	2440.05	上海特殊意义	崇明县
			人工湿地	4055.77		
陈行水库	宝山区零星湿地区	343.78	人工湿地	343.78	上海特殊意义	宝山区

资料来源：蔡友铭、周云轩主编：《上海湿地》，上海科学技术出版社 2014 年版，第 122 页。

考虑湿地资源特征与城市发展的需要，在湿地保护与管理的实践中，上海将工作重点放在长江河口和杭州湾湿地区域，以及重要水源湿地。20世纪90年代以来，上海先后建立了4处自然生态保护区。2009年12月，《上海市饮用水水源保护条例》通过，建立了饮用水水源保护生态补偿制度，并对饮用水水源一级保护区实行封闭式管理。全市4个饮用水水源保护区，分为一级保护区、二级保护区和准水源保护区，合计面积136700公顷，使二级保护区范围内24690公顷的湿地受到保护。

经过不断努力，上海的湿地保护取得了一定的进展。据2011年上海市第二次湿地资源调查结果，上海受保护湿地面积达130054.35公顷，湿地保护率为34.5%，与"十一五"期末相比略有提高。[①]

在保护湿地的基础上，上海注意对湿地资源进行开发，至2010年已陆续向市民开放7座大型湿地公园，具体为：

1. 崇明西沙湿地公园

公园位于崇明岛西南端绿华镇区域，总面积363.1公顷，是上海唯一具有自然潮汐现象和成片滩涂林地的自然湿地。公园内遍布着典型的地质遗迹和湿地景观，以各种湿地植被、珍稀鸟类和特有的水产资源等构成了独一无二的原生态湿地公园。2011年，经国家林业局批准，该公园成为上海首个国家湿地公园。

2. 东滩湿地公园

公园位于崇明岛最东端，毗邻崇明东滩鸟类国家级自然保护区，总面积181公顷。公园保留了长江口原有滩涂湿地植被特色，通过引入耐盐碱植物、濒危珍稀物种丰富了湿地景观，是湿地人工修复并保留原生风貌的一个成功案例。

3. 吴淞炮台湾湿地森林公园

公园位于宝山城区东部，东濒长江、黄浦江，西倚炮台山，总面积110余公顷，是一座依山伴水的公园。公园部分保留了长江湿地的原生风貌，并利用地方文脉、军事文化渊源、湿地科普建造了一系列景点。

---

① 蔡友铭、周云轩主编：《上海湿地》，上海科学技术出版社2014年版，第184页。

4. 金海湿地公园

公园位于浦东曹路镇西南，S20 外环线东侧、金海路以南，面积约 46 公顷，是以天然河道为基础，结合环城绿化建设形成的人工景观湿地公园。

5. 世博后滩湿地公园

公园位于市中心世博展示园区，面积约 18 公顷。公园保留了黄浦江边原有江滩湿地景观，并有人工湿地净化、生产、保育功能展示，是体现都市、田园、湿地和谐发展模式的智能城市公园。

6. 南汇嘴观海公园

公园位于上海陆域的最东南处——临港新城主城区东南，占地 1.82 公顷，在吹沙填海滩涂上新建而成，是体现湿地土地后备资源功能和近海海岸湿地景观的纪念性公园。

7. 明珠湖公园

公园位于崇明岛西南端，面积 433 公顷，以湖泊景观为主，是崇明西部著名的水上旅游和农业观光景点。

在相关政策的支持下，近些年上海湿地公园数量不断增加。2019 年，上海市绿化和市容管理局开展了"上海最美湿地"网络投票评选活动，得票前十名的有崇明东滩湿地、崇明横沙东滩湿地、崇明西沙湿地、金山边滩湿地、

东滩湿地公园一隅（梁志平　摄）

金海湿地公园（李世红　摄）

南汇嘴观海公园（杨俊海　摄）

杨浦江湾湿地、浦东滴水湖湿地、青浦大莲湖湿地、青浦朱家角湿地、松江辰山植物园湿地、苏州河湿地。这些湿地公园的建成与开放，一方面保护了上海的湿地生态环境，另一方面也成为居民领略自然风光、休憩身心的胜地。

第三节　自然生态保护区建设

一、上海自然保护区概况

上海是我国人口密度最高的地区之一。改革开放以来，上海经济发展迅速，土地等自然资源利用率极高。上海市委、市政府从实现经济、社会、人口、资源、环境协调发展出发，想方设法在有限的土地面积中划出自然保护区，并通过加强立法和严格执法来保护自然生态系统和自然资源。

1991 年，上海建立了第一个自然保护区——金山三岛海洋生态自然保护区。1998 年，《上海市自然保护区规划》编制完成，并上报国务院。在规划的指导下，自然保护区建设进入快速发展轨道，自然保护区占上海国土面积的比例不断提高。2002 年保护区面积占上海国土面积的 11.8%（见附表 14-2）。目前上海批准建立的自然保护区有 4 处：金山三岛海洋生态自然保护区、崇明东滩鸟类自然保护区、长江口中华鲟自然保护区、九段沙湿地自然保护区，其中崇明东滩鸟类自然保护区、九段沙湿地自然保护区 2005 年成为国家级保护区（见表 14-2）。

表 14-2　上海市自然生态保护区名录　　　　（单位：公顷）

序号	名　　称	始建时间	面积	主要保护对象	类型	级别	主管部门	所属行政区域
沪 01	九段沙湿地自然保护区	2000 年3 月 1 日	42020	河口沙洲地貌和鸟类等	内陆湿地	国家	环保	浦东新区
沪 02	金山三岛海洋生态自然保护区	1991 年10 月 5 日	46	海岛生态系统及森林	海洋海岸	省	海洋	金山区
沪 03	崇明东滩鸟类自然保护区	1998 年11 月 1 日	24155	候鸟及湿地生态系统	野生动物	国家	林业	崇明县

续表

序号	名　称	始建时间	面积	主要保护对象	类型	级别	主管部门	所属行政区域
沪 04	长江口中华鲟自然保护区	2002 年 4 月 27 日	27600	中华鲟等珍稀鱼类	野生动物	省	农业	崇明县

注：（1）金山三岛海洋生态自然保护区始建时间为 1997 年 3 月 1 日，实为《上海市金山三岛海洋生态自然保护区管理办法》出台时间，批准时间为 1991 年 10 月 5 日。（2）本表的自然生态保护区不包括人工培育的国家森林公园。

资料来源：上海市绿化和市容管理局网站，http://lhsr.sh.gov.cn/zrbhqjysdzwzyqxd/。

二、四大自然生态保护区

1. 金山三岛海洋生态自然保护区

保护区位于杭州湾北缘，距金山嘴海岸约 6.6 公里，由核心区大金山岛和缓冲区小金山岛、浮山岛以及三岛邻近海域 0.5 海里范围组成，三岛面积共约 0.45 平方公里。金山三岛是上海地区野生植物资源最丰富的地方，是上海环境质量清洁区域之一，可作为上海重要的环境质量对照点。

1991 年 10 月 5 日，上海市金山三岛海洋生态自然保护区批准建立，定为市级海洋生态自然保护区，由市海洋局负责专业管理，日常管理工作由金山县政府承担。1993 年 6 月 5 日，国家海洋局东海分局组织上海有关单位及新闻界，举行登岛树碑仪式，时任上海市委书记吴邦国为保护区题写了区名。

1997 年 3 月 2 日，《上海市金山三岛海洋生态自然保护区管理办法》出台，确定保护区范围包括大

上海金山三岛海洋生态自然保护区碑
（徐伟庆　摄）

金山岛、小金山岛和浮山岛陆域及周围 0.5 海里海域，主要保护对象为常绿阔叶林、常绿落叶阔叶混交林、昆虫、土壤有机物和潮间带生物群落。这里是上海地区环境质量最好的区域之一，目前仍保留着较好的、半原始状态的生态环境和生物物种资源。

保护区内自然环境优良，生物物种繁多，自然植被良好，尤其是在大金山岛上生长着诸多国家珍贵保护树种。《金山三岛海洋生态自然保护区——大金山岛陆域调查（2012）》显示，保护区拥有藻类植物 4 科 7 种、大型真菌 6 科 12 种、地衣植物 12 科 30 种、苔藓植物 24 科 39 种、蕨类植物 14 科 26 种、种子植物 60 科 122 种。同时，大金山岛上尚有 60 多种上海陆地绝迹的植物，如上海地区早已绝迹的原始植被——中亚热带地带性植被群。[①] 此外，保护区还有丰富的土壤有机物。

2. 崇明东滩鸟类自然保护区

崇明岛是我国第三大岛，其中东滩鸟类和生境资源十分丰富，共有鸟类 116 种，占上海地区鸟类种类总数的四分之一。岛上鸟类多是国家重点保护的珍稀、濒危物种，其中，属国家一级保护范围的有 3 种，属国家二级保护范围的有 9 种；属中日保护候鸟协定的有 87 种（1 亚种），属中澳保护候鸟协定的有 39 种。

崇明东滩位于崇明岛的东部，包括北八滧、东旺沙和团结沙三部分，是陆地、淡水和海洋三大生态系统的交汇区，是我国规模最大、发育最完善的河口型潮汐滩涂湿地之一，对湿地生物多样性的保护，特别是对迁徙鸟类和洄游鱼类的保护具有重要的意义。就鸟类而言，崇明东滩是亚太地区候鸟迁徙路线的中点，是鸻形目等迁徙鸟类的重要中途停歇点和雁形目等鸟类的重要越冬地，每年在崇明东滩停留和经过的鸟类数量达 100 万只以上。同时，崇明东滩也是白头鹤、黑脸琵鹭等珍稀濒危鸟类的重要栖息地，在鸟类的研究与保护方面具有重要的意义。

为了进一步保护崇明东滩鸟类资源，1991 年 8 月，上海市政府提出建立崇明东滩湿地鸟类保护区，报国家海洋局审批。1994 年，国务院十部委

---

① 李蕾：《金山三岛：揭开海洋生态岛神秘面纱》，《解放日报》2014 年 7 月 13 日。

制定的《中国生物多样性保护行动计划》将崇明东滩列入优先保护序列。
1998 年 11 月，为了更好地履行国际承诺，保护好东滩湿地，守护好候鸟
的这片美丽家园，上海市政府批准建立了崇明东滩湿地鸟类自然保护区。
1999 年 7 月，崇明东滩被湿地国际—亚太组织接纳为东亚—澳大利西亚迁
徙涉禽保护区网络成员单位。2002 年 1 月，保护区及毗邻的 84 平方公里
人工湿地被湿地公约秘书处指定为国际重要湿地。2005 年 7 月，保护区经
国务院批准，成为国家级自然保护区。2006 年 10 月，保护区被国家林业
局列为 51 个首批国家级示范自然保护区之一。

　　近年来，崇明东滩牢牢抓住国家级示范自然保护区建设、上海宜居生态
城市建设、崇明现代化生态岛建设以及 2010 年上海世博会等重大机遇，按
照"生态治理求实效，管护执法上水平，环境教育有突破，科学研究攀高
峰"的总体思路，努力建设国内一流、国际具有重要影响力的国家级自然保
护区，很好地保护了东滩这片广袤的滩涂湿地和南来北往的迁徙候鸟。崇明
东滩鸟类国家级自然保护区是以迁徙鸟类及其栖息地为主要保护对象的野生

崇明东滩鸟类国家级自然保护区风光（梁志平　摄）

动物类型自然保护区，区域面积241.55平方公里，约占上海湿地总面积的7.8%。崇明东滩及其附近水域是具有全球意义的生态敏感区，也是东北亚鹤类迁徙路线、东亚雁鸭类迁徙路线、东亚—澳大利西亚鸻鹬类迁徙路线的重要组成部分。相关研究表明，崇明东滩是迁徙水鸟补充能量的重要驿站和恶劣气候下的良好庇护所，同时也是部分水鸟的重要越冬地。

经多年调查，崇明东滩记录到的鸟类共有300种，主要是鹤类、鹭类、雁鸭类、鸻鹬类等水鸟类群。其中，列入国家一级保护范围的鸟类有东方白鹳、黑鹳、白头鹤、中华秋沙鸭、白尾海雕等18种；列入国家二级保护范围的鸟类有白琵鹭、小天鹅、灰鹤、鸳鸯等59种。据相关调查统计，每年在崇明东滩湿地栖息或过境的候鸟有近百万只次。

3. 长江口中华鲟自然保护区

长江口是我国鱼类生物多样性最丰富、渔产潜力最高的河口区域，是地球上生产力最高的生态系统之一，是海洋生物营养物质的重要来源地，也是最敏感和最重要的生物栖息地之一，具有生境自然原始、湿地类型典型、湿地功能独特等特征。

长江河口区域是许多鱼类重要的觅食、繁衍和栖息场所，许多广盐性的生物种类在这里完成部分或全部生活史。长江口也是中华鲟索饵和活动的重要场所之一。中华鲟又名中国鲟、鲟鱼、鳇鱼、苦腊子、鳣等，是中国特产的古老珍稀鱼类，系国家一级保护动物。鲟类最早出现于距今2.3亿年的早三叠纪，它们与大熊猫一样具有重要的学术研究价值，是研究鱼类和脊椎动物进化的"活化石"，而且还具有重要的经济价值，和生活在同一水域的白鲟并称为"水中国宝"。

1988年开始，长江渔业资源管理委员会和上海市渔政站、市环保局集资在崇明县裕安乡捕鱼站建立了中华鲟抢救暂养保护站。1992年，这三个部门又在崇明县裕安乡建立了中华鲟抢救中心，1988—1995年一共抢救幼鲟1973尾，放流385尾，标志110尾。经过暂养的幼鲟，生长良好，最大的体重达500—600克，每年9月份前后在长江口放流。同时，新闻媒体的报道和渔政部门的宣传教育，也使渔民保护中华鲟的意识不断增强。

为更好地保护中华鲟，1994年8月，上海市渔政站、市环保局、长江渔业资源管理委员会，组织上海水产研究所、崇明县渔政站、崇明县环保局等单位开展中华鲟珍稀动物自然保护区建区的论证工作。

2002 年 4 月，上海市长江口中华鲟自然保护区正式成立，保护区总面积 276 平方公里，与崇明东滩鸟类自然保护区主体基本重叠，属于野生生物类型自然保护区。2008 年 2 月，长江口中华鲟自然保护区列入国际重要湿地名录，是世界上最大的河口湿地之一，也是我国为数不多和较为典型的咸淡水河口湿地。

保护区的主要保护对象是以中华鲟为主的水生野生生物及其栖息生态环境。保护区是全球重要的生态敏感区，是中华鲟唯一的"幼儿园"，特有的"待产房"，又是重要的"产后护理场所"；是中华鲟生命周期中唯一的、数量最集中、栖息时间最长、顺利完成各项生理调整，同时又最易受到侵害的天然集中栖息场所；也是其他鱼类洄游的重要通道和索饵产卵的重要场所，有着很高的保护价值。在保护区还分布有白鳍豚、白鲟、江豚、绿海龟、胭脂鱼、鲥、松江鲈、玳瑁、抹香鲸、小须鲸、蓝鲸等珍稀野生动物。

4. 九段沙湿地自然保护区

九段沙湿地位于长江口外南北槽之间的拦门沙河段，东西长 46.3 公里，南北宽 25.9 公里，由上沙、中沙、下沙、江亚南沙及附近浅水水域组成，东濒东海，西接长江，西南、西北分别与浦东和横沙岛隔水相望，总面积约 420.2 平方公里。九段沙湿地受海洋气候和大陆气候双重影响，季风盛行，雨量充沛，日照充足，四季分明。

九段沙湿地是长江口地区唯一基本保持原生状态的河口湿地，系全国自然生态保护网络的重要组成部分。其优良的自然条件，为多种生物提供了优越的生活、生长环境。芦苇、海三棱藨草等湿地植物茂盛。青蟹、黄泥螺、蛏子等底栖动物生物量巨大。每年冬春之交，大量的鳗鲡幼苗在九段沙水域索饵、越冬，中华绒螯蟹在此产卵、育肥。九段沙湿地还是鸟类迁徙的重要中途停歇地和越冬地，有白头鹤和遗鸥 2 种国家一级保护鸟类，黑脸琵鹭、小天鹅等 15 种国家二级保护鸟类，是东亚—澳大利西亚鸻鹬鸟类保护网络的重要成员之一。

　　九段沙湿地处于长江与东海的交汇处，不仅能沉积滞留江水、海水的挟带物，有效吸附排入东海污水中的营养物质，减少该海域赤潮的发生，而且对抵御盐水侵蚀、净化水质、保护海岸线也作用巨大，是上海乃至长三角地区的重要生态屏障。

　　作为上海可持续发展的重要资源，九段沙湿地的保护、建设受到了社会各有关方面高度关注。2000 年 3 月 8 日，上海市九段沙湿地自然保护区建立，同年 8 月 8 日，该保护区管理署成立。2003 年 9 月 29 日，《上海市九段沙湿地自然保护区管理办法》颁布。2005 年 7 月 23 日，国务院批准建立上海九段沙湿地国家级自然保护区。

　　九段沙湿地国家级自然保护区的建立具有重要的生态价值，不仅可以对九段沙的湿地生态系统和自然环境进行有效的保障，净化水质，促进该

2005 年 10 月 15 日，上海九段沙湿地国家级自然保护区揭牌仪式暨上海市九段沙湿地自然保护基金会成立大会现场

　　资料来源：上海市地方志编纂委员会编：《上海市志·城乡建设分志·环境保护卷（1978—2010）》，上海辞书出版社 2021 年版，"插图"。

区域生态系统的发展，提高长江口总体环境质量；而且将大量珍稀的动物置于保护之中，大大促进保护区及其区域生物多样性的提高，增加保护区的生态价值。同时，保护区也为长江口水文、地质、环境、生态等学科提供了良好的研究条件，促进了长江口的科学研究。

九段沙湿地国家级自然保护区的建立，不仅具有重要的生态意义，还取得了良好的社会价值。保护区的建立，是我国政府履行《湿地公约》《中华人民共和国政府和日本政府保护候鸟及其栖息环境协定》《中华人民共和国和澳大利亚政府保护候鸟及其栖息环境协定》等一系列国际公约的具体行动，提升了国家和上海市政府的形象。九段沙是上海面向未来、面向海洋、可持续发展的重要标志，也是上海对外宣传、联络的窗口；对提高市民环保意识、促进上海精神文明建设具有重要的意义。

第十五章　生态保护软环境建设

软环境是指在经济发展中，相对于地理条件、资源状况、基础设施等硬件而言的思想观念、文化氛围、体制机制、政策法规及政府行政能力和态度等。良好的软环境是经济发展的保障，生态建设与环境保护更是离不开软环境建设，因为环境管理就是协调经济社会发展与环境保护之间的关系。上海通过顶层设计、机构建设，加强科研和宣传，不断提升上海生态保护的软环境建设水平。

第一节　环境管理机构与顶层设计

环境管理是运用行政、法律、经济、教育和科学技术手段，协调社会经济发展与环境保护之间的关系，处理国民经济各部门、社会集团和个人有关环境问题的相互关系，使社会经济发展在满足人们物质和文化生活需要的同时，防止环境污染和维护生态平衡。"文化大革命"期间，上海的"三废"管理机构几经撤并，环境管理工作陷于停顿，直至1978年上海市环境保护办公室成立，环境管理工作才逐渐步入正轨。

为进一步加强对环境工作的领导与协调，1979年3月，上海成立市环境保护局，作为市政府环境保护行政主管部门，对环境保护工作实施统一监督管理。随后，上海各区、县也逐步建立环保办公室或环保专门机构，上海市环境监测、排污收费、放射性"三废"管理、环保科研和环保宣传教育等一批环境管理、服务机构也先后建立，从而初步形成了以市环保局实施统一监督管理，各有关行政主管部门按照职能分工实施依法管理的环境管理体制，上海环境管理机构体系逐步完善。

随着环境管理机构的建立及关系的理顺，上海开始环境管理法律法规、规划等顶层设计。1985年，上海市人大通过第一部地方环保法规——《上海市黄浦江上游水源保护条例》，随后颁布了关于排污收费和罚款管理、乡镇企业环保管理、固定源噪声污染控制、建设项目环保管理、烟尘排放管理等一系列政府环保规章，以及《上海市环境卫生管理条例》《防止上海港水域污染暂行办法》等环保法规，初步形成了由国家法律法规和上海地方法规以及各类环境标准组成的环保法律法规体系；以行政管理与经济手段相结合，排污收费、"三同时"（防治污染项目必须和主体工程同时设计、同时施工、同时投产）、环境影响评价、限期治理、污染集中控制等环境管理的重要制度和措施，强化环境监督的管理系统。通过上海市、区县两级人大执法监督检查，形成了条块结合、点面结合的比较完整的执法体系。

20世纪80年代，通过污染防治的实践，上海市政府对环境保护的系统性和长期性有了进一步的认识，开始重视环境规划工作，制定了环境保护"六五"计划，并将之纳入上海国民经济和社会发展计划。1983年开展的"黄浦江污染综合防治规划方案研究"，有上海30余个单位近4000名科技人员参加，根据这一研究的结果，上海市政府作出了重大决策，斥巨资进行了自来水上游引水工程、苏州河地区合流污水截流外排工程以及黄浦江上游水源保护区重点污染源治理工程。这一时期是上海环境管理的发展提高阶段，污染防治由点源控制向区域性综合防治转变，初步实现了经济建设、城乡建设和环境建设的协调发展。在经济快速发展的情况下，上海的主要工业污染物排放量控制在1982年的水平，局部地区的环境质量有所改善。

步入90年代后，上海环境管理进入了新的发展时期。环境管理开始向各级政府分级管理转变，形成了统一领导、分工协作的管理体系。一方面，通过加强环境法治建设，进一步以管促治，环保法治取得了很大进展。综合性地方法规《上海市环境保护条例》的制定和颁布，《上海市黄浦江上游水源保护条例》的修订，以及《上海市危险废物污染防治办法》等一批政府规章的实施，有力地推进了环境监督管理工作。另一方面，上海市、区县两级人大进一步加强了环境保护执法的监督检查力度，各级领导干部和人民群众的环境保护意识得到普遍提高。

"八五"期间，上海除制定了环境保护"八五"计划和2010年规划外，还编制了《上海市环境总体规划》《上海市城市环境综合整治规划》《上海市环境法规体系框架》，以及《浦东新区环境保护规划》《重点污染地区环境综合整治规划》等综合性、地区性和专业性环境规划，一系列环境规划的出台为上海未来的生态环境建设提供了蓝图。

在规划的指引下，上海建设项目环境影响评价制度和"三同时"审批制度以及排污收费等环境管理制度不断得到加强和完善。如在黄浦江上游水源保护地区实行了排污许可证制度，污染源的监督管理开始从浓度控制向浓度与总量控制相结合转变，城市环境综合整治定量考核和各级环境目标责任制有了新的发展和完善，处理公众来信来访形成了制度和规范等。1993年，上海市政府提出了环境保护3年、8年、18年的"三个阶段、三个台阶"的环境保护目标，确定了到1995年上海要进入全国城市环境综合整治定量考核前十名的目标。经过努力，该目标于1994年提前一年实现，1995年上升到第七名。严格的环境管理，促使上海沿着环境与经济协调发展的道路稳步前进。

进入21世纪，上海市政府进一步加强了对环境问题的顶层设计和宏观管理。2003年3月，上海市委、市政府召开了人口资源环境工作会议暨第二轮环境保护和建设三年行动计划动员大会，下发了《关于实施上海市2003年—2005年环境保护和建设三年行动计划的决定》及其《实施意见》，确定了第二轮环保三年行动计划的总体目标和水环境治理、大气环境治理、固体废物处置和利用、绿化建设、重点工业区环境整治、农业生态保护与建设等六大重点领域。

2003年5月，上海历史上第一个、也是全国第一个由市长任主任、三位副市长任副主任的环境保护和环境建设协调推进委员会成立。委员会下设七个专项工作组，由相关职能单位任专项工作组组长，各相关委办局和各区县政府为成员单位，还聘请了国内外五名著名专家担任环境保护和环境建设的顾问。上海因而建立了"沟通协调、检查督促、跟踪评估和信息反馈"新的环境保护和环境建设工作机制，形成了"责任明确、协调一致、有序高效、合力推进"的工作格局。

环境法律法规建设方面，上海进一步细化、具体化相关法规，使生态环境保护有法可依。这一时期，《上海市饮食服务业环境污染防治管理办法》《上海市排污费征收管理办法》《上海市实施〈中华人民共和国环境影响评价法〉办法》《上海市扬尘污染防治管理办法》《上海市单位生活垃圾处理费征收管理暂行办法》《上海市微生物菌剂使用环境安全管理办法》《上海市畜禽养殖管理办法》《上海市医疗废物处理环境污染防治规定》《上海市实施〈中华人民共和国大气污染防治法〉办法》等法规相继出台，《上海市污水综合排放标准》《上海市环境保护条例》得到修订，上海形成了较完善的环境法律法规体系。

按照国家和上海市政府的部署，2009年上海市环保部门全面开展了环境保护"十二五"规划编制工作。该规划总体设计和统筹了"十二五"时期上海环境保护各项工作，旨在推动落实科学发展观、探索环保新道路、推进历史性转变、建设生态文明、促进经济社会又好又快发展。其主要内容为：制定生态保护中长期战略、污染总量控制、产业发展污染防治、水环境保护、大气环境保护、固体废物污染防治、农村与生态保护、辐射环境等，提出"十二五"期间环境保护工作的"四个着力点、八大重点领域"，即纵向上以削减总量、提高质量、防范风险、优化发展为四个着力点，横向上以水、大气、固体废物、工业、农业与农村、生态、噪声、辐射为八大重点领域。环境保护"十二五"规划的制定为上海经济社会与环境协调发展提供了保障，构建了环境保护的主动预防体系。

为了加强城市综合管理，整合公共管理资源，提高管理效能和公共服务能力，2013年，上海制定了本市城市网格化管理办法。在此基础上，2016年，上海市环保局与市住房和城乡建设管理委员会联合印发了《上海市实施网格化环境监管体系方案》，明确上海按行政区域划分为"一至四级网格＋特殊网格"的环境监管网格模式，全面推动建立环保网格的管理体系。

2016 年 7 月，《上海市环境保护条例》经市第十四届人大常委会第三十一次会议表决通过，自当年 10 月 1 日起实施。修改后的条例具有以下特点：一是推进绿色发展，突出源头防治，从改变生产和生活方式方面推进生态环境保护；二是体现社会共治，推动社会各方力量参与环境保护，包括政府、企业、社会组织和公众；三是严格执法，实行最严格的环境保护制度，实现源头严防、过程严管、后果严惩。这为上海的生态环境保护工作提供了有效的法规制度保障。除此之外，上海陆续发布了系列污染物排放标准，以推进环境保护工作，如 2017 年上海发布《恶臭（异味）污染物排放标准》《家具制造业大气污染物排放标准》。

2016 年 10 月，上海市政府印发的环境保护和生态建设"十三五"规划，以"改善生态环境质量、促进绿色转型发展"为主线，坚持目标导向和问题导向，聚焦市民反映强烈的突出问题，进一步加大源头防控和综合治理力度。该规划共安排 5 大任务措施、14 项重点工程和 64 个重大项目，总投入约 4400 亿元，较"十二五"期间增加 1400 亿元。

2021 年 8 月，《上海市生态环境保护"十四五"规划》印发。该规划指出，"十四五"期间，上海将紧紧围绕"抓环保、促发展、惠民生"工作主线，牢牢把握稳中求进工作总基调，坚持方向不变、力度不减，在稳定巩固污染防治攻坚战阶段性成果基础上，进一步突出精准、科学、依法治污，统筹经济社会发展，推进应对气候变化，深入打好污染防治攻坚战，实现减污降碳协同效应，持续改善生态环境质量。

第二节　环境监测与环境影响评价

环境监测对城市管理与环境保护至关重要。1978 年，中共中央批转《环境保护工作汇报要点》，提出了建立各级环境监测机构，建设中国现代化环境监测网络的要求。1979 年颁布的《中华人民共和国环境保护法（试行）》，以及 1981 年颁布的《国务院关于在国民经济调整时期加强环境保护工作的决定》，对尽快建立环境监测站提出了具体要求。据此，上海市各级环境主管部门在 1979—1982 年期间相继建立了环境监测站，一些工业局也陆续成立了环境监测机构。在中国环境监测总站的指导下，上海先后举办多次学习班，对环境监测人员进行技术培训，使各级环境监测站迅速具备监测能力。在此基础上，上海形成了市、区县两级环境监测网络，并纳入国家三级监测网。

在建设各级环境监测站的同时，上海开展了环境质量和工业污染源的监测：1980 年，开始组织降水监测；1981 年，开展大气中二氧化硫、氮氧化物、飘尘的常规监测工作；1982 年，上海市环境监测中心完成了《1981 年度上海市环境质量报告书》，首次为政府部门提供了本市域内的环境质量状况；1983 年，上海的水质、大气连续自动监测系统开始投入运行。

进入 20 世纪 80 年代中期，上海各级环境监测站发展迅速，仪器、设备不断更新，测试技术不断完善，环境质量监测站布局建设趋于完整，并逐步优化，监测能力与水平不断提高。随着各类环境监测技术规范的实施，上海开展了监测技术考核工作，实现了分析方法标准化。1989 年，拥有良好的工作环境和先进仪器设备的上海市环境监测中心大楼投入使用；同时实行环境监测人员合格证上岗制度。这为推动上海环境监测工作的开展提供了重要物质条件和人员保证。

进入 90 年代后，国家环保局提出"环境管理必须依靠环境监测，环境监测必须为环境管理服务"的方针，环境监测的社会地位、社会作用和工作方向进一步确立。上海市各级环境监测站开展了优质实验室评比活动，特别是通过计量认证促进自身建设，监测人员业务素质和仪器设备进一步提高和完善，监测质量有了科学的保证。由于城市建设飞速发展，上海对原有的地表水、大气、噪声等监测站位进行了调整和优化，使国家规定的监测断面（国控断面）与城市环境综合整治定量考核断面相统一，还增加了饮用水源包括市郊城镇饮用水源监测。环境监测项目也有较大发展，增加了与人体健康密切相关的有毒有害微量物质的监测。为配合浦东新区的开发建设，相关部门制定了新区的环境质量监测方案，并纳入上海的常规监测。还特别强化了污染源监督监测，在原有的工业污染源监测基础上，从 1990 年起，对黄浦江上游 12 家工业废水排放大户进行每月一次的监督监测；配合企事业单位排污申报工作，实施了企业排污申报复核监测；加强了环境污染突发事故监测、建设项目"三同时"竣工验收监测和排污状况突击抽查监测。针对环境污染的新特点，对污染量日益增大的机动车尾气和餐饮业废水加强了监测；为配合合流污水一期工程的运行和二期工程的建设，加强了苏州河市区河段、有关支流以及白龙港的水质监测，组织了竹园排放口污水混合区的水质调查，强化了苏州河截流区内 99 家主要污染源的监督监测；配合上海烟尘控制区的复核工作，对区域内的锅炉进行分批抽查；结合重点污染区域的整治，开展了新华路地区、和田路地区以及桃浦和吴淞工业区的环境监测。1993 年起，上海市环境监测中心对上海燃煤电厂锅炉排放的大气污染物进行了每年一次的年检监测；从 1994 年起，开始编报《上海市重点污染源排污状况报告书》。此外，该中心还为上海的环境综合整治定量考核提供了大量的监测服务。

经过多年的努力，上海市环境监测的总体水平上了新台阶，形成了完备的环境监测体系：至 2017 年，完成国家土壤环境质量监测网络建设，基本建成上海地表水环境预警监测与评估体系，全面建成重点产业园区空气特征污染自动监测体系。上海环境监测队伍围绕本市 21 世纪城市发展的战略目标，为政府的宏观决策、环境管理和污染防治等方面继续提供技术服务。

进入 21 世纪，随着环境问题日益受到重视，上海在环境监测的基础上形成了环境影响评价。环境影响评价简称"环评"，是指对规划和建设项目实施后可能造成的环境影响进行分析、预测和评估，提出预防或者减轻不良环境影响的对策和措施，以及进行跟踪监测的方法与制度。通俗说就是分析项目建成投产后可能对环境产生的影响，并提出污染防治的对策和措施。

2004 年 5 月，《上海市实施〈中华人民共和国环境影响评价法〉办法》发布。当年上海市金山三岛自然保护区开发利用和保护规划环境影响评价完成并通过市环保局组织的专家评审；上海市滩涂开发利用保护规划、上海市港口总体规划等环境影响评价方案通过论证；世博会场馆土地开发利用总体规划、上海电力发展规划等环境影响评价也在积极推进之中。在新城规划中，临港新城、松江新城、嘉定新城等一批郊区新城的总体规划也在组织环境影响评价。

2006 年，上海全面推行规划环境影响评价工作。强化建设项目环境影响评价制度，严把建设项目环评审批关。明文规定对环保基础设备不完全、区域污染物排放总量超过控制指标的工业园区，禁止引进新项目；对不符合环境规划和功能区划、未获得总量指标或者污染物排放超标，无法做到增产减污或增产不增污的新、扩、改建项目，环保部门不予批准环评文件。环境监测与环境影响评价工作的推进实施，让政府和人民群众对上海的环境状况心知肚明，促进了上海经济、社会与环境的协调发展。2017 年 1 月 1 日，建设项目环境影响登记表备案管理制度在上海全面实施。

第三节　环境保护宣传教育

生态环境建设离不开居民环境意识的培养，而环境保护宣传与教育则是培养居民环境意识的有效途径。环境意识是人们对环境和环境保护的认识水平和认识程度，也是人们为保护环境而不断调整自身经济活动和社会行为，协调人与环境、人与自然相互关系实践活动的自觉性。在一些发达国家，环境意识已逐渐成为人们思想意识的一部分，它不仅要求规范个人的生活方式，还要求规范社区与整个社会的生活方式和经济活动方式，对西方社会的生态环境保护起到了至关重要的作用。

上海的环境保护宣传教育工作，随着环境保护事业的深入而发展。改革开放后，上海加强了环保宣传教育工作。1981 年 4 月，上海创办了第一张公开发行的环境保护专业报——《上海环境保护报》（后改名为《上海环境报》）；1982 年 1 月，创办《上海环境科学》杂志；1984 年 7 月，成立上海市环境保护宣传教育中心和《中国环境报》上海记者站。环境保护宣传专业机构的成立，使上海的环保宣传教育成为环境管理的经常性工作，有力地推动了环境意识的传播。

上海市环保局及其下属的市环保宣传教育中心主动加强与社会各界的联系和协调，有计划地组织宣传活动，使各种形式的环保宣传活动逐步开展。随着环境保护逐渐被社会所认识，上海的一些大众传媒和社会团体也加入到环境保护宣传的行列。

按照国家环保局的部署，上海自 1985 年起，每年围绕"6·5"世界环境日的主题，以群众喜闻乐见、丰富多彩的形式开展纪念宣传活动，成为培养大众环境意识的一块招牌。除了固定的宣传活动，上海更加注重在校学生环境意识的培养，开展了多方位、多渠道、多层次的环境教育。上海市环保局与市教育局联合组织成立了市中小学环境教育协调委员会。在该委员会的协调下，环境教育从最初的十来所学校开展课外环保兴趣活动，逐步扩展为几百所学校的渗透教育、课堂教育。与此同时，设立环境保护系和研究机构的高等院校数量也大幅增加。

进入 90 年代，特别是 1992 年联合国人类环境与发展大会之后，环境保护作为基本国策进一步深入人心，全社会开始形成了共同关心、共同参与环保宣传教育活动的局面。环境问题作为大众传媒关注的热点之一，各新闻单位积极、有计划地安排报道。如，上海 30 余家新闻单位，参加了由上海市人大常委会、中共上海市委宣传部、市环保局、市广播电视局组织的"中华环保世纪行（上海）"宣传活动，形成了舆论监督的氛围。各区县、乡镇街道，不少社会团体和企事业单位，也纷纷举办或参与各种环保宣传活动。

随着网络的发展与普及，为了更好地传播环境保护思想，1999 年，上海环境网站（http://www.sepb.gov.cn）建成开通。该网站作为官方网站，及时向社会发布上海环保最新动态。之后，上海环境热线（http://www.envir.online.sh.cn，后改为 http://www.envir.cn）开通，信息量和服务面进一步扩大，新增了专题新闻、网络社区等版块；推出了《环境知识测评》《邮件快车》《绿色论坛》等新栏目。开通当年即有 32 万多人次访问了该热线。

2001 年，上海环境信息高速公路建设取得了新进展。上海环境网完成与中国上海网的链接。上海环境热线作为一个公众用网站得到了完善发展。这一年，该热线信息量进一步扩大，新增新闻 2000 万字，平均日访量

1500 人次，页读数超过 5000 页 / 日。

2002 年上海环境网实施了改版，开发了排污申报登记应用软件等管理信息系统，推动了上海环保政务公开和环保管理的信息化、科学化。当年上海环境热线首页的访问量累计达 2935169 人次，全年新增访问 1011532 人次，平均日访问量 2771 人次；全年页读数 10694478 页，平均 29299 页 / 日，约为 2001 年的 6 倍。

上海环境网的英文版于 2003 年 "6·5" 世界环境日正式向外推出。针对国际人士感兴趣的热点问题，英文网站对内容进行了精心筛选和设计。具体包括历年上海环境状况公报、大气质量日报、第二轮环保三年行动计划的介绍、环保机构和职能介绍、环境法律法规等，并及时更新环境新闻。英文网站的推出方便了国外友人了解上海的环境状况、上海在环保方面所做的努力和取得的成绩以及今后的工作方向等，从而吸引各方面的资金和技术参与到上海的环境建设中来。

2004 年，上海环保部门建立了新闻发言人制度。通过新闻发布会，环保部门及时发布相关信息，回应群众的环境关切。

进入 21 世纪，上海的环境教育更趋社会化，在中小学更加普及，并向幼儿园延伸。上海大多数中小学开展这项工作，并涌现一批市级、区县级环境教育特色学校，编写、出版了一批环境教育教材，形成了一支热心于环境教育的师资队伍。以培养高级环保人才为目标的高等院校的环境专业教育，开始向更高层次拓展，继专科、本科生培养之后，出现了硕士、博士生培养和博士后进修研究。政府有关部门、科研设计院所、社会团体、街道乡镇、企事业单位等，结合各自的实际为各级领导干部、管理人员、普通职工举办环境教育学习（培训）班，内容涉及环保法规政策、技术标准、科普知识等。

2016 年发布实施的《上海市环境保护条例》，一个重要特点就是体现社会共治，与原环保条例相比，专门增加一章 "信息公开和公众参与"。上海已建立起较完备的环境保护宣传教育体系，有力提高了广大市民的环境意识，为上海的生态建设提供了重要保障。

第四节　生态保护科学研究

　　生态环境建设与保护离不开科学研究的智力支持。科学研究一方面可为生态环境的建设与保护提供技术指导，另一方面也为政府的决策提供咨询和参考。从1979年开始，上海市科委、市环保局等政府部门，以科技三项经费的形式将环保科技发展纳入计划，有组织、有计划地开展带有全局性、基础性和超前性的科研工作。其间，酸雨研究、黄浦江水质同步调查、液膜技术处理含酚废水研究、大气环境地面自动监测系统研究等一批重大课题得到立项和实施。

　　自"六五"计划起，上海市政府有关部门有计划地组织了各种类型环保科研项目近千项，环保科技投入逐年增加，科研费用来源的渠道有所拓展，研究领域不断扩大，科研项目数量逐年增加，科研成果水平不断得到提高，环保科技工作已成为环境保护事业的重要组成部分。如，1982年"黄浦江污染综合防治规划方案研究"被列为国家"六五"重点科技攻关项目，成为一次规模空前的环保科技大会战。经过协作攻关，该项目不仅取得了一批重大科研成果，而且形成了一支环保科研队伍和骨干力量，对之后黄浦江水污染的治理起到了关键作用。

　　"八五"期间，为实施可持续发展战略，上海组织了开展"迈向21世纪的上海——上海环境与社会、经济协调发展的基本战略与措施"课题研究。结合上海实际，对环境评价协调发展的模型和指标体系，以及实现上海未来15年环境保护战略目标的对策与措施等，进行了深入的研究，为上海市政府的决策提供参考。如1996年完成环保科研项目30项，其中"苏州河水环境和污染源调查""上海市环境管理信息系统""上海市典型街谷风场和污染扩散研究"等取得了重要成果。

　　1996年，为配合"九五"期间污染物排放总量控制方案的实施，"上海市水、大气污染物总量控制计算机软件支持系统"研究课题启动。同年，环境保护科研项目获三项科技成果奖："上海市大气微生物污染状况的研究"和"上海市工业废气工业废水排放标准十五项配套分析方法"获上海市科技进步三等奖，"电化学处理有害固体废物回收金银和铅"获国家环保局科技进步三等奖，另有一项被评为国家环保最佳实用技术。

进入 21 世纪，通过环保科学研究，上海环境综合整治决策、环境政策制定和环境管理有了科学依据和技术支撑。2003 年，"苏州河水环境治理关键技术研究与应用"荣获国家科技进步奖二等奖；2004 年，"上海市大气环境保护'十五'规划研究"荣获上海科技进步奖三等奖；2003—2005 年，国家"863"计划"上海城市水环境质量改善技术与综合示范"完成。

2005 年，"上海市生态建设指标体系研究""上海市高浓度空气污染潜势预报方法研究""船舶工业污染物排放标准研究"等 33 个课题项目开展研究；"城市河流水质评价方法及评价技术规范研究""大气重点污染源排放与污染控制对策研究"等 26 项科研成果的验收、鉴定和推广应用完成。

2006 年，围绕"十一五"污染物排放总量削减任务，按照环保三年行动计划实施和强化科学管理的要求，相关部门研究制定了一批污染物排放标准和环境管理技术规则，开展了水污染总量统计和考核方案、"十一五"二氧化硫总量控制与排污许可证试点等 36 项课题研究项目。相关研究 2006 年共获上海市科技进步一等奖 1 项、二等奖 2 项、三等奖 1 项。

2007 年，围绕第三轮环保三年行动计划的实施和节能减排目标的实现，上海市环保局组织开展了"上海市创建国家环保模范城市计划研究""上海市污染源普查总体实施技术方案研究""2010 年世博会绿色指南"等 33 个科研项目；完成了"上海市产业污染排放评价技术研究""上海'十一五'机动车污染控制行动计划"等 16 项课题的验收和成果登记，其中上海市环境科学研究院完成的"黄浦江突发性水污染事故预警预报系统"和"土壤生物工程在河道边坡生态恢复中的应用与示范"项目分别获上海市科技进步奖二、三等奖。

2009 年，上海市环境科学研究院牵头完成"城市景观水体生物净化关键技术研究与苏州河梦清园示范"课题，获市科技进步奖一等奖；由上海市环境监测中心牵头完成的"上海市水污染源在线监测系统及在线监测系列规范"和"上海市环境空气质量预测预报系统的建立及在高污染日预警联动中的应用"两项课题分获上海市科技进步奖二等奖。

2017年，上海市环境科学研究院牵头的"上海市清洁空气行动的政策路径与深化区域联动机制研究""上海市清洁水行动计划框架课题研究"项目分别获第11届上海市决策咨询研究成果奖一等奖和二等奖。上海市环境监测中心参与的"嵌套网格空气质量预报模式（NAQPMS）自主研制与应用"项目，获得国家科技进步奖二等奖。近年来，上海除了进一步推进空气、水环境自动预警监测体系建设，实现数据全市联网之外，还通过"互联网＋监管"方式，探索开展信用监管工作。

第五节　环境问题国际合作

地球是人类的家园，人类共有一个地球。环境无国界，环保不分国家和种族，保护环境是每个人的应有责任和义务。世界各国都十分关注环境问题，许多国家在环境保护方面积累了丰富的经验，值得我们借鉴。同时，有些环境问题往往不是一国能够解决，需要国际合作，如温室效应、大气污染等。

上海在生态建设上十分注意国际合作。1979年上海市环保局成立以后，环境领域的国际合作得到加强，第二年就接待了10批来自美国、日本、联邦德国、瑞典等国家的环保访华团。1981年11月，以上海市环保局副局长陈江涛为团长的代表团，赴英、美考察水质污染治理；同年12月，上海市环保局局长靳怀刚带领中美合作研究"上海市黄浦江污染综合防治规划及技术评价"的中方小组，赴美国考察河流治理规划与工程。从此上海环境保护国际合作进入新阶段，成为环保科技、环境建设的重要组成部分。

自1981年中美合作研究"黄浦江污染综合防治规划及评价"项目开展以来，上海先后得到美国、澳大利亚、日本、加拿大、挪威、英国、奥地利、法国等国家，以及世界银行和亚洲开发银行等国际组织的资助，进行了包括水环境、大气环境、城市噪声、固体废物、环境管理与规划等领域的国际合作研究项目。上海的环保科技发展因此大大缩小了与国际的差距，生态建设得到了有力推动。

据统计，1981—1995 年，上海共组织了 62 批 147 人次到国外进行环境保护工作考察，派出了 70 批 140 余人次到国外进行环境保护科技方面的专业培训、短期合作研究和进修，仅环保系统就有 49 人次到国外参加 21 个不同类型的国际学术会议；举行了 11 次大型国际环保学术交流与研讨会。其间，上海环保界还与日本的大阪府、大阪市及横滨市、瑞典的哥德堡市、法国的马赛市等国际友好城市进行了 12 次互访活动，累计接待了几十个国家、地区及国际组织和机构 670 余批 2400 余人次来沪进行访问、考察和科技交流。至 1995 年底，上海进行的重大国际合作研究项目达 10 余项。

20 世纪 90 年代中期，上海在环境问题国际合作方面无论在深度和广度上都有新的发展。1996 年 9 月，第一届中国环境与发展国际合作委员会第五次会议在上海召开，国务委员、国务院环保委员会主任、中国环境与发展国际合作委员会主席宋健、全国人大环境与资源保护委员会主任委员曲格平，来自瑞士、比利时、荷兰、印度尼西亚、日本、德国、英国、加拿大、美国等 10 多个国家的高层政府官员和知名专家近百人参加了会议。这期间，上海还相继召开了环境总体规划研讨会、中法固体废弃物处理研讨会、中荷环境技术研讨会、中瑞汽车尾气处理技术研讨会等国际会议，增进了与友好国家在环境保护技术方面的合作。

2001 年 6 月，上海城市环境可持续发展国际研讨会召开。来自 30 余个国家、地区和国内其他城市的 300 多名政府官员和国际组织代表、专家、学者以及企业代表出席了研讨会，并就城市可持续发展战略、环境质量改善、环境经济政策与环境执法、城市环保基础设施的投融资机制等热点问题进行了深入的讨论和交流。

2002 年 9 月，南非约翰内斯堡可持续发展世界首脑峰会召开，会议期间上海获得由联合国颁发的城市可持续发展特殊贡献奖。这是联合国首次颁发的奖项，主要表彰在城市建设和环境资源保护方面有突出成绩的城市。

2004 年 9 月，"绿色世博"国际环保研讨会在上海召开。该会由上海市政府主办，世界银行和联合国环境署协办，上海市环保局和上海世博会事务协调局共同承办，共有来自 14 个国家、地区和国际组织的 300 位政府代表、知名学者、环保专家和工商界人士参加。会议就城市环境战略和规划、城市生态环境建设、能源和大气污染控制、水资源和废水管理、固体废物管理和受污染土壤修复等 5 个专题进行交流和探讨，共发表了 50 余篇论文。

2005 年，上海市环保局和意大利环境领土与海洋部签署"崇明岛可持续发展协议"；上海承办了首届大湄公河次区域环境部长会议；完成壳牌—可持续交通环境指标体系项目，研究内容包括上海市交通环境现状调查、交通环境现状的可持续评价以及可持续交通情景的分析；启动了由联合国开发计划署、联合国环境规划署支持的上海环境友好型城市指标体系研究项目。

2008 年，与休斯敦市长办公室签订协议，建立了休斯敦市和上海市政府环境合作伙伴关系；成功举办上海环境与发展国际咨询研讨会，来自联合国环境规划署、全国政协人口资源环境委员会、环境保护部以及上海相关委办局、区县政府、各国驻沪机构代表和企业界代表约 100 人参加了会议。

2009 年，联合国环境规划署组织第三方独立评估并发布了《中国 2010 年上海世博会环境评估报告》，对上海大力推进低碳世博和环境保护给予了高度评价。为落实世博会的各项环境要求，上海与联合国环境规划署合作，编制了《中国 2010 年上海世博会绿色指南》，并以中英双语的形式通过联合国环境规划署的全球新闻网络平台和上海世博会官方网站同时发布。该指南倡导资源节约、环境友好的核心理念，涵盖了从世博会建设、运营和后续利用过程中的各个环节，包括生态设计、绿色施工、绿色管理、绿色宾馆、绿色办公、绿色消费等方面。上海还积极响应联合国"70 亿棵树"活动，在世界环境日推出了"添绿上海，共迎世博"活动，传播低碳世博理念，提升了上海城市的环保形象。

同年，上海与能源基金会合作，启动"世博会及中长期低碳清洁空气质量管理方案研究"。同期，上海与上海世博局、美国环保协会合作开展"世博绿色出行"项目，发布"世博绿色出行指南"，开展"穿越长三角——绿色出行看世博"活动，启动上海100家社区与学校的绿色出行宣传活动；开展上海—意大利环境合作"2010年上海世博会中心城区交通空气污染评估"项目；成功举办世博环境顾问组会议、"呼唤绿色中国"活动、城市空气质量改善国际研讨会暨上海第二届清洁空气论坛。

2010年，上海市经济团体联合会与美国环保协会签署合作备忘录；"上海环境友好型动议项目"完成；11个示范项目被授予联合国环境友好型示范项目称号；"上海环境空气质量发布系统（AirNow-I）示范项目"完成，直接服务于上海世博会和上海市民。2011年5月，上海市环保局、上海世博局和美国环保协会共同发布《2010年上海世博会绿色出行报告》，圆满结束上海世博会"绿色出行项目"。

2010年，上海市环保局承办了中国环境与发展国际合作委员会圆桌会议。世博会期间，承办了"环境变化与城市责任"世博会主题论坛，协助20多个国家和国际组织在世博园区各自国家馆或国际组织馆召开以环保为主题的各类研讨会、交流会共计50余场，其中邀请相关领域专家和官员出席会议570多人次。

进入新时代，上海在生态环境保护国际合作方面一个重要的工作是深入开展国际绿色供应链示范项目建设。2012年，中国环境与发展国际合作委员会将"上海绿色供应链管理示范项目"列为"2013年中国环境与发展国际合作委员会政策示范项目"。2013年3月，上海正式启动中国环境与发展国际合作委员会绿色供应链政策示范项目。项目选定上海百联集团、上海通用汽车和上海宜家贸易作为首批示范企业，开展绿色供应链管理试点工作。2016年，上海进一步启动了"企业绿色链动计划"，深入推进绿色供应链上海示范工作。2017年2月，上海举行"绿色供应链2017年上海高峰论坛"，推出"2017年绿色供应链绿享计划"；当年6月，环境保护部"一带一路"绿色供应链合作平台在北京正式成立，上海市环保局成为平台成员。2018年4月，中国—东盟环境保护合作中心联合相关单位发起

"一带一路"绿色供应链合作平台，上海市环保局作为第一批成员单位，正式加入该平台。

　　总之，经过多年的发展，上海已经建立了多层次的国际环保合作机制。通过环境问题的国际合作，借鉴西方发达国家的环保经验，上海的生态环境建设走到了时代的前列。

第十六章　新时代上海生态环境建设新成就

党的十八大以来，中国特色社会主义建设进入了新时代，党和国家事业发生历史性变革。改善农村人居环境，建设美丽宜居乡村，是实施乡村振兴战略的一项重要任务。在农村，上海通过美丽乡村建设，发展生态农业和乡村旅游，使农村环境面貌大变，农民普遍得到了实惠。在城市，上海通过黄浦江滨江贯通工程、崇明世界级生态岛等的建设，使城市人居生态变得更加美好。

第一节　美丽乡村建设与乡村振兴

为深入贯彻党的十八大、十八届三中全会、习近平总书记系列重要讲话精神，进一步推进生态文明和美丽中国建设，农业部开展了2014年中国最美休闲乡村和中国美丽田园推介活动。上海也在2014年启动美丽乡村建设工作。

上海的美丽乡村建设以农村人居环境改善为主要目标，以村庄改造工程为载体，坚持生产方式决定生活方式的原则，按照规划先行、分步实施，因地制宜、分类指导，整合资源、聚焦政策，以民为本、体现特色的总体思路，围绕"美在生态、富在产业、根在文化"的主线，在全面保障农民基本生产、生活条件的基础上，促进农村全面健康可持续发展，努力在城乡统筹和新农村建设方面走在全国前列。

2008 年国家级生态村崇明前卫村

资料来源：上海市地方志编纂委员会编：《上海市志·城乡建设分志·环境保护卷（1978—2010）》，上海辞书出版社 2021 年版，"插图"。

　　为深入推进美丽乡村建设工作，上海市政府成立了美丽乡村建设工作领导小组，并先后下发《本市推进美丽乡村建设工作的意见》《上海市美丽乡村建设导则（试行）》等文件。至 2020 年，上海市美丽乡村建设工作完成了 3 项任务：一是在已完成基本农田保护地区的约 32 万户农户村庄改造的基础上，进一步完成其余农户村庄的改造。二是从 2014 年起，依据《上海市美丽乡村建设导则》，每年评定 15 个左右的宜居、宜业、宜游的美丽乡村示范村，累计形成 100 个左右的美丽乡村示范村，引领和带动全市美丽乡村建设。三是不断扩大美丽乡村建设成果，促进农村人居环境的持续改善和村民素质的整体提升。

　　2014 年，上海评出金山区廊下镇中华村、金山区山阳镇渔业村、崇明县横沙乡惠丰村等 15 个市级美丽乡村示范村。2015—2020 年，又分别评出 15、15、17、22、39、45 个。至此，上海共有市级美丽乡村示范村 168

个（见附表 16–1），美丽乡村正逐步由点及面、串点成线、连线成片，这对改善上海农村面貌起到了重要促进作用。

上海美丽乡村建设工作启动以来，各级政府在改善农村人居环境的基础上，不断深化农村生态品质、促进农村产业发展、挖掘乡村文化内涵，着力开展美丽乡村示范村建设，形成了一批生态环境优美、产业特色显著、文化内涵深厚的美丽乡村。

2018 年 4 月，中共上海市委、市政府召开上海市实施乡村振兴战略工作会议，旨在深入贯彻落实党的十九大和 2017 年中央农村工作会议精神，全面推进本市乡村振兴工作。会议要求，认真学习贯彻习近平总书记"三农"思想，着眼大局、带着感情、立足优势抓好乡村振兴，强化规划引领、彰显品牌特色、优化人居环境、突出富民为本，用改革的办法推动乡村振兴战略落地落实，努力开创上海"三农"工作新局面。乡村振兴事关上海城市发展全局，是上海必须做好的一篇大文章。全市上下要统一思想，重新认识和发现乡村的价值。城乡一体化不是城乡一样化，农村要有农村的特色，不能简单复制城市建设形态。要遵循乡村自身发展规律，保留保护村庄肌理、自然水系，粉墙黛瓦、小桥流水、枕水而居，体现江南特色。要把体现上海乡村文化特色的符号和元素提炼出来，形成村庄规划和农房设计的管控导则，有风貌更要有韵味，有入眼的景观更要有走心的文化。挖掘郊区旅游资源，谋划推出更多对市民有吸引力的乡村旅游景点和特色旅游产品，打响郊区旅游品牌。要优化人居环境，让乡村更美丽干净、更富有魅力。着力提高农村公共服务水平，统筹解决农村教育、医疗、道路建设等问题；全面改善农村生态环境，加大投入深入推进河道整治、污水处理、垃圾分类等工作；用心传承优秀乡村文化，讲好乡村故事，留住乡愁记忆。

2018 年 6 月，上海制定了《上海农村人居环境整治实施方案（2018—2020）》，以"四好农村路"建设、垃圾治理、生活污水处理、水环境整治等 11 项整治任务为主攻方向，明确阶段目标任务，强力推进农村人居环境整治。同年 11 月，《上海市乡村振兴战略规划（2018—2022 年）》《上海市乡村振兴战略实施方案（2018—2022 年）》出台。《规划》紧紧围绕强村、富民、美环境，做实做好乡村振兴这篇大文章，加快打造具有江南水乡特征和大都市郊区特色的上海农业农村新风貌。乡村振兴要实现"美在生态"，农村人居环境整治是重要内容。

借着美丽乡村建设和乡村振兴的春风，在上海市委、市政府的指导下，金山区山阳镇渔业村、松江区泖港镇黄桥村、奉贤区庄行镇潘垫村 3 个村入选 2014 年中国美丽休闲乡村；崇明区陈家镇瀛东村、奉贤区南桥镇杨王村、青浦区朱家角镇张马村、奉贤区柘林镇海湾村 4 个村入选 2015 年中国美丽休闲乡村；浦东新区周浦镇棋杆村、金山区枫泾镇中洪村、金山区廊下镇中华村 3 个村入选 2016 年中国美丽休闲乡村；嘉定区毛桥村、金山区水库村、青浦区蔡浜村、崇明区丰乐村 4 个村入选 2017 年中国美丽休闲乡村；崇明区仙桥村、奉贤区吴房村、金山区新义村、金山区南星村 4 个村入选 2018 年中国美丽休闲乡村；闵行区浦江镇革新村、青浦区金泽镇莲湖村、宝山区罗泾镇塘湾村、嘉定区马陆镇大裕村、金山区朱泾镇待泾村、浦东新区川沙镇连民村、奉贤区柘林镇南胜村、崇明区港沿镇园艺村 8 个

中国美丽休闲乡村金山区山阳镇渔业村（梁志平　摄）

村入选2019年中国美丽休闲乡村；崇明区港西镇北双村、浦东新区惠南镇海沈村、嘉定区华亭镇联一村、松江区新浜镇胡家埭村4个村入选2020年中国美丽休闲乡村。至此，上海共有中国美丽休闲乡村30个。

在"2018中国最美村镇"评选中，上海有4个村镇上榜：崇明区横沙乡获生态宜居奖；松江区新浜镇获乡风文明奖；青浦区朱家角镇张马村获产业兴旺奖；浦东新区周浦镇界浜村获治理有效奖。

截至2020年底，上海各级各类休闲农业和乡村旅游景区（点）达450个，年接待游客1461.75万人次。其中，全国乡村旅游重点村17个、市级美丽乡村示范村124个，市级乡村振兴示范村37个。全市有95个全国休闲农业与乡村旅游精品企业（园区）星级示范景点、40个乡村旅游A级景区、70家市星级乡村民宿。16家乡村旅游景点入围上海市全域旅游特色示范区域，47家乡村旅游景点入选首批上海市民"休闲好去处"，它们陆续举办了一批休闲农业观光园、采摘园、乡村民宿、休憩林地和农事节庆文

美丽乡村浦东连民村（上海市绿化和市容管理局提供）

化活动。此外，上海市建有休闲农业和乡村旅游发展的"四好农村路示范路"171 条，共计 340 公里，还有 1 个"四好农村路"全国示范县和 24 个上海市"四好农村路"示范镇。

第二节　新时代上海生态环境建设典型案例

一、黄浦江滨江贯通工程

黄浦江是上海的母亲河，上海市民做梦都想拥有一个世界级的滨水开放空间。2002 年，在上海市委、市政府的部署下，黄浦江两岸综合开发工作正式启动。经过十多年的努力，这项工作在 2013 年进入了新的历史阶段，上海市委、市政府将市黄浦江两岸开发工作领导小组办公室（简称市浦江办）职能划入市住房和城乡建设管理委员会，明确将黄浦江两岸地区作为上海市六大重点功能区之一，这一地区的战略地位得到进一步提升。此后，市浦江办在继续推进地区功能开发和产业转型的基础上，逐步将工作重心聚焦到公共空间建设上来。

2014 年，上海印发了《黄浦江两岸地区公共空间建设三年行动计划（2015 年—2017 年）》，要求用三年时间，集中建设一批高品质的公共空间，将黄浦江两岸地区（从杨浦大桥到徐浦大桥 45 公里岸线）打造成世界级的滨水公共开放空间。2016 年 8 月，上海市领导调研黄浦滨江时，明确要求"两岸开发，不是大开发，而是大开放"。

2017 年 12 月，上海黄浦江两岸 45 公里岸线的公共空间正式全线贯通，并向民众开放。各具特色的慢行云桥、工业风的亲水平台、错落有序的滨江森林……上海最精华、最核心的黄浦江两岸，以前所未有的美丽姿态，重归民众怀抱。无论步行、跑步，还是骑行，市民都可以在黄浦江畔自由地观览美景，呼吸新鲜空气。

同时，为了让市民更加方便地利用黄浦江两岸绿色公共地区，在贯通之前，2017 年 8 月，上海市测绘院研制的《黄浦江两岸公共空间贯通专题地图》成功上线，并不断更新，以满足广大市民的服务需求。该地图由

黄浦江北岸滨江公共空间（李世红　摄）

黄浦江滨江公共空间（胡文静　摄）

黄浦江南岸滨江公共空间（胡文静　摄）

"图溯上海"微信公众号提供访问入口，是"图溯上海"微信公众平台发布的首个专题 Web 电子地图。该地图专题信息丰富，现势性强，覆盖了两岸贯通区域的亲水步道、健身跑道、自行车道、工业遗存、文化长廊、特色建筑、公共交通、基础设施等专题信息，以文字、图片、地图、历史影像等形式，全面展示了核心滨水区域的自然生态、文化传承和历史风貌。

此次贯通之后，黄浦江两岸地区在打造成世界级的滨水公共开放空间的道路上继续前行。2018 年 9 月，《黄浦江两岸地区公共空间建设三年行动计划（2018—2020 年）》发布。《计划》指出，未来几年，上海将要继续拓展公共空间贯通开放的红利，着力提升核心段滨江公共空间品质，进一步聚焦公共空间建设，形成空间连续、环境优美、品质高端、凝聚人气的公共活动新地标，初步形成宜居、宜业、宜游的世界一流滨水区域新面貌。与此同时，上海要建立更系统的滨江公共空间体系，空间布局上注重由滨江第一层面向腹地拓展、由核心段向南北两侧延伸，全线恢复黄浦江自然生态的基本属性。世界级滨水公共开放空间整体景观形象品质基本成型，初步形成丰富、多元、活力功能，以及面向游憩功能的交通、设施支撑体系。

二、崇明世界级生态岛

崇明位于长江入海口，是世界最大的河口冲积岛和中国第三大岛，占上海陆域面积近五分之一，是上海重要的生态屏障，对长三角、长江流域乃至全国的生态环境和生态安全具有重要的意义。

2005 年，上海市政府批准的《崇明三岛总体规划（崇明县区域总体规划）2005—2020 年》，将生态文明建设和可持续发展的理念融入规划中，明确了崇明现代化综合生态岛的总体定位；2010 年 1 月，上海市政府公布的《崇明生态岛建设纲要（2010—2020 年）》（以下简称《纲要》），明确力争到 2020 年形成崇明现代化生态岛建设的初步框架。2016 年 1 月，《上海市国民经济和社会发展第十三个五年规划纲要》发布，要求崇明生态岛建设要促进生态建设与旅游、农业、创新、智造、人居等深度融合，打造成为国家生态文明建设示范区。7 月，崇明撤县设区。为贯彻落实国家和上海"十三五"规划，以更高标准、更开阔视野、更高水平和质量推进崇明生态岛建设，12 月，上海市政府发布《崇明世界级生态岛发展"十三五"规划》（以下简称《规划》）。与 2010 年《纲要》相比，《规划》具有建设目标更明确宏大、建设标准更高、建设力量更凝聚等三个特征。

《规划》牢固坚持和落实"生态立岛"的原则，坚持不搞大开发，坚持"绿水青山就是金山银山"理念，坚持环境保护优先、厚植生态优势，积极实施"生态 +"发展战略，增加生态资产，减少生态负债，发展生态经济，运用"中国智慧"促进生态自然优势与生态发展优势共同发展，走出一条生态文明发展的新路，为上海生态文明建设和迈向卓越的全球城市作出重要贡献。

《规划》要求强化生态底线管控。坚守生态红线，划定并分级管控生态红线，不断强化生态网络，优化生态空间格局。东滩鸟类国家级自然保护区的核心范围作为一类生态空间范围，禁止一切开发活动。东滩鸟类国家级自然保护区的非核心范围、长江口中华鲟自然保护区、东风西沙水库饮水水源一级保护区、青草沙水库饮水水源一级保护区、东平国家森林公园和国家级地质公园的核心范围、重要湿地等作为二类生态空间范围。一类和二类生态空间共 252 平方公里作为市级生态保护红线范围，实行最严格的管控措施。以崇明本岛水资源、森林资源密集区、自然保护区等生态区域为基础，建立复合型生态廊道，加强纵向联系。加强滩涂湿地保护，推进崇明东滩鸟类国家公园、长江口中华鲟自然保护区建设，打造鸟类天然博物馆和候鸟天堂，有力保障生态安全和生物多样性。有序推进横沙促淤围垦，加大对长江口无人居住岛的管理。

《规划》要求提升生态环境品质，进一步厚植生态优势，促进水、林、土、气等环境综合整治，以更高标准持续推进环境保护和生态建设，打造更具竞争力的高品质生态环境。《规划》从以下四个方面阐述了具体举措。

在提升水环境质量方面，以源头截污为根本，末端治理和过程管控相结合，持续推进全域水质净化，到 2020 年基本实现全域达到水环境功能区的水质控制标准，实现出水断面水质不劣于进水断面。严格青草沙等饮用水水源保护，完成饮用水水源二级保护区内产业结构调整。加快污水收集管网、处理厂及污泥处理设施建设，全面完成城镇化地区直排污染源截污纳管。加强面源污染防治，全面推进农村生活污水治理，农村生活污水做到 100% 全处理、全覆盖。加快河道综合整治，重点推进镇村级和国有农场的河道轮疏、生态治理、岸边整治。加强水系沟通和水岸改造，打通断头河，增加滨水公共活动空间，提高水系的动力和活力。研究利用青草沙换排水改善长兴岛水环境，进一步加强长兴岛截污纳管，提升改善横沙岛供排水和水利设施。强化区域生态环境共建共享，着力加强长江口水体水质监测评价和协同治理，突出海洋生态环境保护。

在推进绿化林地建设方面，围绕塑景成带、廊道串景，建设全域风景，更好发挥崇明生态空间的功能和价值。优化公共绿地布局体系，合理规划建设公园、公共绿地和绿色休闲空间。推进环岛生态景观大堤、长兴岛及本岛郊野公园建设，有序增加绿地林地总量，提高建设标准和质量，完善长效管理机制。加快对适应海岛地理环境的树种研究，丰富生态岛树种，维护植物多样性。结合河道、公路、村庄、特色小镇及农场的要素分布，持续推进生态廊道建设，发挥放大东平森林公园等核心景区对风貌带的带动作用。结合生态要求和产业发展，打造"海上花岛"，建设花田、花溪、景观廊道，塑造点线面相结合的花岛大地景观。

在环境综合整治方面，坚持以人为本、防治结合、标本兼治、综合施策，建立以改善环境质量为目标，以防控生态风险为底线的环境管理体系，大力推进环境综合整治。深入推进大气污染防治和节能减排，巩固分散燃煤、集中供热锅炉清洁能源替代成果，推进燃气和燃油锅炉低氮改造，禁止新建燃煤设施。加大挥发性有机物污染治理力度，持续深化扬尘、餐饮、汽修、农业等面源污染治理。按照绿色农业要求，加大耕地保护和土壤污染治理力度，实施土壤生态修复示范工程，有序推进生态复垦。加强耕地环境质量监测和风险评估。大力降低化肥和农药使用量，提高耕地土壤质量，农用地土壤全部实现安全利用。按照养殖业布局规划严格控制畜禽养殖总量，全面实现规范养殖，全面实现规模化畜禽牧场粪尿资源化利用和达标排放。大力加强长兴岛环境监管执法力度，强化船舶污染防治和排放管控，研究推进危险废弃物收集转运和减量化处置。

在发展循环经济方面，按照"减量化、再利用、资源化"的原则，加强生活垃圾分类收集、运输、处置，加快建立循环经济体系，实现各类资源高效循环利用。持续推进集中城市化地区的生活垃圾减量化、资源化和无害化处置，基本实现分散地区生活垃圾全部分类和分布式处理。加大建筑混凝土、废弃食用油脂等废弃物的资源化利用和处置监管力度，启用固体废弃物和危险废弃物两大焚烧处置系统。加强农业废弃物综合处理，建立秸秆收集系统，推进综合利用模式。开展循环经济示范性工程建设，推广循环经济典型模式，促进生产和生活系统的循环链接，构建覆盖全社会的资源循环利用体系。大力发展循环农业。

2020 年，崇明基本形成世界级生态岛框架，生态保护修复成绩斐然，生态示范效应显著增强。《崇明生态岛建设纲要（2010—2020 年）》规划的 27 项指标全面完成。生态环境建设方面，水体、植被、土壤、大气等生态环境要素品质不断提升，具体表现为：森林覆盖率达到 30%，自然湿地保有率达到 43%，地表水环境功能区达标率为 95%，城镇污水处理率达到 95%，农村生活污水处理率达到 100%。民生福祉方面，生态人居更加和谐，具体表现为：常住人口规模控制在 70 万左右，建设用地总量负增长，

崇明明珠湖西沙湿地

资料来源：上海市地方志编纂委员会编：《上海市志·绿化市容分志（1978—2010）》，上海辞书出版社 2020 年版，"插图"。

基础设施更加完善，基本公共服务水平明显提高。产业转型方面，生态发展水平明显提升，生态环境与农业、旅游、商贸、体育、文化、健康等产业融合发展，具体表现为：绿色食品认证率达到 90%，居民人均可支配收入比 2010 年翻一番以上。

三、上海市固体废物处置中心建设

随着城市的发展，上海城市固体废物、医疗废物总量不断增加，为应对这一情况，2019 年 1 月，固废处置中心工程在老港固废基地现场举行开工仪式。该工程建成投产后，将成为世界处置规模最大、技术领先的医疗废物和危险废物焚烧项目。固废处置中心工程由上海市固体废物处置有限公司投资建设，占地约 88 亩，工程总投资约 10.1 亿元，设计处置规模 240 吨/天，主要用于处置上海市域的医疗废物，并在有处置余量的情况下处置部分危险废物。

固废处置中心工程作为第七轮三年环保行动计划中的重点工程，被列入 2019 年上海市重大工程生态文明建设类序列。它的如期开工，是全面落实《上海市医疗废物处置设施发展规划（2017—2040）》的一件大事，也是保障城市安全运行的一件大事。

上海为特大型城市及国际化大都市，在全国健康服务领域具备许多优势。正在构建的上海国际医学园区和上海新虹桥国际医学中心，以及上海自贸区的成立，将会吸引越来越多的国内外医疗服务机构、国际商业医疗保险机构进驻，医疗机构的增长必定会带来大量的医疗废物产生。而建设上海市固体废物处置中心工程，可解决未来上海市医疗废物处置缺口，满足上海市医疗健康产业发展需要，提升上海市危险应急处置能力，是上海市环境效益和社会效益增长不可或缺的硬件保障。

上海市固体废物处置中心工程采用了国际前沿的 AGV 智能机器人进料收运系统及回转窑焚烧技术，烟气处理采用"SNCR+ 急冷塔 + 半干式脱酸塔 + 干式脱酸塔 + 活性炭喷射装置 + 袋式除尘器 + 活性炭固定床 + 洗涤塔 + 白烟去除"的工艺，污染物排放指标达到欧盟 2010 标准，在系统的安全可靠性、自动化程度和满足卫生、环保规范要求等方面，达到国内最高水平。

2021 年 3 月，上海市固体废物处置中心（二期）工程项目在老港生态环保基地举行开工仪式，该工程以最高标准、最好水平打造刚性填埋库智慧填埋作业系统，计划 2022 年建成。这既是解决未来上海市一般工业固废、危险废物处置的托底保障，也是完善老港基地固废综合处置战略功能、提升上海市危险应急处置能力、进一步提高和发展整个城市工业废物处置水平和环保功能的必然要求。

作为上海环境"十四五"开局的首个工程项目，上海市固体废物处置中心（二期）工程被列入 2021 年上海市重大工程生态文明建设类序列。该工程由上海市固体废物处置有限公司投资建设，设计规模 25 万吨 / 年，总库容 505 万立方米，计划投资 10.7 亿元。工程将开创性建设国内首座半地下双层刚性填埋库，单位面积库容达到 10 立方米 / 平方米，远高于国内平均水平 3—4 立方米 / 平方米，实现土地资源的充分利用。

同时，该工程引入智慧填埋技术，通过自动填埋作业设备，结合信息化系统实现三维网格化精细管理，实现入场废物可定位、可追溯，为废物的资源化利用打下基础。采用智能机器人巡检技术，实现厂区远程在线监控，在减少人工的同时，大大提升运维的内容和频率，改变传统运维方式，实现运维智能化。利用智能减容压块技术，最大可使飞灰减容50%—80%，提高刚性库库容利用率30%以上，延长填埋库寿命3年以上。

结语　当代上海生态建设回顾与展望

改革开放以来上海的生态建设工作成绩显著，特别是进入 21 世纪后，环境保护与生态建设的观念已深入人心，上海初步建立了较为完整的生态环境保护体系，整体生态环境质量也有所改善，生态效应逐步显现。

在环境保护投资方面，进入 20 世纪 90 年代，上海环境保护投资力度明显加大，环保投资额和占地区生产总值的比重呈逐年走高趋势。1991年，上海环保投资额为 7.6 亿元（其中环境基础设施投资 1.4 亿元），仅占当年地区生产总值的 0.9%。1993 年，环保投资额达到 32.13 亿元（其中环境基础设施投资 19.9 亿元），占地区生产总值的 2.1%。此后，环保投资基本占地区生产总值的 2% 以上。至 2000 年，环保投资额为 141.91 亿元（其中环境基础设施投资 105.45 亿元），占地区生产总值的 3.1%。此后十来年，上海每年环保投资均保持在地区生产总值的 3% 左右。虽然这期间比重没有太大变化，但由于上海地区生产总值的快速增长，环保投资实际在逐年增加，且增长较快。2019 年，上海环保投资为地区生产总值的 2.8%，投资额为 1079.25 亿元（其中环境基础设施投资 455.66 亿元），是 1991 年的近 142 倍（见下页图、附表 14-2）。这为近年来上海生态环境建设提供了坚实的物质基础。

2016 年 10 月，《上海市环境保护和生态建设"十三五"规划》印发，共安排 5 大任务措施、14 项重点工程和 64 个重大项目，总投入约 4400 亿元，较"十二五"期间增加 1400 亿元。上海的生态环境保护工作突飞猛进，"十三五"生态环境保护所确定的生态环境保护 16 项约束性指标到 2020 年底全部完成。

尽管近年来上海环境保护投资增长迅速，但由于历史欠账太多，再加

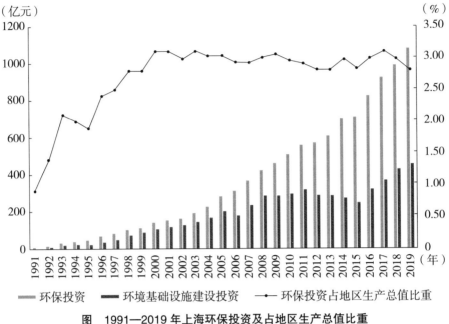

图　1991—2019 年上海环保投资及占地区生产总值比重

资料来源：附表 14-2。

上工业的发展、城市的扩张、人口的集聚，上海生态环境的压力依然很大，甚至一些环境问题依然严峻，生态文明和循环经济在实践中还是困难重重。在水环境治理方面，总体上处于较低的水平；在大气环境治理方面，可吸入颗粒物浓度偏高；在绿化建设方面，森林覆盖率还比较低。在郊区和城乡接合部，部分化工企业缺乏监督监管机制，导致了一系列环境问题。面对不断膨胀的城市人口和进一步发展的社会经济，上海城市生态承载能力的局限性日益凸显，绿色发展道路依然漫长。

生态伦理是人类处理自身及其周围的动物、环境和大自然等生态环境关系的一系列道德规范，是人类在进行与自然生态有关活动中所形成的伦理关系及其调节原则，其核心是维护和促进生态系统的完整和稳定。按照生态伦理的观点，人类与大自然是相互联系、相互依存、共同处于一个动态化过程中的整体和系统，人类应放下"唯我独尊"的观念，抛弃人类中心主义思想，敬畏和顺应自然，竭力维护生态系统的稳定和均衡。

我国工业化、城市化一度强调人类社会在工业化和现代化过程中可以对自然进行无限度的索取和征服，以满足自身不断增长的物质需求。在这种发展思维模式下，自然往往仅被当作资源，被无限利用，其生态价值与效益则被无视或忽视。在这种思想的支配下，社会经济发展确能短期得到较快发展，但这种发展是不可持续的。上海要建设生态文明社会，必须矫正经济增长唯速度论的生态伦理。

进入 21 世纪，我们真正意识到以牺牲环境为代价的发展是不可持续的。2007 年，党的十七大审时度势，提出"要建设生态文明"。生态文明是人类为保护和建设美好生态环境而取得的物质成果、精神成果和制度成果的总和，是贯穿经济建设、政治建设、文化建设、社会建设全过程和各方面的系统工程，反映了一个社会的文明进步状态。

党的十八大以来，以习近平同志为核心的党中央把生态文明建设摆在全局工作的突出位置，全面加强生态文明建设，一体治理山水林田湖草沙，开展了一系列根本性、开创性、长远性工作，决心之大、力度之大、成效之大前所未有，生态文明建设从认识到实践都发生了历史性、转折性、全局性的变化。[①]

与之前的发展观不同，生态文明发展观强调人与自然的和谐。现代生态文明的发展观信奉"人是自然一员"的哲学观点，强调人在经济社会活动中应该遵循生态学原理，达到人与自然的和谐相处。生态文明的发展方式是在尊重自然的前提下，在维护人与自然系统整体利益的前提下考虑人类社会自身的发展，只有这样，社会经济活动的可持续发展才有可能。可持续发展理论有两个基本点：一是必须满足当代人的需要；二是当代人的发展应该是健康的、节制的，不损害满足后代人需要的发展。

取之以时，用之有度，这是中国古代的优良传统。中国古代先哲早在2000 多年前就开始思考人类和自然的关系，提出了"天人合一""道法自然"等朴素的生态思想。建设生态文明社会，需要我们将这些朴素环境观落到实处，以天人合一、可持续发展的生态思维，正确处理社会经济发展

---

① 汪晓东：《让绿水青山造福人民泽被子孙——习近平总书记关于生态文明建设重要论述综述》，《文汇报》2021 年 6 月 4 日，第 3 版。

与维护自然环境运行之间的关系。

　　每年的 6 月 5 日是世界环境日，它反映了世界各国人民对环境问题的认识和态度，表达了人类对美好环境的向往和追求，也是联合国促进全球环境意识、提高对环境问题的关注度并采取行动的主要媒介之一。2021 年的世界环境日主题活动在巴基斯坦举行，中国国家主席习近平在贺信中指出，中华文明历来崇尚天人合一。中国将生态文明建设纳入中国特色社会主义总体布局。作为全球生态文明建设的参与者、贡献者、引领者，中国将为全球环境治理注入新动力，打造人与自然生命共同体，共建清洁美丽世界。

　　在习近平生态文明思想的指导下，上海的生态文明建设水平不断向全球首位城市看齐。2017 年上海市第十一次党代会首次提出了建设人文之城的目标。2018 年，《上海市城市总体规划（2017—2035 年）》颁布，提出上海建设生态之城的目标，显著改善环境质量、推动生态绿色发展成为上海生态环境保护的重要任务。

　　2022 年，上海制定发布《关于进一步加强生物多样性保护的实施意见》，以系统性提升上海生物多样性保护能力和水平，进一步推进生态之城建设，促进人与自然和谐共生。《实施意见》以有效应对超大城市生物多样性面临的挑战、全面提升生物多样性保护水平为目标，确保重要生态系统、生物物种和生物遗传资源进一步得到有效保护，切实提高生物多样性保护能力和管理水平，促进生物多样性保护纳入经济社会发展全过程，满足民众对优美生态环境的向往，为加快建设具有世界影响力的社会主义现代化国际大都市提供重要的生态保障，共建人与自然和谐共生的美丽上海。《实施意见》提出，到 2035 年，上海要形成系统高效的生物多样性保护空间格局，基本建成人与自然和谐共生的生态之城。

　　相信在习近平生态文明思想的指引下，上海坚持人与自然和谐共生，共同构建人与自然生命的共同体，不久的将来，一定会成为一座举世瞩目的全球花园城市。

附　表

附表 7-1　1981—2019 年上海污水排放及处理情况　　（单位：亿吨，%）

年份	排放总量	工业废水	生活及其他	污水厂污水处理量	污水处理率
1981	17.90	14.11	3.79	0.52	2.91
1982	17.28	13.29	3.99	0.44	2.55
1983	18.03	14.02	4.01	0.53	2.94
1984	18.39	14.41	3.98	0.57	3.10
1985	19.60	14.99	4.61	0.45	2.30
1986	19.43	14.55	4.88	0.54	2.78
1987	20.10	14.88	5.22	0.56	2.79
1988	19.75	14.02	5.73	0.64	3.24
1989	19.33	13.24	6.09	0.70	3.62
1990	19.99	13.32	6.67	0.85	4.25
1991	19.58	13.25	6.33	1.20	6.13
1992	20.28	13.70	6.58	1.32	6.51
1993	20.32	12.81	7.51	1.41	6.94
1994	20.37	11.81	8.56	1.26	6.19
1995	22.45	11.61	10.84	1.47	6.55
1996	22.85	11.41	11.44	1.29	5.65
1997	21.10	9.99	11.11	1.48	7.01
1998	20.81	9.00	11.81	1.56	7.50
1999	20.28	8.52	11.76	1.75	8.63
2000	19.37	7.25	12.12	2.30	11.87
2001	19.50	6.80	12.70	2.95	15.13
2002	19.21	6.49	12.72	3.07	15.98
2003	18.22	6.11	12.11	3.99	21.90
2004	19.34	5.64	13.70	9.53	49.28
2005	19.97	5.11	14.86	11.78	58.99
2006	22.37	4.83	17.54	15.57	69.60
2007	22.66	4.76	17.90	15.29	67.48

续表

年份	排放总量	工业废水	生活及其他	污水厂污水处理量	污水处理率
2008	22.60	4.41	18.19	17.71	78.36
2009	23.05	4.12	18.93	17.16	74.45
2010	24.82	3.67	21.15	18.97	76.43
2011	19.86	4.46	—	19.34	97.38
2012	22.05	4.77	—	20.07	91.02
2013	22.30	4.54	—	20.32	91.12
2014	22.12	4.39	—	20.81	94.08
2015	22.41	4.69	—	21.39	95.45
2016	22.08	3.66	—	26.80	121.33
2017	21.20	3.16	—	26.37	124.39
2018	20.98	2.91	—	26.55	126.55
2019	21.42	3.41	—	28.26	131.89

注：2011—2019 年生活及其他污水排放量缺统计数据。

资料来源：上海市统计局、国家统计局上海调查总队编：《光辉的六十载：上海历史统计资料汇编》（1949—2009），中国统计出版社 2009 年版，第 234 页；上海市统计局、国家统计局上海调查总队编：《上海统计年鉴》（2014 年、2020 年），中国统计出版社 2014 年、2020 年版。

附表 7-2　1949—2019 年上海城市排水管道长度与污水处理能力情况

（单位：公里，万吨 / 日）

年份	排水管道长度	污水处理能力	年份	排水管道长度	污水处理能力
1949	649	4.0	1962	1048	7.8
1950	651	4.0	1963	1053	7.8
1951	660	4.0	1964	1089	14.1
1952	698	4.4	1965	1102	14.1
1953	754	4.6	1966	1121	14.1
1954	806	5.6	1967	1130	14.1
1955	813	5.6	1968	1146	14.3
1956	818	5.6	1969	1153	14.3
1957	840	5.6	1970	1162	14.3
1958	943	5.6	1971	1195	14.3
1959	956	5.6	1972	1202	14.3
1960	1020	6.2	1973	1233	14.3
1961	1039	7.5	1974	1236	13.9
1975	1262	13.9	1998	3651	188.7

年份	排水管道长度	污水处理能力	年份	排水管道长度	污水处理能力
1976	1275	13.9	1999	3736	267.0
1977	1295	13.9	2000	3920	463.0
1978	1301	13.9	2001	4001	463.0
1979	1307	13.9	2002	4001	516.0
1980	1370	15.3	2003	5882	485.0
1981	1438	17.2	2004	6469	443.0
1982	1446	17.1	2005	6933	471.0
1983	1453	17.1	2006	7430	488.0
1984	1487	17.1	2007	8120	556.6
1985	1502	21.3	2008	9208	672.3
1986	1514	21.3	2009	9732	687.0
1987	1592	39.1	2010	11483	684.0
1988	1751	39.1	2011	17599	694.0
1989	1886	39.3	2012	18191	701.0
1990	1892	40.5	2013	19425	784.0
1991	1942	40.5	2014	20972	788.0
1992	1976	42.9	2015	23339	795.0
1993	2132	44.8	2016	24293	812.0
1994	2275	49.3	2017	24886	826.0
1995	2536	49.3	2018	27483	813.0
1996	2898	189.3	2019	28233	834.0
1997	3023	188.7			

资料来源：上海市统计局、国家统计局上海调查总队编：《光辉的六十载：上海历史统计资料汇编》（1949—2009），中国统计出版社 2009 年版，第 224—225 页；上海市统计局、国家统计局上海调查总队编：《上海统计年鉴》（2014 年、2020 年），中国统计出版社 2014年、2020 年版。

附表 7-3　上海市"万河整治行动"三年完成情况汇总

区（县）	三年计划工程量		三年累计完成量		完成百分比
	河道（条段）	长度（公里）	河道（条段）	长度（公里）	按长度计算（%）
闵行	3228	1799	2819	1665	93
嘉定	1374	1118	1649	1324	118
宝山	912	648	912	674	104
浦东	425	273	642	322	118
南汇	4545	2752	5328	3266	119

续表

区（县）	三年计划工程量		三年累计完成量		完成百分比
	河道（条段）	长度（公里）	河道（条段）	长度（公里）	按长度计算（%）
奉贤	3332	2099	2659	2364	113
松江	1021	1109	1129	1220	110
金山	2069	2165	2113	1892	87
青浦	1641	1686	1478	1455	86
崇明	4240	3088	4516	2885	93
总计	22787	16737	23245	17067	102

注：（1）闵行、金山、青浦、崇明等区（县）由于对三年实施计划进行了调整，因此实际完成量少于计划量。（2）总计栏"完成百分比"项数据为"三年累计完成量"与"三年计划工程量"相比所得。（3）本表数据截止日期为2008年12月31日。

资料来源：《历时三年，圆满完成"万河整治行动"》，《今日上海》2009年第3期。

附表8-1　2000—2019年上海市中心城区环境空气状况　（单位：毫克/立方米）

年份	二氧化硫年日均值	二氧化氮年日均值	可吸入颗粒平均浓度	降水pH平均值	酸雨频率（%）	空气质量优良天数（天）	空气质量优良率（%）
2000	0.045	0.090	—	5.19	26.0	295	80.6
2001	0.040	0.060	0.100	5.20	25.2	309	84.7
2002	0.040	0.060	0.110	5.39	10.9	281	77.0
2003	0.040	0.060	0.100	5.21	16.7	325	89.0
2004	0.060	0.060	0.100	4.92	32.7	311	85.0
2005	0.061	0.061	0.090	4.93	40.0	322	88.2
2006	0.055	0.051	0.086	4.73	56.4	324	88.8
2007	0.055	0.054	0.088	4.55	75.6	328	89.9
2008	0.051	0.056	0.084	4.39	79.2	328	89.9
2009	0.035	0.053	0.081	4.66	74.9	334	91.5
2010	0.029	0.050	0.079	4.66	73.9	336	92.1
2011	0.029	0.051	0.080	4.72	67.8	337	92.3
2012	0.023	0.046	0.071	4.64	80.0	343	93.7
2013	0.024	0.048	0.082	4.81	75.1	241	66.0
2014	0.018	0.045	0.071	4.90	72.4	281	77.0
2015	0.017	0.046	0.069	5.07	60.8	258	70.7
2016	0.015	0.043	0.059	5.22	50.4	276	75.4
2017	0.012	0.044	0.055	5.12	47.6	275	75.3

续表

年份	二氧化硫年日均值	二氧化氮年日均值	可吸入颗粒平均浓度	降水 pH 平均值	酸雨频率（%）	空气质量优良天数（天）	空气质量优良率（%）
2018	0.01	0.042	0.051	5.13	53.8	296	81.1
2019	0.007	0.042	0.045	5.34	44.5	309	84.7

注：2013 年起，环境空气质量优良率以 AQI 评价，增加了 PM2.5，故 2013 年上海环境空气质量优良天数骤降。

资料来源：上海市统计局、国家统计局上海调查总队编：《上海统计年鉴》（2014年、2020年），中国统计出版社 2014 年、2020 年版。

附表 8-2　1991—2019 年上海烟尘、二氧化硫、粉尘排放情况　（单位：万吨）

年份	烟　尘			二氧化硫			工业去除量		
	总量	工业	生活其他	总量	工业	生活其他	二氧化硫	烟尘	粉尘
1991	21.54	14.68	6.86	47.92	33.87	14.05	4.13	255.60	89.05
1992	22.50	14.81	7.69	51.36	35.62	15.74	3.90	258.49	117.86
1993	18.93	14.80	4.13	44.12	35.67	8.45	3.70	279.15	123.44
1994	18.45	14.08	4.37	45.19	36.24	8.95	3.47	306.39	123.61
1995	20.78	13.33	7.45	53.41	38.15	15.26	3.34	325.16	117.72
1996	15.78	14.77	1.01	51.00	43.30	7.70	5.58	403.95	89.11
1997	17.08	13.38	3.70	50.85	43.62	7.23	4.16	359.85	141.80
1998	15.63	10.74	4.89	48.89	39.09	9.80	3.11	273.54	151.77
1999	13.57	9.00	4.57	40.31	31.09	9.22	3.36	261.04	184.61
2000	14.12	8.32	5.80	46.49	32.68	13.81	3.77	308.35	218.08
2001	13.52	6.23	7.29	47.26	30.00	17.26	2.14	326.35	263.89
2002	10.74	5.60	5.14	44.66	32.49	12.17	5.58	366.44	301.92
2003	11.54	4.97	6.57	43.54	30.07	13.47	4.86	402.89	348.02
2004	12.27	5.25	7.02	47.31	34.95	12.36	5.53	655.27	208.07
2005	11.52	4.95	6.57	51.28	37.52	13.76	7.49	574.24	150.53
2006	11.29	4.73	6.56	50.80	37.43	13.37	9.45	520.54	146.80
2007	10.60	4.04	6.56	49.78	36.44	13.34	9.03	450.86	145.85
2008	10.63	4.06	6.57	44.61	29.80	14.81	24.03	524.42	103.36
2009	10.18	3.64	6.54	37.89	23.93	13.96	38.46	513.51	95.75
2010	10.21	4.18	6.03	35.81	26.32	9.49	34.98	472.31	138.18
2011	8.98	6.64	2.34	24.01	21.01	3.00	—	—	—
2012	8.71	6.37	2.34	22.82	19.34	3.48	—	—	—
2013	8.09	6.72	1.37	21.58	17.29	4.29	—	—	—

续表

年份	烟　尘			二氧化硫			工业去除量		
	总量	工业	生活其他	总量	工业	生活其他	二氧化硫	烟尘	粉尘
2014	14.17	13.14	1.03	18.81	15.54	3.27	—	—	—
2015	12.07	11.14	0.93	17.08	10.49	6.59	—	—	—
2016	7.95	7.28	0.67	7.42	6.74	0.68	—	—	—
2017	4.70	3.03	1.67	1.85	1.27	0.58	—	—	—
2018	2.81	1.62	1.19	0.99	0.91	0.08	—	—	—
2019	1.48	1.33	0.15	0.76	0.66	0.1	—	—	—

　　注：2008 年起工业废气排放量按新排放系数计算，2011 年起烟尘排放总量统计口径变更为烟（粉）尘排放量，2014 年工业粉尘排放量统计口径包括无组织排放量，2016 年起废气二氧化硫排放总量不包括非道路移动源排放量。"—"表示无相关数据。

　　资料来源：上海市统计局、国家统计局上海调查总队编：《光辉的六十载：上海历史统计资料汇编》(1949—2009)，中国统计出版社 2009 年版，第 235 页；上海市统计局、国家统计局上海调查总队编：《上海统计年鉴》(2014 年、2020 年)，中国统计出版社 2014 年、2020 年版。

附表 8-3　1982—2019 年上海废气排放量　　（单位：亿标立方米）

年份	排放总量	工业	生活及其他	年份	排放总量	工业	生活及其他
1982	2440	2440	—	2000	6398	5755	643
1983	2671	2671	—	2001	7620	6964	656
1984	2834	2834	—	2002	7902	7440	462
1985	3010	3010	—	2003	8391	7799	592
1986	3076	3076	—	2004	9466	8834	632
1987	3489	3489	—	2005	9103	8482	621
1988	3552	3552	—	2006	10045	9428	617
1989	3616	3616	—	2007	10231	9591	640
1990	3535	3535	—	2008	11079	10436	643
1991	4617	4000	617	2009	10709	10059	650
1992	5110	4418	692	2010	13667	12969	698
1993	4230	3859	371	2011	—	13692	—
1994	4577	4184	393	2012	—	13361	—
1995	5096	4625	471	2013	—	13344	—
1996	5132	4757	375	2014	—	13007	—
1997	5249	4755	494	2015	—	12802	—
1998	5492	4912	580	2016	—	12669	—
1999	5480	4947	533	2017	—	13867	—

续表

年份	排放总量	工业	生活及其他	年份	排放总量	工业	生活及其他
2018	—	13780	—	2019	—	15016	—

注：2008 年起工业废气排放量按新排放系数计算；"—"表示统计项目变化，无此项统计。

资料来源：上海市统计局、国家统计局上海调查总队编：《光辉的六十载：上海历史统计资料汇编》（1949—2009），中国统计出版社 2009 年版，第 235 页；上海市统计局、国家统计局上海调查总队编：《上海统计年鉴》（2014 年、2020 年），中国统计出版社 2014 年、2020 年版。

附表 8-4　1949—2019 年上海民用车辆拥有量　　　　（单位：万辆，%）

年份	数量	环比增长率	年份	数量	环比增长率
1949	0.9997	—	1995	40.0000	8.11
1955	0.6721	—	1996	46.6354	16.59
1960	1.2893	—	1997	53.8378	15.44
1965	1.5110	—	1998	58.2678	8.23
1970	2.3085	—	1999	67.6367	16.08
1975	5.1936	—	2000	104.2900	54.19
1980	7.9753	—	2001	119.8400	14.91
1981	8.0918	1.46	2002	139.7600	16.62
1982	8.3068	2.66	2003	173.7600	24.33
1983	8.6307	3.90	2004	202.8500	16.74
1984	9.1206	5.68	2005	221.7400	9.31
1985	13.9148	52.56	2006	238.1300	7.39
1986	15.865	14.02	2007	253.6000	6.50
1987	17.6159	11.04	2008	261.5000	3.12
1988	18.1881	3.25	2009	285.0000	8.99
1989	19.8416	9.09	2010	309.7000	8.67
1990	21.1819	6.75	2011	329.1700	6.30
1991	22.8841	8.04	2012	260.9000	—
1992	26.5940	16.21	2013	282.4600	—
1993	32.1245	20.80	2014	304.4500	—
1994	37.0000	15.18	2015	323.3500	—

年份	数量	环比增长率	年份	数量	环比增长率
2016	359.4800	—	2018	423.1300	—
2017	392.3600	—	2019	442.5500	—

注：本表不包括军用车辆和码头、机场等专用特种车辆；1949—1980 年车辆数原来统计系 5 年一统计；从 2012 年起，民用车辆拥有量的数据不含强制报废量。

资料来源：上海市统计局、国家统计局上海调查总队编：《上海统计年鉴》（2014 年、2020 年），中国统计出版社 2014 年、2020 年版；上海市环境保护志编纂委员会编：《上海环境保护志》，上海社会科学出版社 1998 年版。

附表 9-1　1980—2019 年上海工业固体废物产生利用情况（单位：万吨，%）

年份	产生量	综合利用量	综合利用率	处置量
1980	582	408	70.10	—
1981	663	342	51.60	134
1982	649	381	58.70	231
1983	674	392	58.20	248
1984	698	443	63.50	245
1985	722	516	71.50	159
1986	883	692	78.40	102
1987	1030	839	81.50	111
1988	1076	918	85.30	51
1989	1055	939	89.00	36
1990	1107	900	81.30	28
1991	1090	911	83.60	161
1992	1142	1172	89.40	64
1993	1198	1045	87.20	189
1994	1245	1060	85.10	205
1995	1368	1150	84.10	216
1996	1306	1128	86.40	136
1997	1348	1225	90.90	65
1998	1252	1164	93.00	65
1999	1211	1287	93.00	67
2000	1354.7	1515.9	93.26	90.96
2001	1605.1	1581.71	96.50	55.25
2002	1595.3	1603.86	97.78	27.28
2003	1659.4	1643.19	97.20	47.27

续表

年份	产生量	综合利用量	综合利用率	处置量
2004	1810.8	1777.84	97.19	44.29
2005	1963.6	1891.62	96.31	64.66
2006	2063.2	1953.11	94.66	103.22
2007	2165.4	2040.08	94.21	106.39
2008	2347.4	2242.43	95.53	90.24
2009	2254.6	2171.6	95.67	85.66
2010	2448.4	2366.9	96.16	93.86
2011	2442.2	2358.11	96.65	74.89
2012	2198.81	2140.36	97.34	55.86
2013	2054.49	1995.35	97.12	57.99
2014	1924.79	1876.86	97.51	47.01
2015	1868.07	1796.18	96.15	72.23
2016	1680.1	1607.51	95.68	73.44
2017	1630.48	1532.71	94.00	99.98
2018	1668.77	1552.84	93.05	135.77
2019	1825.98	1673.47	91.65	152.14

资料来源：上海市统计局编：《上海市国民经济和社会发展历史统计资料（1949—2000）》，中国统计出版社 2001 年版，第 169 页；历年《上海统计年鉴》。

附表 9-2　2000—2019 年上海工业危险废物产生量、综合利用量及处置量情况

（单位：万吨，%）

年份	产生量	综合利用量	综合利用率	处置量	处置率
2000	28.32	27.05	95.52	1.08	3.81
2001	38.14	29.92	78.45	8.50	22.29
2002	33.50	24.92	74.39	9.21	27.49
2003	30.57	22.34	73.08	8.31	27.18
2004	36.47	31.26	85.71	6.05	16.59
2005	48.77	38.21	78.35	9.64	19.77
2006	40.79	29.13	71.41	14.10	34.57
2007	45.43	30.94	68.10	14.68	32.31
2008	49.28	31.13	63.17	18.36	37.26
2009	47.62	30.73	64.53	17.02	35.74
2010	51.25	28.47	55.55	23.44	45.74
2011	56.36	30.13	53.46	26.01	46.15

续表

年份	产生量	综合利用量	综合利用率	处置量	处置率
2012	54.96	30.34	55.20	24.60	44.76
2013	54.31	28.76	52.96	25.64	47.21
2014	62.84	26.79	42.63	35.73	56.86
2015	56.97	25.77	45.23	30.44	53.43
2016	64.89	28.88	44.51	35.78	55.14
2017	110.44	24.36	22.06	85.81	77.70
2018	109.04	32.60	29.90	75.35	69.10
2019	123.98	31.24	25.20	93.16	75.14

资料来源：历年《上海统计年鉴》。

附表 9-3　1950—2019 年上海城市环境卫生情况　（单位：万吨）

年份	垃圾产生量	生活垃圾量	建筑垃圾量	清运粪便量
1950	96	—	—	—
1951	114	—	—	—
1952	144	—	—	96
1953	159	—	—	110
1954	133	—	—	124
1955	116	—	—	126
1956	110	—	—	130
1957	115	—	—	148
1958	128	—	—	258
1959	150	103	47	323
1960	163	107	56	355
1961	155	104	50	318
1962	151	106	45	323
1963	140	106	34	281
1964	149	113	36	281
1965	164	117	48	274
1966	140	89	51	292
1967	122	82	40	283
1968	123	82	40	305
1969	126	77	49	306
1970	112	61	50	314
1971	120	75	44	316
1972	124	86	38	325

续表

年份	垃圾产生量	生活垃圾量	建筑垃圾量	清运粪便量
1973	140	92	48	340
1974	135	90	45	354
1975	137	85	51	371
1976	154	88	66	376
1977	179	92	87	407
1978	214	108	106	418
1979	250	125	126	374
1980	272	131	141	331
1981	272	146	126	329
1982	296	169	127	325
1983	280	166	113	311
1984	308	185	123	272
1985	305	196	109	252
1986	328	226	102	263
1987	325	229	97	262
1988	329	240	89	249
1989	344	250	94	246
1990	382	279	103	243
1991	393	296	97	229
1992	428	301	127	242
1993	488	335	152	234
1994	558	358	200	240
1995	668	372	296	216
1996	736	419	317	217
1997	755	454	301	227
1998	824	470	353	218
1999	767	500	267	172
2000	858	641	217	256
2001	901	644	257	219
2002	760	467	293	238
2003	800	585	215	251
2004	802	610	192	258
2005	777	622	155	254
2006	805	658	146	247
2007	852	702	150	232
2008	841	678	153	220

续表

年份	垃圾产生量	生活垃圾量	建筑垃圾量	清运粪便量
2009	870	710	160	221
2010	890	732	158	201
2011	1142	704	438	207
2012	11728	716	11012	200
2013	13716	735	12981	222
2014	15135	743	14392	200
2015	10755	790	9965	173
2016	7796	880	6916	160
2017	6435	900	5535	158
2018	8614	984	7630	137
2019	10651	1038	9613	151

注：2012 年起，建筑垃圾中增加了工程渣土清运量。

资料来源：上海市统计局编：《上海市国民经济和社会发展历史统计资料（1949—2000）》，中国统计出版社 2001 年版，第 166 页；上海市统计局、国家统计局上海调查总队编：《光辉的六十载：上海历史统计资料汇编》（1949—2009），中国统计出版社 2009 年版，第 234 页；历年《上海统计年鉴》。

附表 10-1　2000—2019 年上海噪声状况　　（单位：分贝）

年份	区域环境噪声平均等效声级		交通环境噪声平均等效声级	
	昼间时段	夜间时段	昼间时段	夜间时段
2000	56.6	49.2	70.5	64.1
2001	56.7	48.2	69.5	64.5
2002	56.8	49.4	69.6	65.8
2003	56.7	49.1	70.4	66.4
2004	56.5	49.1	72.3	66.2
2005	57.3	49.8	72	65.8
2006	56.6	49.7	72	64.9
2007	56.8	49.4	71.9	65.9
2008	57	49.9	71.4	66.4
2009	54.9	47.8	69.8	64.4
2010	55.8	48.3	69.8	64.3
2011	55	48	70	64.5
2012	54.7	48.2	69.3	64.4
2013	55.5	48.2	69.6	64.6
2014	55.6	48.1	69.8	65.6

年份	区域环境噪声平均等效声级		交通环境噪声平均等效声级	
	昼间时段	夜间时段	昼间时段	夜间时段
2015	56.2	47.9	69.8	65.5
2016	56	48.5	69.5	65
2017	55.7	48.8	69.8	65
2018	54.6	48.3	69.3	64.9
2019	54.9	47.7	68.3	63.9

资料来源：历年《上海统计年鉴》。

附表 11-1　1985—2019 年上海能源消耗总量及万元 GDP 综合能耗

年份	能源消费量（万吨标准煤）	单位生产总值能耗（吨标准煤/万元）	年份	能源消费量（万吨标准煤）	单位生产总值能耗（吨标准煤/万元）
1985	2553.21	5.47	2003	6658.49	1.004
1986	2783.66	5.67	2004	7167.16	0.905
1987	2868.06	5.26	2005	7730.66	0.862
1988	2980.06	4.60	2006	8355.49	0.825
1989	3111.03	4.47	2007	9103.30	0.780
1990	3191.06	4.082	2008	9608.49	0.751
1991	3466.52	3.88	2009	9759.35	0.704
1992	3656.92	3.28	2010	10243.26	0.678
1993	3946.73	2.61	2011	10489.09	0.589
1994	4176.64	2.12	2012	10573.00	0.552
1995	4392.48	1.757	2013	10890.39	0.528
1996	4626.21	1.59	2014	10639.86	0.482
1997	4758.82	1.42	2015	10930.53	0.463
1998	4874.11	1.32	2016	11241.73	0.391
1999	5119.19	1.27	2017	11381.85	0.370
2000	5413.45	1.135	2018	11453.73	0.349
2001	5825.80	1.117	2019	11696.46	0.337
2002	6114.47	1.074			

注：单位能耗 2005—2010 年按 2005 年可比价计算，2011—2015 年按 2010 年可比价计算，2016—2019 年按 2015 年可比价计算。

资料来源：历年《上海统计年鉴》。

附表 12-1　1979—2017 年上海市政建设投资额　（单位：亿元）

年份	园林绿化	环境卫生	市政设施	其他	总计
1979	—	—	—	—	0.86
1980	—	—	—	—	0.69
1981	—	—	—	—	1.01
1982	—	—	—	—	1.51
1983	—	—	—	—	1.72
1984	—	—	—	—	2.76
1985	—	—	—	—	4.89
1986	0.43	0.71	3.84	0.05	5.03
1987	0.3	0.34	4.94		5.58
1988	0.24	0.58	5.72	—	6.54
1989	0.01	0.52	7.02	0.05	7.6
1990	0.11	0.37	8.31	0.01	8.8
1991	0.15	0.45	12.77	—	13.37
1992	0.32	0.79	28.45	1.07	30.63
1993	0.52	1.06	56.24	—	57.82
1994	2.42	1.01	93.47	0.24	97.14
1995	4.27	1.26	96.21	0.32	102.06
1996	2.66	1.14	101.8	0.05	105.65
1997	5.11	1.62	127.41	0.13	134.27
1998	9.1	3.35	189.41	0.11	201.97
1999	28.62	2.97	155.73	0.66	187.98
2000	38.76	19.34	102.36	2.88	163.34
2001	32.92	2.97	140.63	1.37	177.89
2002	38.83	1.47	160.64	0.75	201.69
2003	33.85	9.25	107.73	0.53	151.36
2004	16.69	7.01	160.21	0.88	184.79
2005	13.88	15.36	246.59	0.46	276.29
2006	26.41	10.17	213.26	—	249.84
2007	34.66	11.26	254.18		300.1
2008	29.01	20.04	494.29	—	543.34
2009	27.96	21.91	573.19	0.15	623.21
2010	35.87	10.8	349.27	0.25	396.19
2011	44.71	23.91	247.15	0.03	315.8
2012	20.99	23.74	256.73	0.26	301.72
2013	27.16	12.52	292.48	2.82	334.98

年份	园林绿化	环境卫生	市政设施	其他	总计
2014	56.46	9.41	313.94	—	379.81
2015	34.84	18.49	320.77	—	374.1
2016	29.50	16.37	299.88	—	345.75
2017	112.03	20.73	340.83	—	473.59

注："—"为缺数据。

资料来源：上海市统计局、国家统计局上海调查总队编：《光辉的六十载：上海历史统计资料汇编》（1949—2009），中国统计出版社 2009 年版，第 215 页；上海市统计局编：《上海市国民经济和社会发展历史统计资料（1949—2000）》，中国统计出版社 2001 年版，第 151 页；历年《上海统计年鉴》。

附表 12-2　1949—2019 年上海园林绿地（一）　　（单位：公顷）

年份	公园绿地			附属（专用）绿地	生产绿地（园林苗圃）	防护绿地	其他绿地	城市园林绿地面积
	合计	公园面积	街道绿地					
1949	66	66	—	—	22	—	—	88
1950	61	60	1	—	21	—	—	82
1951	56	55	1	—	23	—	—	79
1952	81	80	1	—	34	—	—	115
1953	89	87	2	—	85	—	—	174
1954	123	119	4	—	205	—	—	328
1955	145	132	13	—	218	—	—	363
1956	158	135	23	—	296	—	—	454
1957	207	182	25	—	397	—	—	605
1958	262	236	26	—	410	—	—	672
1959	363	327	36	—	1038	—	—	1400
1960	398	347	50	—	640	—	—	1037
1961	415	349	66	—	529	—	—	944
1962	416	355	61	—	346	—	—	762
1963	420	355	65	—	357	—	—	777
1964	408	343	65	—	414	—	—	822
1965	396	331	65	—	416	—	—	812
1966	385	320	65	—	416	—	—	802
1972	344	295	49	—	376	—	—	720
1973	351	298	53	—	375	—	—	726
1974	359	301	59	—	569	—	—	728
1975	363	301	62	—	363	—	—	726

年份	公园绿地			附属（专用）绿地	生产绿地（园林苗圃）	防护绿地	其他绿地	城市园林绿地面积
	合计	公园面积	街道绿地					
1976	366	301	64	—	361	—	—	726
1977	369	302	67	—	360	—	—	729
1978	383	309	75		308			761
1979	401	319	82	—	305	—	—	775
1980	390	319	71	970	303	—	—	1738
1981	404	320	84	986	306	—	—	1772
1982	485	403	83	1081	270	—	—	1883
1983	489	399	90	1174	240	—	—	1947
1984	510	410	99	1335	153	—	—	2113
1985	522	412	110	1551	143	—	—	2339
1986	761	596	165	1632	292	—	—	2719
1987	801	615	186	1757	290	—	—	2886
1988	889	683	206	1902	291	—	—	3127
1989	910	686	224	2061	293	—	—	3308
1990	983	712	271	2255	294	—	—	3570
1991	1070	717	352	2755	300	—	—	4167
1992	1121	732	389	2936	301	—	—	4399
1993	1189	741	448	3141	294	—	—	4654
1994	1431	752	679	4142	335	—	—	5939
1995	1793	920	873	4429	309	—	—	6561
1996	2008	933	1076	4889	305	—	—	7231
1997	2484	961	1523	5083	253	—	—	7849
1998	3117	976	2141	5456	253	—	—	8855
1999	3856	993	2863	6888	318	—	—	11117
2000	4812	1153	3658	7436	388	—	—	12601
2001	5820	1291	4529	8624	248	—	—	14771
2002	7810	1411	6399	9591	267	178	912	18758
2003	9450	1473	7977	10218	335	2675	1335	24426
2004	10979	1481	9498	10921	335	2669	1309	26689
2005	12038	1521	10516	11591	335	2743	1284	28865
2006	13307	1525	11782	12202	331	2869	884	30609
2007	13899	1675	12224	13590	204	2025	884	31795
2008	14777	1686	13091	14739	189	2039	1131	34256
2009	15406	1687	13119	17376	230	1877	82040	116929

续表

年份	公园绿地			附属（专用）绿地	生产绿地（园林苗圃）	防护绿地	其他绿地	城市园林绿地面积
	合计	公园面积	街道绿地					
2010	16053	—	—	18589	230	1936	83340	120148
2011	16446	—	—	19442	213	2081	84102	122283
2012	16848	—	—	20084	269	2087	94917	124204
2013	17142	—	—	20645	267	2089	84152	124295
2014	17789	—	—	23020	417	2152	82363	125741
2015	18395	—	—	23711	417	2108	82701	127332
2016	18957	—	—	24337	417	2203	85767	131681
2017	19805	—	—	24688	335	2238	89262	136327
2018	20578	—	—	25125	335	2277	91111	139427
2019	21425	—	—	27353	—	3424	105580	157785

注：根据《城市和村镇建设统计报表制度》，2009 年对绿地分类进行了调整，城市绿地由公园绿地、生产绿地、防护绿地、附属绿地和其他绿地五大类构成，故 2008 年后上海城市绿地总面积激增。1967—1971 年缺统计数据。

资料来源：上海市统计局、国家统计局上海调查总队编：《光辉的六十载：上海历史统计资料汇编》（1949—2009），中国统计出版社 2009 年版，第 229—231 页；历年《上海统计年鉴》。

附表 12-2　1949—2019 年上海园林绿地（二）

年份	公园数（个）	游园人数（万人次）	植树数（万株）	行道树实有数（万株）	人均公共绿地面积（平方米）	建成区绿化覆盖率（%）
1949	14	209	—	2	0.16	—
1950	12	843	—	2	0.15	—
1951	16	1200	—	5	0.12	—
1952	23	1539	—	6	0.16	—
1953	27	1518	—	6	0.17	—
1954	32	1638	—	6	0.22	—
1955	34	1445	—	7	0.28	—
1956	34	1432	—	13	0.28	—
1957	41	1956	—	16	0.34	—
1958	50	1467	—	53	0.44	—
1959	57	1818	—	61	0.57	—
1960	53	2043	—	—	0.57	—
1961	53	2444	—	74	0.58	—
1962	54	2308	—	72	0.60	—

续表

年份	公园数（个）	游园人数（万人次）	植树数（万株）	行道树实有数（万株）	人均公共绿地面积（平方米）	建成区绿化覆盖率（％）
1963	54	2313	—	—	0.60	—
1964	51	2470	—	—	0.60	—
1965	46	2666	—	—	0.58	—
1966	44	2526	—	—	—	—
1972	40	2442	19	16	0.44	—
1973	41	3034	52	16	0.43	—
1974	41	3526	47	16	0.45	—
1975	40	3712	44	15	0.46	—
1976	40	3708	37	15	0.47	—
1977	41	3568	35	14	0.47	—
1978	42	3876	35	13	0.47	8.2
1979	45	5888	35	13	0.47	9.6
1980	45	6404	60	13	0.44	8.2
1981	44	6709	47	13	0.46	6.1
1982	48	8290	89	15	0.45	9.0
1983	46	8005	105	14	0.45	9.1
1984	51	8464	142	15	0.47	9.7
1985	52	8372	208	15	0.71	9.7
1986	67	8918	175	19	0.90	10.2
1987	72	8969	125	21	0.93	10.7
1988	77	9066	131	22	0.96	11.4
1989	80	8590	144	23	0.96	11.7
1990	83	8474	130	23	1.02	12.4
1991	86	8633	155	28	1.07	12.7
1992	89	9424	141	29	1.11	13.2
1993	91	7617	87	29	1.15	13.8
1994	95	7301	261	27	1.44	15.1
1995	100	9064	279	33	1.69	16.0
1996	105	9797	355	41	1.92	17.0
1997	108	9757	383	43	2.41	17.8
1998	111	9285	773	48	2.96	19.1
1999	115	9601	845	54	3.62	20.3
2000	122	8184	827	57	4.60	22.2
2001	125	8561	1384	65	5.56	23.8

续表

年份	公园数（个）	游园人数（万人次）	植树数（万株）	行道树实有数（万株）	人均公共绿地面积（平方米）	建成区绿化覆盖率（%）
2002	133	8796	2729	68	7.76	30.0
2003	136	9629	2540	74	9.16	35.2
2004	136	13381	2037	80	10.11	36.0
2005	144	13656	2117	83	11.01	37.0
2006	144	16652	2187	86	11.50	37.3
2007	146	18342	1693	69	12.01	37.6
2008	147	22119	3500	73	12.51	38.0
2009	147	21671	—	76	12.80	38.1
2010	148	21794	—	81	13.00	38.2
2011	153	20481	—	93	13.10	38.2
2012	157	22231	—	98	13.29	38.3
2013	158	20574	—	99	13.38	38.4
2014	161	22286	—	103	13.79	38.4
2015	165	22208	—	110	7.60	38.5
2016	217	21979	—	113	7.80	38.8
2017	243	26019	—	115	8.10	39.1
2018	300	25743	—	128	8.20	39.4
2019	352	23893	—	129	8.40	39.7

注：（1）根据《城市和村镇建设统计报表制度》，2009 年对绿地分类进行了调整，城市绿地由公园绿地、生产绿地、防护绿地、附属绿地和其他绿地五大类构成，故 2008 年后上海城市绿地总面积激增。（2）2014 年起，人均公园绿地面积（平方米）由原先的根据非农户籍人口计算调整为根据常住人口计算。（3）1967—1971 年缺统计数据。

资料来源：上海市统计局、国家统计局上海调查总队编：《光辉的六十载：上海历史统计资料汇编》（1949—2009），中国统计出版社 2009 年版，第 229—231 页；历年《上海统计年鉴》。

附表 14-1 上海湿地类型面积统计 （单位：公顷，%）

类 型		面 积	比 例
湿地类	湿地型		
（一）近海与海岸湿地	1. 浅海水域	3250.48	0.86
	2. 岩石海岸	39.43	0.01
	3. 淤泥质海滩	43610.99	11.57
	4. 潮间盐水沼泽	17794.53	4.72
	5. 河口水域	218565.39	57.98

续表

| 类　型 | | 面　积 | 比　例 |
湿地类	湿地型		
（一）近海与海岸湿地	6. 三角洲沙洲沙岛	13474.68	3.57
	小　计	296735.50	78.71
（二）河流湿地	7. 永久性河流	7241.46	1.92
（三）湖泊湿地	8. 永久性淡水湖	5795.16	1.54
（四）沼泽湿地	9. 草本沼泽	9051.53	2.40
	10. 森林沼泽	237.67	0.06
	小　计	9289.20	2.46
（五）人工湿地	11. 库塘	7820.96	2.07
	12. 运河输水河	28525.07	7.57
	13. 水产养殖场种植场	21563.06	5.72
	小　计	57909.09	15.36
总　计		376970.41	99.99

资料来源：蔡友铭、周云轩主编：《上海湿地》，上海科学技术出版社 2014 年版，第 25 页。

附表 14-2　1991—2019 年上海环保投资与自然保护区覆盖率情况（单位：亿元，%）

年份	环境保护投资	环境基础设施建设投资	环境保护投资占地区生产总值比例	自然保护区覆盖率
1991	7.60	1.40	0.9	—
1992	15.20	9.30	1.4	—
1993	32.13	19.90	2.1	—
1994	39.09	23.55	2.0	—
1995	46.49	22.11	1.9	—
1996	68.83	35.4	2.4	—
1997	82.35	48.56	2.5	—
1998	102.13	72.47	2.8	—
1999	111.57	87.81	2.8	—
2000	141.91	105.45	3.1	7.8
2001	152.93	116.58	3.1	10.5
2002	162.39	126.99	3.0	11.8
2003	191.53	144.05	3.10	11.8
2004	225.37	166.90	3.03	11.8
2005	281.18	201.01	3.04	11.8
2006	310.85	177.81	2.94	11.8

续表

年份	环境保护投资	环境基础设施建设投资	环境保护投资占地区生产总值比例	自然保护区覆盖率
2007	366.12	233.22	2.93	12.1
2008	422.37	284.30	3.00	12.1
2009	460.42	282.74	3.06	12.1
2010	507.54	294.73	2.96	12.1
2011	557.92	316.79	2.91	12.1
2012	570.49	286.26	2.83	11.8
2013	607.88	284.18	2.81	11.8
2014	699.89	271.79	2.97	11.8
2015	708.83	246.65	2.82	11.8
2016	823.57	319.00	3.00	11.8
2017	923.53	367.14	3.10	11.8
2018	989.19	429.43	3.00	—
2019	1079.25	455.66	2.80	—

资料来源：上海市统计局编：《上海市国民经济和社会发展历史统计资料：1949—2000》，中国统计出版社 2001 年版，第 166 页；上海市统计局、国家统计局上海调查总队编：《光辉的六十载：上海历史统计资料汇编》（1949—2009），中国统计出版社 2009 年版，第 234 页；历年《上海统计年鉴》。

附表 16-1　2014—2020 年上海美丽乡村示范村名单

区	镇	村	获评年度
浦东新区	周浦镇	棋杆村	2014
		界浜村	2018
	书院镇	塘北村	2014
		外灶村	2019
		洋溢村	2020
	航头镇	牌楼村	2015
		长达村	2016
		沈庄村	2018
浦东新区	新场镇	果园村	2015
		新南村	2018
		祝桥村	2020
	大团镇	赵桥村	2016

区	镇	村	获评年度
浦东新区	祝桥镇	新如村	2016
		星火村	2017
		星光村	2018
		邓三村	2019
	曹路镇	新星村	2016
	老港镇	大河村	2017
		成日村	2020
	泥城镇	公平村	2018
	惠南镇	海沈村	2019
		桥北村	2020
		远东村	2020
	张江镇	环东村	2019
	川沙新镇	界龙村	2019
	合庆镇	东风村	2019
	万祥镇	万兴村	2020
闵行区	浦江镇	新风村	2014
		友建村	2020
	马桥镇	民主村	2015
		旗忠村	2019
	吴泾镇	和平村	2018
		新建村	2020
	梅陇镇	永联村	2019
	浦锦街道	芦胜村	2019
	华漕镇	许浦村	2019
		王泥浜村	2020
嘉定区	华亭镇	毛桥村	2014
		双塘村	2020
		联三村	2020
	马陆镇	大裕村	2014
		北管村	2015
	安亭镇	赵巷村	2019
		联西村	2019
	江桥镇	华庄村	2019
	工业区	草庵村	2019
	徐行镇	曹王村	2020
		伏虎村	2020

续表

区	镇	村	获评年度
宝山区	罗泾镇	洋桥村	2014
		花红村	2016
		海星村	2017
		塘湾村	2017
		新陆村	2018
	月浦镇	聚源桥村	2018
		月狮村	2019
		沈家桥村	2020
	罗店镇	联合村	2019
	杨行镇	大黄村	2019
		杨北村	2020
	顾村镇	老安村	2020
奉贤区	庄行镇	潘垫村	2014
		新叶村	2015
		存古村	2017
		浦秀村	2018
		张塘村	2019
		吕桥村	2019
		渔沥村	2020
	四团镇	拾村村	2017
		五四村	2019
	柘林镇	南胜村	2018
		迎龙村	2019
		海湾村	2020
	金汇镇	白沙村	2018
		资福村	2020
		明星村	2020
	青村镇	李窑村	2019
		陶宅村	2020
	南桥镇	华严村	2019
		六墩村	2020
	奉城镇	卫季村	2020
松江区	泖港镇	黄桥村	2014
		新建村	2015
		胡光村	2019
		腰泾村	2020
		朱定村	2020

区	镇	村	获评年度
松江区	叶榭镇	井凌桥村	2014
	石湖荡镇	新源村	2016
		东夏村	2018
		金胜村	2020
	新浜镇	南杨村	2017
		胡家埭村	2019
		文华村	2019
	佘山镇	新镇村	2020
金山区	廊下镇	中华村	2014
		中丰村	2016
		勇敢村	2020
	山阳镇	渔业村	2014
		中兴村	2019
	枫泾镇	中洪村	2015
		新义村	2017
	漕泾镇	水库村	2015
		护塘村	2019
		阮巷村	2020
	吕巷镇	和平村	2017
		白漾村	2019
	朱泾镇	待泾村	2018
		大茫村	2020
	金山卫镇	星火村	2018
		八字村	2019
		横召村	2020
	张堰镇	建农村	2018
	亭林镇	油车村	2019
青浦区	金泽镇	蔡浜村	2014
		莲湖村	2015
		东西村	2017
		双祥村	2019
	朱家角镇	张马村	2014
		王金村	2016
		淀峰村	2018

区	镇	村	获评年度
青浦区	练塘镇	东庄村	2015
		蒸浦村	2016
		徐练村	2017
		叶港村	2019
		东厍村	2019
		太北村	2020
	赵巷镇	中步村	2015
		和睦村	2019
		方夏村	2020
	华新镇	嵩山村	2016
		叙中村	2020
	重固镇	徐姚村	2017
		新丰村	2020
	夏阳街道	新阳村	2018
		王仙村	2020
	白鹤镇	南巷村	2018
		杜村村	2019
		红旗村	2020
	徐泾镇	金云村	2020
崇明区	横沙乡	惠丰村	2014
		丰乐村	2015
		民星村	2016
		新永村	2017
	竖新镇	仙桥村	2014
		大东村	2017
		惠民村	2018
		春风村	2019
		油桥村	2020
	陈家镇	瀛东村	2015
	庙镇	合中村	2015
	城桥镇	聚训村	2015
	新村乡	新乐村	2016
		新中村	2017
		新卫村	2018
		新浜村	2020

续表

区	镇	村	获评年度
崇明区	港西镇	北双村	2016
		团结村	2019
	新河镇	新建村	2016
		新民村	2018
		井亭村	2020
	建设镇	大同村	2016
		浜西村	2019
		富安村	2020
	长兴镇	创建村	2017
		潘石村	2020
	向化镇	北港村	2017
	港沿镇	鲁玙村	2018
		合兴村	2020
	堡镇	桃源村	2020

资料来源：上海农业农村委员会网站，http://nyncw.sh.gov.cn/mljyjs.mlxcsfc/index. html。

参考文献

［1］上海市环境保护局：《上海市环境状况公报》（1990—2017 年）；上海市生态环境局：《上海市生态环境状况公报》（2018—2020 年）。

［2］上海市统计局编：《上海统计年鉴》（1983—2012 年）；上海市统计局、国家统计局上海调查总队编：《上海统计年鉴》（2013—2020 年），中国统计出版社相关年版。

［3］上海社会科学院《上海经济》编辑部编：《上海经济（1949—1982）》《上海经济（1983—1985）》上海人民出版社 1983 年、1986 年版；上海社会科学院《上海经济年鉴》编辑部编：《上海经济年鉴（1987）》，上海人民出版社 1987 年版；上海社会科学院《上海经济年鉴》编辑部编：《上海经济年鉴》（1988—1991 年），上海三联书店相关年版；上海社会科学院《上海经济年鉴》编辑部编：《上海经济年鉴》（1992—2020 年），上海经济年鉴社相关年版。

［4］《上海年鉴》编纂委员会编：《上海年鉴》（1996 年、1997 年），上海人民出版社 1996 年、1997 年版；《上海年鉴》编纂委员会编：《上海年鉴》（1998—2020 年），上海年鉴社相关年版。

［5］［法］弗朗索瓦·萨雷诺、斯特凡·杜兰德：《海洋》，牛文生、程艳、江波译，海洋出版社 2011 年版。

［6］［美］赫尔曼·E. 戴利：《超越增长——可持续发展的经济学》，诸大建、胡圣等译，上海译文出版社 2006 年版。

［7］［美］理查德·瑞吉斯特：《生态城市——建设与自然平衡的人居环境》，王如松、胡聃译，社会科学文献出版社 2002 年版。

［8］［美］科林·伍达德：《海洋的末日——全球海洋危机亲历记》，戴星翼、程远、韩雪辉译，上海译文出版社 2002 年版。

［9］［美］彼得·休伯：《硬绿：从环境主义者手中拯救环境·保守主义宣言》，戴星翼、徐靖译，上海译文出版社 2002 年版。

[10]蔡友铭、周云轩主编:《上海湿地》,上海科学技术出版社 2014 年版。

[11]蔡友铭、袁晓主编:《上海水鸟》,上海科学技术出版社 2008 年版。

[12]陈海泓:《上海城市 15 年》,上海社会科学院出版社 1995 年版。

[13]陈秋玲等:《上海城市安全研究》,经济管理出版社 2011 年版。

[14]《当代中国》丛书编辑部编:《当代中国的上海》(上、下),当代中国出版社 1993 年版。

[15]陈映芳:《征地与郊区农村的城市化——上海市的调查》,文汇出版社 2003 年版。

[16]陈延斌、周斌:《新中国成立以来中国共产党对生态文明建设的探索》,《中州学刊》2015 年第 3 期。

[17]陈予群主编:《城市生态经济理论与实践——兼论上海城市生态经济发展战略规划及对策》,上海社会科学院出版社 1988 年版。

[18]戴星翼:《走向绿色的发展》,复旦大学出版社 1998 年版。

[19]戴星翼、胥传阳主编:《城市环境管理导论》,上海人民出版社 2008 年版。

[20]段绍伯编著:《上海自然环境》,上海科学技术文献出版社 1989 年版。

[21]范德官主编:《ECO 上海:提升大都市综合竞争力——上海郊区经济、生态、社会协调发展研究》,文汇出版社 2005 年版。

[22]复旦大学校志编写组编:《复旦大学志(1949—1988)》第 2 卷,复旦大学出版社 1995 年版。

[23]高伟生、应龙根编著:《区域环境综合研究——上海地区农业环境质量研究》,科学技术文献出版社 1987 年版。

[24]高欣:《固体废物循环管理研究——基于上海市循环经济发展》,中国环境科学出版社 2008 年版。

[25]高运胜:《上海生产性服务业集聚区发展模式研究》,对外经济贸易大学出版社 2009 年版。

[26]龚仰军主编:《上海工业发展报告——生产力的空间布局与工业园区建设》,上海财经大学出版社 2007 年版。

[27]郭岚:《上海现代服务经济发展研究》,上海社会科学院出版社 2011 年版。

[28]韩兴勇:《上海现代渔村社会经济发展史研究》,上海科学普及出版社 2006 年版。

〔29〕黄金平、王庆洲、张国华等:《上海经济发展三十年》,上海人民出版社2008年版。

〔30〕黄树则、林士笑主编:《当代中国的卫生事业》(上、下),中国社会科学出版社1986年版。

〔31〕黄苏萍:《建设全球城市的人口战略重构与人口制度完善——基于上海的系列实证研究》,中国社会科学出版社2014年版。

〔32〕蒋星恒主编:《贵阳建设生态文明城市研究》,贵州人民出版社2009年版。

〔33〕蒋应时主编:《上海循环经济发展报告(2005)——上海发展循环经济、建设资源节约型城市研究》,上海人民出版社2005年版。

〔34〕蒋志荣主编:《中国十大名村——上海九星村、浙江滕头村》,兰州大学出版社2009年版。

〔35〕李汉云主编:《保护上海母亲河——黄浦江水环境科学考察》,华东师范大学出版社2006年版。

〔36〕李丽娜、吕炳全编著:《上海市水环境中重金属类污染物的健康风险评价》,同济大学出版社2012年版。

〔37〕林云莲:《中国沿海开发区生态工业园建设模式研究》,煤炭工业出版社2008年版。

〔38〕凌岩主编:《上海农村城市化研究》,上海科学技术文献出版社1993年版。

〔39〕刘晓涛主编:《上海市第一次全国水利普查暨第二次水资源普查总报告》,中国水利水电出版社2013年版。

〔40〕龙东林主编:《昆明生态城市建设研究》,云南科技出版社2003年版。

〔41〕陆海平主编:《中国江河——上海篇》,上海人民美术出版社2000年版。

〔42〕宁越敏:《未来30年世界城市体系发展趋势与上海的地位和作用》,《科学发展》2015年第3期。

〔43〕彭镇华:《上海现代城市森林发展》,中国林业出版社2003年版。

〔44〕阮仁良:《平原河网地区水资源调度改善水质的理论与实践》,中国水利水电出版社2006年版。

〔45〕石崧、王周杨:《上海全球城市功能内涵及产业体系的新思考》,《上海城市规划》2015年第4期。

〔46〕上海财经大学人文学院、经济与社会发展研究中心编:《2006上海暨

长三角城市社会发展报告——健康城市与社会发展》，上海财经大学出版社2007年版。

　　［47］《上海纺织工业志》编纂委员会编：《上海纺织工业志》，上海社会科学院出版社1998年版。

　　［48］《上海钢铁工业志》编纂委员会编：《上海钢铁工业志》，上海社会科学院出版社2001年版。

　　［49］《上海高桥石化志》编纂委员会编：《上海高桥石化志》，上海社会科学院出版社1997年版。

　　［50］《上海环境保护志》编纂委员会编：《上海环境保护志》，上海社会科学院出版社1998年版。

　　［51］《上海环境卫生志》编纂委员会编：《上海环境卫生志》，上海社会科学院出版社1996年版。

　　［52］《上海计划志》编纂委员会编：《上海计划志》，上海社会科学院出版社2001年版。

　　［53］《上海建设》编辑部编：《上海建设（1949—1985）》，上海科学技术出版社1989年版；《上海建设（1986—1990）》《上海建设（1991—1995）》，上海科学普及出版社1991年、1996年版；《上海建设（1996—2000）》，上海科学技术出版社2001年版。

　　［54］上海科学院编著：《上海植物志·区系植物》上卷、《上海植物志·经济植物》下卷，上海科学技术文献出版社1999年版。

　　［55］《上海炼油厂志》编纂委员会编：《上海炼油厂志》，上海社会科学院出版社1998年版。

　　［56］《上海农垦志》编纂委员会编：《上海农垦志》，上海社会科学院出版社2004年版。

　　［57］《上海农业科研志》编纂委员会编：《上海农业科研志》，上海社会科学院出版社1996年版。

　　［58］《上海农业志》编纂委员会编：《上海农业志》，上海社会科学院出版社1996年版。

　　［59］《上海轻工业志》编纂委员会编：《上海轻工业志》，上海社会科学院出版社1996年版。

［60］上海人民代表大会常务委员会办公厅编：《上海市地方性法规汇编（1980—1985）》（内部发行），1986年。

［61］上海社会现状和趋势编写组编：《上海社会统计资料（1980—1983）》，华东师范大学出版社1988年版。

［62］上海石油化工总厂厂史编委会编：《上海石油化工总厂志》，上海社会科学院出版社1995年版。

［63］上海市档案馆编：《工部局董事会会议录》第6册，上海古籍出版社2001年版。

［64］虹口区志编纂委员会编：《虹口区志》，上海社会科学院出版社1999年版。

［65］静安区地方志编纂委员会编：《静安区志》，上海社会科学院出版社1996年版。

［66］上海市经济委员会编：《上海工业污染防治》，上海科技教育出版社1995年版。

［67］上海市统计局、国家统计局上海调查总队编：《光辉的六十载：上海历史统计资料汇编》（1949—2009），中国统计出版社2009年版。

［68］上海市统计局、国家统计局上海调查总队编：《辉煌的三十年：上海改革开放以来经济和社会发展历史资料汇编（1978—2008）》（内部发行），2009年。

［69］上海市统计局编：《胜利十年——上海市经济和文化建设成就的统计资料》，上海人民出版社1959年版。

［70］上海市统计局编：《上海市国民经济和社会发展历史统计资料（1949—2000）》，中国统计出版社2001年版。

［71］上海市统计局编：《新上海五十年国民经济和社会历史统计资料（1949—1999）》（内部发行），2000年。

［72］徐汇区志编纂委员会编：《徐汇区志》，上海社会科学院出版社1997年版。

［73］《上海水利志》编纂委员会编：《上海水利志》，上海社会科学院出版社1997年版。

［74］《上海卫生工作丛书》编委会编：《上海卫生（1949—1983）》，上海科学技术出版社1986年版。

［75］《上海卫生志》编纂委员会编：《上海卫生志》，上海社会科学院出版社1998年版。

［76］《上海有色金属工业志》编纂委员会编：《上海有色金属工业志》，上海社会科学院出版社 1999 年版。

［77］《上海园林志》编纂委员会编：《上海园林志》，上海社会科学院出版社 2000 年版。

［78］《上海租界志》编纂委员会编：《上海租界志》，上海社会科学院出版社 2001 年版。

［79］沈国舫主编：《中国生态环境建设与水资源保护利用》，中国水利水电出版社 2001 年版。

［80］沈国明主编：《21 世纪生态文明：环境保护》，上海人民出版社 2005 年版。

［81］《上海市地质环境图集》编纂委员会编：《上海市地质环境图集》，地质出版社 2002 年版。

［82］沈玉良：《制度变迁与结构变动——上海产业结构合理化研究》，上海财经大学出版社 1998 年版。

［83］石鸿熙、蔡意中、白尔钿等主编：《加快发展上海城郊型特色农业研究》，上海科学技术文献出版社 1995 年版。

［84］宋敖：《黄浦江畔话今昔——浦江两岸的前世今生》，《城市中国》2018 年 10 月号。

［85］陶柏康主编：《上海经济体制改革史纲（1978—2000）》，文汇出版社 2006 年版。

［86］王泠一主编：《上海资源环境发展报告（2009）：生态文明的新进展》，社会科学文献出版社 2009 年版。

［87］汪松年主编：《上海湿地利用和保护》，上海科学技术出版社 2003 年版。

［88］汪松年主编：《上海水生态修复调查与研究》，上海科学技术出版社 2005 年版。

［89］汪维主编：《上海生态建筑示范工程·生态住宅示范楼》，中国建筑工业出版社 2006 年版。

［90］汪雅各主编：《上海农业环境污染研究》，上海科学技术出版社 1991 年版。

［91］王崇锋：《生态城市产业集聚问题研究》，人民出版社 2009 年版。

［92］王鸿钧主编：《发展循环经济 实现节能减排——上海化学工业区发展循环经济的理论和实践》，华东理工大学出版社 2008 年版。

［93］上海市经济委员会编：《2008 年上海工业发展报告》，上海科学技术文献出版社 2008 年版。

［94］王祥荣编著：《生态建设论——中外城市生态建设比较分析》，东南大学出版社 2004 年版。

［95］王志平主编：《上海建设国际大都市的战略与途径》，上海人民出版社 2010 年版。

［96］复旦大学中国金融史研究中心编：《上海金融中心地位的变迁》（中国金融史集刊第 1 辑），复旦大学出版社 2005 年版。

［97］吴人坚主编：《生态城市建设的原理和途径——兼析上海市的现状和发展》，复旦大学出版社 2000 年版。

［98］肖林：《未来 30 年上海迈向全球城市的生态和能源战略》，《科学发展》2015 年第 10 期。

［99］谢玲丽主编：《上海人口发展 60 年》，上海人民出版社 2010 年版。

［100］谢自奋、凌耀初等：《上海农村 15 年》，上海社会科学院出版社 1994 年版。

［101］熊月之、周武主编：《上海：一座现代化都市的编年史》，上海书店出版社 2007 年版。

［102］熊月之主编：《上海通史·当代社会》第 13 卷，上海人民出版社 1999 年版。

［103］杨公朴、王玉主编：《上海工业发展报告——开放背景下的制造业》，上海财经大学出版社 2005 年版。

［104］杨公朴、夏大慰主编：《上海工业发展报告——五十年历程》，上海财经大学出版社 2001 年版。

［105］杨公朴等：《产业结构：上海的抉择和优化》，上海财经大学出版社 2001 年版。

［106］杨小林主编：《上海重大工程建设（1991）》，上海科学技术文献出版社 1993 年版。

［107］姚金祥、张生元、袁钢主编：《申城建设春秋》，同济大学出版社 1993 年版。

［108］叶贵勋等：《上海城市空间发展战略研究》，中国建筑工业出版社 2003

年版。

［109］尹继佐主编：《2004 年上海社会报告书》，上海社会科学院出版社 2004 年版。

［110］俞菊生：《中国都市农业——国际大都市上海的实证研究》，中国农业科学技术出版社 2002 年版。

［111］张惠民主编：《上海城建十年（1991—2000）》，新华出版社 2004 年版。

［112］张萍：《城市规划法的价值取向》，中国建筑工业出版社 2006 年版。

［113］张伊娜：《大城市空间结构减载的经济学研究——以上海为例》，复旦大学出版社 2010 年版。

［114］张英、余婉丽、谢华主编：《广西生态文明建设理论与实践》，广西人民出版社 2009 年版。

［115］章家骐主编：《上海农村环境保护战略对策》，上海科学技术出版社 1993 年版。

［116］赵廷宁、丁国栋、马履一主编：《生态环境建设与管理》，中国环境科学出版社 2004 年版。

［117］《上海改革开放二十年》丛书总编纂委员会编：《上海改革开放二十年·城建卷》，上海人民出版社 1998 年版。

［118］中共上海市委党史研究室、中共上海市农村工作委员会编：《中国新时期农村的变革·上海卷》，中共党史出版社 1997 年版。

［119］中共上海市委党史研究室编：《上海社会主义建设五十年》，上海人民出版社 1999 年版。

［120］中共上海市委宣传部、上海市统计局组织编写：《上海胜利的十年（1976—1986）》，上海人民出版社 1986 年版。

［121］《毛泽东年谱（1949—1976）》第 1 卷，中央文献出版社 1987 年版。

［122］《周恩来年谱（1949—1976）》（上、中、下卷），中央文献出版社 1997 年版。

［123］中国地理学会自然地理专业委员会编：《自然地理学与生态建设》，气象出版社 2006 年版。

［124］周波主编、上海市发展和改革委员会编：《2011 年上海市国民经济和社会发展报告》，上海社会科学院出版社 2011 年版。

［125］周冯琦主编：《上海可持续发展研究报告（2008）·城市生态文明专题研究》，学林出版社 2008 年版。

［126］上海社会科学院生态经济与可持续发展研究中心编：《上海可持续发展研究报告（2006—2007）——基于生态足迹的可持续发展专题研究》，学林出版社 2007 年版。

［127］周冯琦主编：《上海资源环境发展报告（2012）——河口城市生态环境安全》，社会科学文献出版社 2012 年版。

［128］周振华、熊月之、张广生等：《上海：城市嬗变及展望·工商城市的上海（1949—1978）》上卷、《上海：城市嬗变及展望·中心城市的上海（1979—2009）》中卷，格致出版社 2010 年版。

［129］周振华：《上海迈向全球城市：战略与行动》，上海人民出版社 2012 年版。

［130］朱宝树主编：《从离土到离乡——上海农村劳动力转移研究》，华东师范大学出版社 1996 年版。

［131］上海市贯彻实施《中国 21 世纪议程》领导小组办公室、上海科技节组织委员会办公室组编：《不可持续的生活方式一百例》，上海科学普及出版社 1997 年版。

［132］诸大建等编著：《走可持续发展之路——可持续发展战略与上海》，上海科学普及出版社 1997 年版。

［133］诸大建：《管理城市发展：探讨可持续发展的城市管理模式》，同济大学出版社 2004 年版。

［134］诸大建：《建设绿色都市：上海 21 世纪可持续发展研究》，同济大学出版社 2003 年版。

［135］诸大建主编：《生态文明与绿色发展》，上海人民出版社 2008 年版。

［136］诸大建、陈飞等：《上海建设低碳经济型城市的研究》，同济大学出版社 2010 年版。

后 记

　　本书是中国社会科学院当代中国研究所国情调研（上海）基地，委托上海市哲学社会科学规划办公室招标课题"当代上海"系列研究课题的成果之一（项目编号：2013WLS004）。本课题立足于环境史视角，探究当代上海城市环境变迁及环境问题的历史成因，力求在上海城市转型的主线中，通过梳理城市生活环境改造、工业污染与防治，以及水环境、大气环境的破坏与修复等内容，呈现当代上海城市生态环境问题的根源、进程，以及治理中的经验和教训。

　　本课题组由上海社会科学院历史研究所金大陆研究员、上海应用技术大学马克思主义学院梁志平教授、复旦大学历史学系林超超副研究员组成。课题组自成立以来，坚持集体查档，以上海市档案馆、上海图书馆的相关档案文献为重点，搜集整理了大量的一手档案资料，以及各类方志、年鉴和专题报告，作为本课题的主体资料。课题组成员根据各自的学科专业，展开分工合作，通过定期集会，对课题计划、进度、论点进行集体讨论，交流国内外前沿信息，努力做到前后贯通、中外兼顾。

　　本课题为增强历史的现场感，同步搜集了不少珍贵的历史照片，其间得到了上海图书馆、上海通志馆、上海市绿化和市容管理局等单位的大力支持，在此致以衷心的感谢。特别是封面图片（摘自《上海图鉴：苏州河》第14页插图）的使用，我们得到了上海通志馆的同意，使本书增添了生动性，在此对摄影者陆杰同志表示感谢。

课题组

2023 年 5 月